高职高专"十四五"规划教材

冶金工业出版社

热 处 理 工 艺
Heat Treatment Process

胡美些　主编

U0342190

北 京
冶 金 工 业 出 版 社
2022

内 容 提 要

本书是根据职业教育材料类专业的教学计划和"热处理工艺"课程教学大纲编写的。全书共分八章，内容包括钢的整体热处理、钢的化学热处理、钢的特种热处理、铸铁热处理、有色金属热处理、工模具热处理、典型零件热处理、热处理工艺实训等。本书所用标准新，内容深浅适宜，注重实用性和应用性，突出职业教育特色。

本书可作为高等职业学校热处理技术专业的规划教材，也可供成人高校、普通中专、成人中专等材料类专业的学习以及有关工程技术人员使用和参考。

图书在版编目（CIP）数据

热处理工艺/胡美些主编. —北京：冶金工业出版社，2022.10
高职高专"十四五"规划教材
ISBN 978-7-5024-9248-9

Ⅰ.①热…　Ⅱ.①胡…　Ⅲ.①热处理—工艺学—高等职业教育—教材　Ⅳ.①TG156

中国版本图书馆 CIP 数据核字（2022）第 146388 号

热处理工艺

出版发行	冶金工业出版社	电　　话	(010)64027926
地　　址	北京市东城区嵩祝院北巷 39 号	邮　　编	100009
网　　址	www.mip1953.com	电子信箱	service@ mip1953.com

责任编辑　杨　敏　美术编辑　彭子赫　版式设计　孙跃红
责任校对　葛新霞　责任印制　李玉山
北京虎彩文化传播有限公司印刷
2022 年 10 月第 1 版，2022 年 10 月第 1 次印刷
787mm×1092mm　1/16；16 印张；385 千字；242 页
定价 42.00 元

投稿电话　(010)64027932　投稿信箱　tougao@cnmip.com.cn
营销中心电话　(010)64044283
冶金工业出版社天猫旗舰店　yjgycbs.tmall.com
（本书如有印装质量问题，本社营销中心负责退换）

前　言

作为机械制造业中必不可少的工艺，热处理虽然只是其中一道工序，但由于热处理过程中工件的温度和内部微观组织变化无法直接观测，因而热处理又是整个制造业中质量控制难度最大的一道工序。热处理工艺直接决定着机械制造产品的质量，是改善和控制材料性能，提高产品寿命、可靠性和安全性的关键工艺。热处理既是理论性很强的科学，也是实践性很强的技术，属于国家核心竞争力，在中国走向材料强国和机械制造强国的进程中有着举足轻重的作用。

纵观我国近年来的工业发展水平，热处理产业发展方兴未艾，热处理助力高端技术装备优势明显，数字化、网络化、智能化热处理水平大大提高，但是存在的问题也不容忽视，比如热处理技术人员奇缺，热处理能耗居高不下，热处理质量徘徊不前等。

为解决热处理行业发展瓶颈，培养懂技术、会操作的热处理专业技术技能人才，本书充分对接职业标准和岗位要求，体现职业教育培养目标和教学要求，涵盖了热处理工艺编制实施过程中需要学习的热处理工艺与关键技术点、热处理常见缺陷分析与对策，典型零件热处理工艺分析，结构紧凑、内容翔实，大量的数据来自生产一线，便于指导热处理生产，是一本实用性强、覆盖面广、通俗易懂的专业教材。

全书共分八章，由内蒙古机电职业技术学院胡美些任主编并编写绪论、第一章、第四章、第五章；内蒙古机电职业技术学院曹慧编写第二章、第三章、第六章以及第七章的第四节~第六节；内蒙古机电职业技术学院赵世通编写第八章和第七章的第一节~第三节。

本书紧密结合职业教育的办学特点和教学目标，强调实践性、应用性和创新性。努力降低理论深度，理论知识坚持以应用为目的，以必需、够用为度。注意内容的精选和创新，既考虑了知识结构的合理性、系统性，又兼顾了职业技术培训的要求。内容力求突出实践应用，重在能力培养。

本书在编写过程中，参考了已出版的有关文献和资料，在此向其作者致谢。

由于编者学识水平和收集资料来源有限，加之时间仓促，书中难免有疏漏和不妥之处，敬请读者不吝赐教（电子邮箱：710679063@ qq. com）。

编　者

2022 年 2 月

目　录

绪　　论

一、热处理技术在机械工业中的地位和作用

你知道吗? 早在战国时期，我国人民就开始采用在高温下将铸铁件长时间加热，使其化合碳发生变化，从而改变其力学性能的白口铸铁柔化处理技术并用于制造农具。

公元前六世纪，钢铁兵器逐渐被采用，为了提高钢的硬度，淬火工艺得到迅速发展。中国河北省易县燕下都出土的两把剑和一把戟，其显微组织中都有马氏体存在，说明其加工过程中均经过淬火这一环节。

随着淬火技术的发展，人们逐渐发现淬冷剂对淬火质量的影响。据《蒲元别传》记载，三国蜀人浦沅曾在今陕西斜谷为诸葛亮打制 3000 把刀，却派人到成都取水淬火。这说明中国在古代就注意到不同水质的冷却能力不同。中国出土的西汉（公元前 206~公元 24 年）中山靖王墓中的宝剑，心部含碳量为 0.15%~0.4%，而表面含碳量却达 0.6%以上，说明已应用了渗碳工艺。

热处理工艺已经有几千年历史，对人类文明进步做出了巨大贡献。在现代装备制造业中，热处理是改善和控制材料性能，提高产品寿命、可靠性和安全性的关键工艺，也是实现装备轻量化的重要途径。在以车辆、工程机械、铁路产品、机床、工具等为代表的工业领域，多数产品从设计、材质选用、成形、机械加工到产品完成前，大都须经热处理或表面处理。所以，热处理技术在原材料领域被定位为产品及装备制造的一项重要基础技术，对加强产品在国内外市场竞争能力具有举足轻重的作用。如大功率燃气轮机的液压耦合器的转子，传递着几万以至几十万千瓦的功率，转速达每分钟 2 万转以上，原设计为 SEA4340 钢调质处理，屈服强度为 800MPa，后来采用淬火、低温回火处理，屈服强度达到 1800MPa，使整个耦合的重量减少到原来的 1/4，对于提高舰艇的性能非常有利。解放牌卡车发动机活塞销冷挤压冲头凸模（图 1）用普通高速钢 W6Mo5Cr4V2 制造，通过改进热处理工艺，活塞销冷挤压凸模寿命由几百件提高至万件水平，如表 1 所示。又如生产标准件的冷镦机的生产率现在已达 600 件/min，相比于二十几年前 60 件/min 提高了 10 倍，使标准件行业面貌大为改观。其实冷镦机并不复杂，在当年设计制造 600

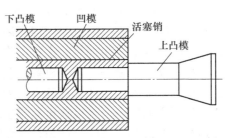

图 1　解放牌卡车发动机活塞销凸模示意图

件/min 的冷镦机亦非难事，问题在于那个小小的六角冲头，它当时寿命低于 2 万件，在这种情况下，提高冷镦机的速度毫无意义。因为标准件是一种批量极大的产品，通常要求每个冲头寿命都要超过一个班，否则很难进行生产管理。通过热处理工艺的改进，使冲头

的寿命提高到5万件以上，才有600件/min的冷镦机面世。用气相沉积氮化钛的方法进行六角冲头的表面改性处理，使其寿命又提高到35万件以上。由上述事例可以反映出，热处理在现代化工业中的作用可谓四两拨千斤，其本身产值只占制造业的百分之几，而其水平高低则可能使整机的附加值相差几倍至几十倍。因此，热处理在发达国家受到高度重视，已成为装备制造业竞争力的核心要素之一，我国在《中国热处理与表层改性技术路线图》中也明确指出：热处理是国家核心竞争力！这一论断充分说明了热处理在机械工业中的地位和作用。

表1 热处理工艺对解放牌卡车发动机活塞销凸模寿命的影响

材 料	淬火、回火工艺	铁素体碳氮共渗	寿命/件
W6Mo5Cr4V2	1220~1230℃淬火，560℃回火4次	—	<400
	1190℃淬火，560℃回火4次	—	2500
	1170℃淬火，560℃回火4次	—	2000
	1150℃淬火，540℃回火3次	—	1404
	1190℃淬火，560℃回火4次	560℃，1H	10000

二、金属热处理工艺概述

热处理工艺一般包括加热、保温、冷却三个过程，有时只有加热和冷却两个过程，这些过程相互衔接，不可间断，如图2所示。

加热是热处理的重要工序之一。金属热处理的加热方法很多，最早是采用木炭和煤作为热源，后来应用液体和气体燃料。电的应用使加热易于控制，且无环境污染。利用这些热源可以直接加热，也可以通过熔融的盐或金属，利用浮动粒子进行间接加热。

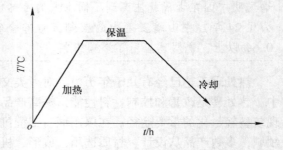

图2 热处理工艺示意图

金属加热时，工件暴露在空气中，常常发生氧化、脱碳（即钢铁零件表面碳含量降低），这对于热处理后零件的表面性能有很不利的影响。因而金属通常在可控气氛或保护气氛、熔融盐和真空中加热，也可用涂料或包装方法进行保护加热。

加热温度是热处理工艺的重要工艺参数之一，选择和控制合理的加热温度，是保证热处理质量的重要手段。加热温度随被处理的金属材料和热处理的目的不同而异，但一般都是加热到相变温度以上，以获得高温组织。另外转变需要一定的时间，因此当金属工件表面达到要求的加热温度时，还须在此温度保持一定时间，使内外温度一致，使显微组织转变完全，这段时间称为保温时间。采用高能密度加热和表面热处理时，加热速度极快，一般就没有保温时间，而化学热处理的保温时间往往很长。

冷却也是热处理工艺过程中不可缺少的步骤，冷却方法因工艺不同而不同，主要是控制冷却速度。一般退火的冷却速度最慢，正火的冷却速度较快，淬火的冷却速度更快。但还因钢种不同而有不同的要求，例如空硬钢就可以用正火一样的冷却速度进行淬硬。

金属热处理工艺大体可分为整体热处理、表面热处理和化学热处理三大类。根据加热介质、加热温度和冷却方法的不同，每一大类又可区分为若干不同的热处理工艺。同一种金属采用不同的热处理工艺，可获得不同的组织，从而具有不同的性能。钢铁是工业上应用最广的金属，而且钢铁显微组织也最为复杂，因此钢铁热处理工艺种类繁多。

整体热处理是对工件整体加热，然后以适当的速度冷却，以改变其整体力学性能的金属热处理工艺，钢铁整体热处理大致有退火、正火、淬火和回火四种基本工艺。

退火是将工件加热到适当温度，根据材料和工件尺寸采用不同的保温时间，然后进行缓慢冷却，目的是使金属内部组织达到或接近平衡状态，获得良好的工艺性能和使用性能，或者为进一步淬火做组织准备。

正火是将工件加热到适宜的温度后在空气中冷却，正火的效果同退火相似，只是得到的组织更细，常用于改善材料的切削性能，有时也用于对一些要求不高的零件作为最终热处理。

淬火是将工件加热保温后，在水、油或其他无机盐、有机水溶液等淬冷介质中快速冷却。淬火后钢件变硬，但同时变脆。

为了降低钢件的脆性，将淬火后的钢件在高于室温而低于650℃的某一适当温度进行长时间的保温，再进行冷却，这种工艺称为回火。

退火、正火、淬火、回火是整体热处理中的"四把火"，其中的淬火与回火关系密切，常常配合使用，缺一不可。

"四把火"随着加热温度和冷却方式的不同，又演变出不同的热处理工艺。为了获得一定的强度和韧性，把淬火和高温回火结合起来的工艺，称为调质处理。某些合金淬火形成过饱和固溶体后，将其置于室温或稍高的适当温度下保持较长时间，以提高合金的硬度、强度或电性、磁性等。这样的热处理工艺称为时效处理。

把压力加工形变与热处理有效而紧密地结合起来进行，使工件获得很好的强度、韧性配合的方法称为形变热处理；在负压气氛或真空中进行的热处理称为真空热处理，它不仅能使工件不氧化，不脱碳，保持处理后工件表面光洁，提高工件的性能，还可以通入渗剂进行化学热处理。

表面热处理是只加热工件表层，以改变其表层力学性能的金属热处理工艺。为了只加热工件表层而不使过多的热量传入工件内部，使用的热源须具有高的能量密度，即在单位面积的工件上给予较大的热能，使工件表层或局部能短时或瞬时达到高温。表面热处理的主要方法有火焰淬火和感应加热热处理，常用的热源有氧乙炔或氧丙烷等火焰、感应电流、激光和电子束等。

化学热处理是通过改变工件表层化学成分、组织和性能的金属热处理工艺。化学热处理与表面热处理不同之处是后者改变了工件表层的化学成分。化学热处理是将工件放在含碳、氮或其他合金元素的介质（气体、液体、固体）中加热，保温较长时间，从而使工件表层渗入碳、氮、硼和铬等元素。渗入元素后，有时还要进行其他热处理工艺，如淬火及回火。化学热处理的主要方法有渗碳、渗氮、渗金属。

三、我国热处理技术现状

（一）产业发展方兴未艾

到"十三五"末，我国有各类热处理加工的企业和车间近10000个，热处理设备和工艺材料制造企业约 1000 家。全行业热处理生产设备签约 20 多万台（套），其中电加热设备约占 80%，燃气加热设备约占 20%，电加热设备装机约 250 万千瓦。50% 以上热处理企业实现了设备数字化、管理信息化。热处理行业从业人员近 30 万人，热处理行业生产总值约 1200 亿元/年，其中热处理加工营业额约 1000 亿元/年。

（二）热处理助力高端技术装备优势明显

我国热处理装备制造已成完整体系，热处理加工所需的各类工艺装备的国产化率已超过 90%，有力地支撑了装备制造业的发展。技术装备的最大特点是强基础、补短板、支撑高端装备制造。"十三五"期间，提供 AP1000 核岛主设备大锻件热处理、高温气冷堆核岛主设备大锻件热处理和 60 MW 以上火力发电设备耐高温高压厚壁成形无缝钢管热处理等，达到了超长工件整体热处理变形量小、各部位微观组织与硬度一致的效果。在航空航天领域，铁合金紧固件真空/气氛保护水淬热处理生产线能够使产品符合航空航天标准要求。自主研制的 ZTTP200KW/2-20KHZIGBT 电源和 ZTHZS-600-2 水平式龙门淬火机床，实现了海上风力发电机组高精齿轮淬火。应用数控模拟感应淬火技术成功实现了高铁齿轮逐齿扫描淬火，并达到了全齿廓淬硬的理想效果，可生产最大直径为 2500 mm、模数为 25 的各种类型齿轮（齿圈）零件，解决了高铁机车大型齿圈压力淬火变形控制问题。

在航天飞船、长征系列运载火箭、北斗导航卫星、空间实验室、战略导弹和战术武器等许多高端领域，前沿科学技术和新型材料（如铝锂合金、镁合金、铁合金等有色金属、高温合金、精密合金、贵金属等）被大量采用，针对该领域的许多关键产品（如柔性太阳翼伸展机构、阿尔法对日定向装置、转位机构、对接伺服机构、阀门等关键结构零件）进行的技术攻关，都依托热处理工艺的创新。

针对高速机车、风电装备、航空航天、海洋工程、新能源、工程机械、国防军工产品等领域对齿轮提出的高强度性能和使用要求，高参数硬齿面齿轮产品 80% 以上已采用渗碳淬火工艺生产，利用碳势自动控制的国产气体渗碳设备实现了 4m 以上特大型齿轮深层可控渗碳淬火。高温快速深层渗碳和氮势可控渗氮技术已用于生产过程，渗碳工艺模拟等技术得到迅猛发展。多用渗碳炉、连续渗碳炉、大型井式可控气氛渗碳炉、离子渗氮炉、可控氮势气体渗氮炉、等温正火炉、高性能感应淬火机床、专用淬火冷却介质及其可控淬火槽等得到普遍推广应用。高性能、高效率的环形热处理生产线、真空低压渗碳高压气淬生产线等也得到了规模化的应用。齿轮热处理工艺技术得到了实质性的提升和发展，基本达到国际同类产品水平，具有了参与国际市场竞争的基本能力，如将齿坯的预处理由原来的普通正火调整为等温正火，有效减小了齿轮渗碳淬火变形等。

（三）数字化、网络化、智能化热处理水平大大提高

"十三五"期间，热处理行业通过对生产技术和管理模式进行信息化和数字化改造，大大提高了热处理生产过程的数字化、网络化、智能化程度。轴承、标准件及汽车零部件等热处理生产数字化程度达到 90%。汽车齿轮件毛坯等温正火的推盘炉、网带炉及铸链炉等自动化生产线，采用工业计算机集散式控制系统对整条生产线进行自动控制和监视，实现了生产线的数字化控制运行。

我国的真空热处理技术在"十三五"期间得到快速发展。真空退火、真空油淬、真

空高压气淬、真空水淬、真空渗碳、真空渗氮、真空渗铝、真空磁场热处理、真空清洗等真空热处理工艺技术已实现广泛应用，并形成不同热处理工艺组合的真空热处理生产线及智能控制系统。

可控气氛热处理已得到普及。目前，我国热处理行业各类可控气氛热处理设备约30000多台（套），最终热处理少无氧化加热零件比重已达70%以上。

热处理渗碳生产线进入智能模式，体现在工业计算机对炉温、碳势和动作程序的监控及数据的自动采集；对自动线的渗碳工艺过程进行自动跟踪及监控，实现渗碳工艺仿真与优化和零件渗碳质量的预测；对炉内温度、碳势和动作的实时显示及控制、系统故障自动诊断、显示及报警；渗碳生产工艺过程自动记录及储存，建立可追溯的热处理质量管理系统。

感应淬火设备普遍朝柔性化、自动化、智能化控制方向发展，具有零件识别、能量控制、工艺参数显示及故障诊断、显示报警等功能的感应淬火机床在生产中得到普遍应用。汽车用曲轴、半轴、凸轮轴、球头以及各种销轴类零件实施感应淬火处理的种类约100多种，占汽车零件全部热处理数量的60%~70%；中频感应加热淬火过程实现了计算机全程监控和探针自动找正，水基淬火冷却介质喷淬工艺自动化程度高且产品质量稳定，显著提高了生产效率。硬度计等力学性能检测仪器和缺陷探伤等检测手段在生产线上的应用，有力地支撑了感应热处理的技术创新能力和智能化进程。

四、我国热处理技术"十四五"发展规划及需求

"十四五"期间，我国热处理行业以实现高质量发展为目标，以绿色热处理为基本原则，以数字化、网络化、智能化为技术创新手段，把握"新基建"发展机遇，推进热处理产业基础高级化，以服务型制造推进热处理产业链现代化，突破关键零部件热处理瓶颈，满足国家重大项目和各类机电产品热处理需求，为在以国内大循环为主体、国内国际双循环相互促进的新发展格局下实现"制造强国"目标提供支撑和保障，坚持绿色发展，做好热处理工艺节能和环保，进一步降低能耗和排放，产学研用紧密结合开展技术创新，满足国内热处理装备需求，增强国际市场竞争力。

（一）推进热处理产业基础高级化，用数字化和智能化技术保障产品质量

数字化、网络化、智能化是"十四五"期间热处理重点发展方向。根据我国热处理现阶段发展需求，应推广数字化热处理装备、数字化工业软件、热处理车间智能制造（MES）系统，利用智能制造推动热处理技术创新，促进热处理的数字化和服务化发展，增强热处理对工业"智能+"转型的支撑服务能力。在真空热处理装备和可控气氛热处理装备技术相对成熟的基础上，建设数字化热处理工厂（车间），大力宣传和推广"智能制造"示范工程，用智能化热处理技术装备实现精密控制的先进热处理工艺，保障和提升热处理产品的质量可靠性和稳定性。

（二）持续推广绿色热处理技术与装备

绿色热处理的核心在于既实现获得优质热处理零件的目标，又符合节能减排和可持续发展的要求。热处理技术装备能耗较高，且涉及高温、低温、腐蚀及有害排放等苛刻的工

作环境，运行时操作参数众多且交互影响，需借助多种传感器和软硬件组合方式实现高精度的可靠控制和运行；而要实现绿色化的要求，还要必须控制能耗和排放，这些都需要依靠系统设计和配套技术实现关键结构制造，获得高性能指标。同时，必须符合相关标准要求，如清洁节能热处理装备技术要求、绿色热处理生产评价体系等提出的要求，加强节能环保技术和产品研发与应用，逐步开展产品回收及再利用、再制造，节约资源，减少污染，继续加大推广使用水溶性淬火冷却介质，加大热处理烟气收集和处理（含 VOCs）技术装备的研制和推广力度。

（三）基础零件热处理继续增长并凸显高端化

近年来，随着风电、核电、新能源、高铁、地铁、航空航天、国防军工、海洋工程、港口机械、工程机械、汽车、模具、工业机器人与智能装备等产业的快速增长，作为产业链上不可或缺的关键节点，基础零件热处理的需求仍将保持稳定增长并凸显高端化。

中国城市轨道交通的建设在未来 25 年内仍会保持快速增长的态势，热处理在轨道交通系统关键零部件领域也将迎来十分重要的发展期。齿轮热处理除需稳定生产外，还需深入开展高温渗碳、真空渗碳的工艺研发，提高渗碳淬火齿轮质量和生产效率；攻克深层渗氮技术，提高渗氮齿轮承载能力；研发双频、多频感应加热淬火及感应压床淬火新工艺；研发齿轮精密形变热处理技术，使齿轮强度和生产效率提高一倍以上；开发可控渗碳淬火、渗氮、表面改性等热处理工艺新技术，提高齿轮的表面硬度稳定达到 60~64HRC，结合新型齿轮用钢研发，使齿轮的表面硬度达到 70HRC，提高齿轮的抗疲劳性能等。轴承热处理需进行高压气淬减小变形提高硬度均匀性，碳氮共渗提高轴承寿命，感应加热整体淬火、高能束表面淬火、表面熔覆、表面织构处理等表面改性技术，纳米贝氏体热处理技术以及轴承长寿命热处理技术等技术攻关。

模具是高端热处理与表面处理装备和新技术应用的重要领域。现阶段我国模具制造成本中，热处理（含表面处理）成本占 5%~8%。随着我国模具产业基础高级化、产业链现代化的推进，我国模具行业对高端热处理与表面处理装备和新技术的需求会进一步增加。随着我国工具产业向高质量发展推进，我国工具行业对高端热处理与表面处理装备和新技术的需求必将进一步增加。随着我国机械、汽车、高铁、航空航天、能源等行业的高速发展，紧固件的需求量正在快速增长。真空热处理、可控气氛热处理、形变热处理等先进热处理技术是高强度、高性能、高精度紧固件热处理技术的发展方向。目前，我国特大型、大型桥梁占公路桥梁总量（座）的比重达 10%以上，对锚固体系的投资最高可占到桥梁总投资的 10%以上。考虑到新增铁路桥梁和其他工程对锚固体系产品的需求，国内年市场规模应在 300 亿元以上，国外市场每年预计为 30 亿~50 亿元，桥梁预应力零件的热处理需求将会十分旺盛。

（四）热处理行业人才需求持续增加

热处理行业工程师、技师、新型设备操作人员、理化分析人员仍然有大量需求。由于热处理向数字化、网络化、智能化方向发展，行业对能够从事计算机和精密仪器操作的工程师和技术人员的需求持续上升。随着热处理专业化水平、质量技术要求的不断提高，从事热处理工艺和装备开发的技术人才需求将会持续增加，热处理行业人才竞争加剧。

五、"热处理工艺"课程的性质、任务、要求及学习方法建议

（一）课程的性质

"热处理工艺"课程是材料类专业的一门重要的专业核心课，是在学生学习了"工程材料""热处理原理"等相关课程后开设的一门实践性较强的专业主干课程。

（二）课程任务

"热处理工艺"课程重在培养学生解决具体热处理生产工艺问题的能力。通过该课程的学习，旨在掌握金属的退火与正火、淬火与回火、表面淬火、化学热处理、形变热处理及铸铁和有色金属热处理，熟悉热处理工艺的优化设计，能够根据产品产量、质量要求及工作环境的不同合理选择热处理方法，编制合理的热处理工艺。

（三）学习方法建议

（1）理论与实际紧密联系。"热处理工艺"课程是一门实践性特别强的课程，不同的使用场合，同一种材料热处理工艺也可以不同；同样材料在同样的使用场合，不同的热处理工艺得到的工件的性能也不同。所以在学习这部分内容时一定要活学活用，以材料的成分组织性能为主线，把各种工艺的区别与联系搞清楚。同时也需要结合实训内容边学边练，将所学热处理工艺的理论知识及时得到应用，强化理论与实际的结合。

（2）在应用中复习。实训过程中热处理工艺编制练习是对所学知识的一个复习和巩固。与课后及考试前的复习不同，此复习是在应用中复习。实训过程中，可以围绕编制工艺、实施工艺、检验工艺所需的、实用性很强的理论知识进行复习、应用，注意力明确向工艺知识集中，对提高相关工艺的理解水平和掌握程度会大有好处。

（3）及早学会查、用专业资料，培养严谨、认真的良好职业素质。在教师的指导下，及早熟悉专业资料，学会查阅、引用专业资料。通过查阅资料，在解决问题的同时，也丰富了知识、开阔了眼界；在引用资料数据时，培养从事技术工作所必需的严谨、认真的态度和习惯，逐步形成良好的职业素质，这对后续学习及从事岗位技术工作大有裨益。

第一章　钢的整体热处理

热处理是一种改善金属材料及其制品（如机器零件、工具等）性能的工艺。根据不同的目的，将材料及其制品加热到适宜的温度并保温，随后用不同方式冷却，改变其内部组织（有时仅表面组织改变或表面成分改变），以获得所要求的性能。

根据加热、冷却方式的不同以及组织、性能变化特点的不同，热处理通常分为整体热处理、表面热处理、化学热处理、其他热处理等。其中，整体热处理是指对工件整体进行穿透加热的热处理，主要有退火、正火、淬火和回火。一般退火与正火作为预备热处理工序，安排在铸、锻等毛坯生产之后，用于消除钢的组织缺陷，或改善钢的工艺性能，为后续的加工做准备；对于性能要求不高的铸、锻、焊件，退火和正火也可作为最终热处理。而淬火和回火工艺相配合可强化钢材，作为最终热处理，提高零件或工具的使用性能，如图 1-1 所示。

图 1-1　金属工件热处理工序安排

案例导入： 锉刀、铣刀等切削工具，自身必须具有很高的硬度。可这么硬的工具本身也是通过切削加工出来的，那么它们是如何被加工的？又是怎么克服其硬度过高这一困难的呢？

第一节　钢　的　退　火

退火是将钢加热至临界点 A_{c1} 以上或以下温度，保温以后随炉缓慢冷却以获得近于平衡状态组织的热处理工艺。常用的退火工艺有均匀化退火、预防白点退火、完全退火、不完全退火、等温退火、球化退火、再结晶退火、去应力退火、稳定化退火等，如图 1-2 所示。

一、退火的目的

退火的目的主要有：

（1）降低硬度、改善切削加工性能。经铸、锻、焊成形的工件，往往硬度偏高，不易切削加工。经过退火处理，可降低硬度。

（2）提高塑性，便于冷变形加工。冷拔、冷冲、冲压、冷挤压等成形的工件，在变形过程中产生加工硬化，必须经过中间退火，消除硬化现象，提高塑性，才能继续进行加工成为最终形状。

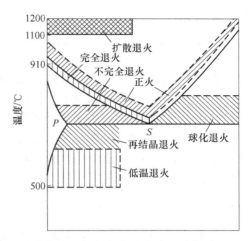

图1-2 钢的各种退火处理示意图

（3）消除组织缺陷，提高性能。经铸、锻、焊成形的工件，往往存在带状组织、魏氏组织、晶粒粗大等缺陷，使力学性能降低。经过完全退火，可以改善组织，提高性能。

（4）消除淬火过热组织。工件淬火过热，在返修前要进行一次退火，消除过热组织后，才能重新淬火。对于高速钢等返修件尤为重要，否则将因组织遗传，使工件力学性能降低。

（5）消除偏析。合金钢铸件往往由于树枝状结晶造成晶内偏析，成分不均，经扩散退火可以消除偏析，使成分均匀。

（6）脱除氢气，消除白点。大型合金钢锻轧件，经压力加工后，如直接冷却至300℃以下很容易形成白点。为消除白点，工件经压力加工后，应立即冷却到钢的C曲线鼻尖稍上的温度等温，使奥氏体分解为珠光体。这时氢的溶解度很低，而扩散系数较大，容易逸出，免于白点的形成。

（7）消除应力、稳定尺寸。冷变形工件或机加工工件，往往因为存在加工应力，导致使用过程中工件变形，甚至开裂。为消除加工应力，可将工件加热至A_{c1}温度以下，进行低温退火。

二、退火工艺参数

退火工艺参数主要指加热温度、加热速度、保温时间和冷却速度，这四个参数取决于材料的成分和处理的目的。

（一）加热温度

由于工件的加热温度基本上决定了其加热时所得到的组织，而工件冷却后的组织和性能又在很大程度上取决于工件加热时所得到的组织，因此加热温度是非常重要的。确定加热温度最根本的依据是热处理的目的和钢的成分。碳钢和低合金钢加热温度的选择主要是借助于铁碳相图。对于退火来说，其加热温度必须确保工件在加热时获得奥氏体组织，否则就难以确保要求的组织和性能，所以必须以其临界点A_{c3}或A_{c1}作为确定其加热温度的依据。根据生产实践经验，对于碳钢及某些低合金钢来说，基本上可按下列原则来选择加热温度，即亚共析钢的完全退火温度为$A_{c3}+(30\sim50)$℃；共析钢和过共析钢的不完全退火温度为$A_{c1}+(20\sim30)$℃。

不同成分的钢其临界点不同，所以热处理时所采用的加热温度也不同。多数合金钢的加热温度也是依其临界点而定的，但是由于合金元素扩散慢，其奥氏体形成速度较慢，往往采用更高的加热温度。

（二）加热速度

加热速度系指工件在加热炉内单位时间温升的高低。加热速度的快慢取决于钢的成分、零件形状的复杂程度以及装炉量的多少等。加热速度过快，某些钢种则有可能由于工件内外的温差太大，而产生变形和开裂。因此，合理的加热速度，应该选择在保证退火质量的前提下的最快加热速度。生产实践证明，一般碳钢和低合金钢的中、小件，可控制在 $100 \sim 200℃/h$；对中、高合金钢的大件，当加热至 $600 \sim 700℃$ 以下时应控制在 $30 \sim 70℃/h$，高于上述加热温度时则控制在 $80 \sim 100℃/h$。

（三）保温时间

保温时间，系指工件达到加热温度后继续保持温度的时间，主要根据钢材的成分、原始组织状态、装炉量、装炉方法和加热设备等方面因素而综合考虑。在箱式电阻炉中，一般保温的时间可按 $\tau = KD$ 关系式计算，其中，碳钢 K 值取 $1.5min/mm$，合金钢 K 值为 $2min/mm$。也可按碳钢件每 $25mm$ 厚度、合金钢件每 $20mm$ 厚度保温一小时的方法计算（升温时间不计在内）。大型工件退火时升温和保温时间分别计算。若在燃料炉中退火，其保温的时间系数可比前者小 $1/3$。

（四）冷却速度

冷却速度，系指经保温后单位时间降低温度的情况。一般要求采用较为缓慢的冷却速度。因为冷却速度太快，则硬度高，不便于切削加工；反之，则珠光体片粗大，不但降低其强度，而且不能为最终热处理做好组织准备。一般冷却速度为：碳钢为 $50 \sim 100℃/h$，合金钢为 $10 \sim 60℃/h$；$500℃$ 以下出炉，低温退火一般不大于 $30℃/h$；$300℃$ 以下出炉，再结晶退火可出炉空冷。等温退火在加热保温之后向恒温温度冷却时，可以快速冷却，必要时可以打开炉门冷却。经过恒温阶段后，冷却到 $500℃$ 以下出炉。球化退火时，珠光体中渗碳体颗粒的大小主要取决于其冷却速度。冷却过于缓慢，碳化物颗粒大，球化率低，不能达到小、匀、圆的要求，硬度偏低；反之，碳化物颗粒过于细小，硬度偏高。所以，球化退火的冷却速度要严格控制。合金钢的球化退火，经恒温后其冷却速度最好不超过 $10 \sim 20℃/h$。

三、退火的种类

退火的种类很多，常用的主要有以下几种类型。

（一）完全退火（工艺代号 511-F）

完全退火奥氏体化温度一般选为 A_{c3} 以上 $30 \sim 50℃$（允许温度偏差 $\pm 15℃$），经完全奥氏体化后进行缓慢冷却，以获得低于平衡组织的热处理工艺，如图 1-3 所示。炉冷时所特有的缓慢冷却速率可以保证在温度接近平衡的 A_{c3} 及 A_{c1} 温度时首先转变出先共析铁素体，然后是珠光体。这样得出的铁素体为等轴状并比较粗大，珠光体的片层间距也较大。这种显微组织特征意味着硬度、强度较低而延性较高。一旦奥氏体完全转变为铁素体和珠光体，冷却速率就可以加大，以缩短退火时间从而提高生产率。从成分来说，该处理主要用于亚共析钢（$\omega_C = 0.3\% \sim 0.6\%$），其目的是细化晶粒，消除不良组织（包括魏氏组织和带状组织），消除内应力并降低硬度和改善钢的可加工性。低碳钢和过共析钢不宜采用完全退火。低碳钢完全退火后硬度偏低，不利于切削加工。过共析钢加热至 A_{ccm} 以上奥氏体状态缓冷时，有网状二次渗碳体析出，使钢的强度、塑性和冲击韧度显著降低。

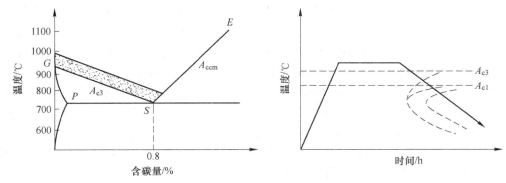

图 1-3　完全退火工艺规范示意图

从工序来说，该处理适用于中碳钢和中碳合金钢的铸、焊、锻、轧制件等。也可以用于高速钢、高合金钢淬火后返修前的退火，达到细化组织、降低硬度、改善切削加工性能、消除内应力的目的。铸钢件、终轧终锻温度过高的锻轧件或热处理过热件，都有粗大的组织，完全退火后就可以使钢件的晶粒细化。钢件脱模后为了消除内应力，防止变形和开裂，以及原始组织分散度较高的钢件为了降低硬度，便于切削加工或冷变形，也可采用完全退火。表 1-1 为推荐的碳钢完全退火温度。

表 1-1　碳钢推荐的完全退火温度

$\omega(C)/\%$	奥氏体化温度/℃	奥氏体分解温度/℃	硬度 HRW
0.20	860~900	860~700	111~149
0.25	860~900	860~700	111~187
0.30	840~880	840~650	126~197
0.40	840~880	840~650	137~207
0.45	790~870	790~650	137~207
0.50	790~870	790~650	156~217
0.60	790~870	790~650	156~217
0.70	790~840	790~650	156~217
0.80	790~840	790~650	167~229
0.90	790~830	790~650	167~229
0.95	790~830	790~650	167~229

完全退火需要的时间很长，尤其是过冷奥氏体比较稳定的合金钢更是如此。如果将奥氏体化后的钢较快的冷至稍低于 A_{r1} 温度等温，使奥氏体转变为珠光体，再空冷至室温，则可大大缩短退火时间，这种退火方法叫作等温退火。等温退火适用于高碳钢、合金工具

钢和高合金钢，它不但可以达到和完全退火相同的目的，而且有利于钢件获得均匀的组织和性能。但是对于大截面钢件和大批量炉料，却难以保证工件内外达到等温温度，故不宜采用等温退火。

（二）不完全退火（工艺代号 511-P）

将钢加热到 A_{c1} 以上 30~50℃（允许温度偏差 ±15℃），保温一定时间，然后缓慢冷却（随炉冷却）的一种操作，叫做不完全退火。不完全退火使钢组织发生不完全的重结晶。加热保温时，亚共析钢的组织为奥氏体和铁素体，过共析钢的组织为奥氏体和二次渗碳体。在冷却时，奥氏体转变为珠光体，而铁素体或二次渗碳体被保留下来。

不完全退火主要用于共析钢和过共析钢的球化处理，这时又称球化退火。对亚共析钢而言，当退火前组织已较好，只是为了降低钢的硬度，减小内应力时，也可用不完全退火代替完全退火，这样可缩短生产周期，降低热处理成本。

中、高碳钢及低合金钢锻件终锻温度不高且无需细化晶粒时，可采用不完全退火工艺，其主要目的是使材料软化并消除内应力。

（三）球化退火（工艺代号 511-Sp）

球化退火是指使钢中碳化物球状化，以便降低硬度，提高塑性而进行的退火。球化退火主要用于 $\omega(C) > 0.6\%$ 的各种高碳工具钢、模具钢、轴承钢。中碳钢为了改善冷变形工艺性，有时也进行球化退火。

低碳钢很少球化处理后用于车削加工，因为球化后的这类钢过于软和黏，切削时会产生长尺寸、高韧性的切屑。当对低碳钢进行球化处理时，其一般是用于大变形量的加工。例如，当 20 号钢管通过两遍或三遍冷拔成形时，将钢材每次冷拔后在 690℃ 下保温 0.5~1h 退火后可获得球化组织。退火后的产品最终硬度近似为 163HBW。这种状态的管子在后续冷成形工序中，可以承受大变形量。

一般来说，球化退火有以下几种方式：（1）在稍低于 A_{r1} 温度长时间保温；（2）在稍高于 A_{c1} 和稍低于 A_{r1} 温度区间循环加热和冷却；（3）加热到高于 A_{c1} 温度，然后以极慢的冷速（10~20℃/h）炉冷或在稍低于 A_{r1} 温度保温较长时间再冷却到室温；（4）对过共析钢，先进行奥氏体化使碳化物充分溶解（加热温度选择在保证碳化物溶解的下限），随即以较高速度冷却以防止网状碳化物析出，然后再按（1）或（2）方式球化退火；（5）工件在一定温度（或室温）下形变然后再于低于 A_{c1} 温度长时间保温进行球化退火。

球化退火效果常常受奥氏体成分的均匀性、冷却速度和等温温度的影响。实践表明，加热时奥氏体成分越不均匀，退火后越容易得到球化组织。将过共析钢伪片状珠光体加热到略高于 A_{c1} 温度短时间保温后，得到奥氏体加未溶渗碳体。此时，渗碳体已不是完整的片状，而是厚薄不均、凹凸不平，有些地方已经溶解断开。延长保温时间，这些未溶渗碳体将逐渐趋向于球化。将钢从加热温度缓慢冷却至 A_{r1} 以下，奥氏体将同时析出碳化物及铁素体（即珠光体转变）。加热时形成的球状碳化物质点以及奥氏体中含碳较高的部位将成为碳化物核心，长大成球状碳化物，最终得到在铁素体基体上均匀分布着球状碳化物的球状珠光体。

扩散位移，通过扩散完成回复、再结晶、重结晶等转变过程，使内应力得到松弛。应力松弛过程的快慢主要取决于温度，随着加热温度升高，应力消除率也随之升高。

如图 1-5 所示，碳钢及低合金钢在 550~650℃，高合金钢在 600~700℃ 加热退火时，只需不足 1h 即可将内应力全部去除。更多的资料数据表明，任何钢件的淬火内应力只需经过 550℃ 加热，即可消除 90% 以上。

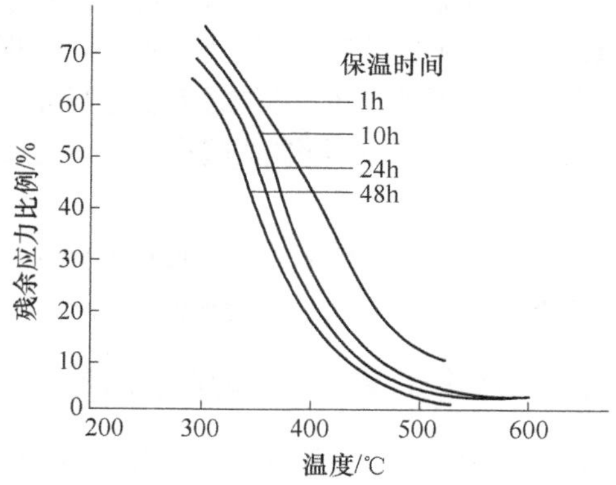

（5）透烧时间的确定。钢件尺寸较大，透烧时间较长，依据经验公式计算其结果往往不够准确。这是由于经验公式往往把加热时间与钢件有效厚度看成线性关系的缘故，实际上它们是非线性关系。

利用计算机进行传热计算，得出的透烧时间是较为准确的，而且可以计算钢件温度场与时间的变化规律，获得丰富的数据。

图 1-5 退火温度和保温时间对应力去除的影响

（五）均匀化退火（工艺代号 5111-d）

均匀化退火，也称扩散退火，是根据各种合金元素在高温下的扩散行为，尽可能地减轻钢件、钢坯内部的显微偏析的工艺方法，如消除枝晶偏析等，从而使钢件、钢坯锻轧后获得比较均匀的组织和性能。

均匀化退火的目的主要有消除有害气体的危害，如去氢、消除氢致白点；减轻铸锭中的枝晶偏析，减少或消除钢材中的带状组织；消除工具钢、轴承钢中的液析碳化物，增加碳化物分布的均匀性。

带状组织是由枝晶偏析造成的。因此，只有进行均匀化退火，才能彻底消除带状组织。具体做法是将钢件加热到 1250~1350℃，保温较长时间，然后炉冷到 600℃ 以下，出炉空冷。在高温下，碳原子的扩散并不困难，但合金元素原子的扩散速度太慢，而且与碳原子有较强亲和力的铬、钼、钒等合金元素不但扩散慢，还阻碍碳原子的扩散。因此，含有这类合金元素的合金钢钢件或连铸坯需要较长的时间才能扩散均匀化。

均匀化退火的温度上限一般不高于相图上的固相线，应尽量采用加热温度的上限，以便提高扩散效果。在实际生产中，可以将钢件或连铸坯于锻轧之前加热到 1250~1350℃，依钢件尺寸和钢种的不同，可适当延长保温时间至 10~30h，使其枝晶偏析通过扩散均匀化。对于经过锻轧的钢坯，如果枝晶偏析没有完全消除，那么偏析区通过变形延伸，扩散距离已经大大缩短，再进行高温加热时，适当增加保温时间，偏析更容易消除，均匀化处理的效果更好。

（六）再结晶退火（工艺代号 5111-R）

再结晶退火是将冷加工硬化的钢加热至再结晶温度以上、A_{c1} 以下进行的退火，目的是通过再结晶使变形晶粒恢复成均匀等轴晶粒而消除加工硬化。钢经冷冲、冷轧或冷拉后会产生加工硬化现象，使钢的强度、硬度升高，塑性、韧性下降，可加工性和成形性能变差。经过再结晶退火，消除了加工硬化，钢的组织和力学性能可恢复到冷变形前的水平。

冷变形金属的再结晶温度与化学成分和变形度等因素有关。纯铁的再结晶温度为450℃，纯铜为270℃，纯铝为100℃。一般来说，变形量越大，再结晶温度越低。不同金属都有一个临界变形度，在这个变形度下，再结晶时晶粒将异常长大。钢的临界变形度为6%~10%。一般钢材再结晶退火温度为650~700℃，保温时间为1~3h。再结晶退火后通常在空气中冷却。

再结晶退火既可作为钢材或其他合金多道次冷变形之间的中间退火，也可作为冷变形钢材或其他合金成品的最终热处理。

四、常见退火缺陷和防止措施

(1) 硬度偏高。出现于含碳量大于0.45%的中碳、高碳钢锻件中，主要由于退火的加热温度低，冷却太快，温度过低，球化不充分，碳化物弥散度过大。这往往与装炉量过大、炉温不均、工艺参数选择不当有关，可通过第二次退火加以消除。

(2) 过热。加热温度过高、保温时间过长、炉温不均，均可造成过热。使奥氏体晶粒粗大，冷却较快时，出现粗大的魏氏组织。可用完全退火细化晶粒来消除。

(3) 球化不完全。工具钢球化退火，往往出现球化不完全的组织缺陷。这主要由于球化温度过低、时间太短，片状碳化物未完全溶解的缘故，球化组织中出现细层状珠光体。为此应该严格控制温变、时间和冷却规范。对已有这种缺陷的钢材，应再次球化退火。

(4) 球化不均。过共析钢球化退火后有时存在粗大的碳化物，出现碳化物不均匀现象。其原因是球化退火前未消除的网状碳化物在球化退火时发生熔断、聚集。球化退火前通过正火消除网状碳化物可使该缺陷消除。

(5) 石墨化断口，又称为黑脆现象。碳素工具钢的终锻温度高且冷却太慢，退火加热温度太高且保温时间过长，多次返修退火或钢中石墨化元素 Si、Al 等含量过多，而含 Mn 量过低等，均可使部分渗碳体分解成石墨，断口呈灰黑色，脆性很大，故称"黑脆"。出现这种缺陷时，材料只能报废不能返修。

(6) 氧化与脱碳。钢在氧化介质中加热退火时必将出现氧化脱碳现象。防止办法就是采用可控气氛加热进行光亮退火。

(7) 网状组织。加热温度太高、冷却过慢，往往析出网状铁素体（亚共析钢）或网状渗碳体（过共析钢），使性能变坏，或者是在球化退火之前，钢的原始组织中已经有明显的网状渗碳体。消除办法是进行正火。

五、退火工艺关键技术点拨

(1) 均匀化退火和球化退火时，工件必须分布式摆放，以提高加热和冷却均匀性；炉膛内必须辅助使用循环风扇，从而获得均匀的硬度和显微组织。

(2) 通常使钢最软的方法是在不高于 A_{c1} 温度以上55℃奥氏体化，并在低于 A_{r1} 温度以下55℃进行转变。

(3) 因为低于 A_{r1} 温度以下55℃完全转变需要非常长的时间，因此允许绝大多数的转变在更高的温度下进行，形成较软的产物，然后在低温下完成转变，这样完全转变的时间会较短。

（4）完全退火装炉时，一般中、小型碳钢和低合金钢工件，可不控制加热速度，直接装入已升温至退火温度的炉内；也可低温装炉，随炉升温。对于中、高合金钢或形状复杂的大件，可低温装炉，分段升温，并控制升温速度不超过 100℃/h。

（5）大型工件的去应力退火，应低温装炉，缓慢升温，以防由于加热过快而产生热应力。

（6）使用煤气炉或火焰反射炉时，注意不要使喷嘴或火焰直接对工件加热。

（7）钢奥氏体化后，迅速冷至转变温度可以缩短退火周期。

（8）钢完全转变后，在该转变温度下已形成需要的显微组织和硬度，然后使其迅速冷至室温，可以缩短退火总时间。

（9）为确保碳的质量分数为 0.70%~0.90% 的工具钢和其他低合金中碳钢退火后产生较少的片状珠光体，通常在奥氏体化和转变前低于下临界温度 A_{c1} 约 28℃ 预热几小时。

（10）对于过共析合金工具钢，为获得最低退火硬度，在奥氏体化温度加热较长时间（约 10~15h），然后像平常一样进行转变。

六、W6Mo5Cr4V2 高速钢钢件退火工艺举例

图 1-6 所示为 W6Mo5Cr4V2 高速钢钢件工艺曲线和计算机计算的钢件温度变化曲线，钢件形状是方形，图中实线为炉温曲线，即施行的工艺曲线。炉温分两个台阶等温，但是钢件温度的连续变化曲线没有台阶。钢件达到 850℃ 后即刻冷却，缓慢降低到 750℃ 后又接着冷却。在整个热循环过程中，内应力去除的同时达到了软化的目的。

高速钢钢件的退火一般采用台车式退火炉，钢件装炉后随炉升温，加热速度为 50℃/h。当炉温达到 750℃ 以上时升温速度减

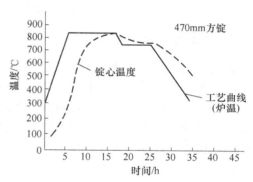

图 1-6 高速钢钢件的工艺曲线

慢，此时由于炉子散热加快，使加热速度变慢；另一个原因是钢的相变吸收大量的相变潜热，而使加热速度减慢。钢件刚刚达到预定的保温温度后立即进入降温阶段，实施"零保温"，这正是本工艺的优点。如前所述，钢件退火的主要目的是去除内应力，若加热温度已经达到 800℃ 即可以降温。在降温过程中进入曲线的第二个台阶，进行组织转变，以便软化钢件。

退火温度达到 500℃ 以下时，可以断电或切断煤气，令炉温自行降低，200℃ 以下可出炉。这样可使整个退火工艺周期大幅度缩短，470mm 方锭的退火时间总计为 35h，300mm 方锭的退火时间总计为 25h，既节约了能源又提高了生产率。

第二节 钢 的 正 火

正火是把钢加热至上临界点 A_{c3} 或 A_{ccm} 以上 30~50℃ 或更高的温度，保温足够时间，

使奥氏体均匀化后在空气（静止或鼓风流动或喷雾）中冷却得到珠光体显微组织的工艺方法。

一、正火的目的

根据钢种和截面尺寸的不同，通过正火可分别达到下述不同目的：

（1）对于大型铸、锻件和钢材，正火可以细化晶粒、消除魏氏组织或带状组织，为下一步热处理做好组织准备，相当于退火的效果。

（2）调整钢的硬度，改善切削加工性能。低碳钢退火后硬度较低，在切削加工中易"粘刀"，工件的表面粗糙度很差，刀具寿命也低。若通过正火处理可减少钢中先共析铁素体，获得细片状珠光体，使硬度提高到140~190HBW，改善钢的可加工性。

（3）对于过共析钢，正火可消除网状碳化物，便于球化退火。

（4）正火也可以作为某些中碳钢或中碳合金结构钢工件的最终热处理，代替调质处理，使工件具有一定的综合力学性能。

（5）可作为中碳钢及合金结构钢淬火前的预先热处理，也可作为要求不高的普通结构件的最终热处理代替淬火。

（6）用于淬火返修件消除应力，细化组织，以防重淬时变形开裂。

（7）细化组织、消除热加工造成的过热缺陷，使组织正常化。

二、正火工艺特点

正火与退火比较有如下特点：

（1）加热奥氏体化温度比退火高：碳钢的正火温度在 A_{c3} 或 A_{ccm} 以上 30~50℃。含有 V、Ti、Nb 等强碳化物形成元素的钢，为使合金碳化物较快地溶入奥氏体中并使钢的组织与工件尺寸稳定，常采用更高的温度，如 20CrMnTi 钢的正火温度超出 A_{c3} 120~150℃，常见结构钢的正火温度及硬度如表 1-2 所示。另外，为了消除一些钢的过热组织，需要双重正火或多重正火时，第一次正火温度更高一些，以后逐次降低。

表 1-2　常见结构钢的正火温度及硬度

钢号	正火温度/℃	硬度 HBW	钢号	正火温度/℃	硬度 HBW
20	890~920	≤156	40CrNiMo	890~920	≤385
20Cr	870~890	≤275	65Mn	820~860	≤269
20CrMn	870~900	≤300	GCr15	900~950	229~285
35	800~900	≤191	T8	760~780	241~302
45	840~870	≤226	T10	820~840	255~310
40Cr	850~870	≤250	T12	850~870	269~341
40Mn	830~870	≤248	9SiCr	900~920	321~415
35CrMo	850~880	≤241	CrWMn	970~990	288~514
40CrMnMo	890~920	≤241	50CrV	850~880	≤288

（2）正火保温时间比退火略短：正火保温时间一般以公式 $\tau = \alpha D$ 计算，根据钢种和加热条件不同，α 值如表 1-3 所示。

表 1-3　α 值经验值

加热设备	加热温度/℃	碳素钢 α 值	合金钢 α 值
箱式炉	800~950	50~60	60~70
盐浴炉	800~950	15~25	20~30

（3）冷却速度比退火快：正火有出炉空冷、风冷、雾冷等冷却方式。工件要分散放置，放在专用的空冷床或料架上。对于淬透性较高的钢材和形状复杂的工件，可在正火后进行一次回火处理，以消除应力，降低硬度。

（4）正火后的组织与退火不同：正火的冷却速度快，得到索氏体。正火后，组织中先共析相细化，只有含碳量小于 0.6% 的钢中才有少量游离铁素体晶粒。

（5）正火比退火操作简单、生产周期短：由于正火生产周期短，操作简单、经济，是一种广泛应用的预先热处理工艺。

三、正火的选择原则

由于退火和正火在某种程度上具有相似的方面，有时可以相互代替，在实际的生产过程中，对具体零件的退火或正火的工艺选择应根据以下几个方面分析确定：

（1）从切削加工性能上分析。一般硬度在 170~230HBW 范围内的零件，金相组织中没有大块铁素体时，钢的切削加工性能较好。因此低碳钢应选正火作预先热处理，高碳钢则宜选择球化退火。含碳量不超过 0.45% 的中碳钢以及 40Cr、40MnB 等低合金结构钢，以选正火为宜；而 30CrMnSiA、38CrMoAl 等中合金钢和高合金钢则应选择退火。

（2）从使用性能的角度分析。亚共析钢的正火组织总比退火组织的力学性能高，对于不太重要的工件应尽可能选用正火作为最后热处理，以提高使用性能。形状复杂的大型工件宜采用退火，以免正火冷却过快形成内应力，产生变形甚至开裂。

（3）从经济性考虑。在可能条件下，尽量采用正火代替退火。如果没有脱氢防白点的要求，可采用正火加高温回火处理，仍可达到改善组织软化工件的目的。这样可使成本大幅度降低。

（4）从最终热处理方面考虑。一般而言从减小随后的淬火变形和开裂的倾向角度出发，退火优于正火，但对于进行快速加热（如高频加热）的工件，正火组织有助于加快奥氏体的形成和碳化物的溶解，故可作为快速加热的预备热处理工序。

四、常用正火工艺方法

（一）一般正火

将钢件加热到 A_{c3} 或 A_{ccm} 以上 30~80℃，保温一定时间后，从炉中取出，一般在静止空气中冷却，也可风冷或喷水雾冷。正火加热温度一般高于完全退火，上限可比 A_{c3} 或 A_{ccm} 高出 100~120℃。正火加热温度范围示意图如图 1-7 所示，工艺曲线如图 1-8 所示。

（二）二段正火

将钢件加热到 A_{c3} 或 A_{ccm} 以上 50~70℃奥氏体化后，保温一定时间后从炉中取出，在

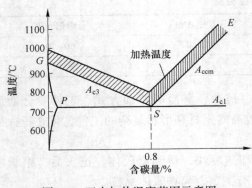

图 1-7　正火加热温度范围示意图

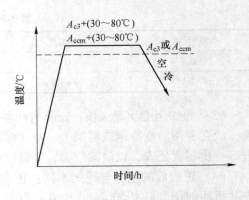

图 1-8　正火工艺曲线示意图

静止空气中冷却至 A_{r1} 附近转入炉中缓慢冷却，当钢件温度小于等于 550℃ 时，出炉空冷。此工艺用于对正火畸变要求严格的工件。正火加热工艺曲线如图 1-9 所示。

（三）等温正火

将钢件加热到 A_{c3} 或 A_{ccm} 以上 50~70℃ 奥氏体化后，保温一定时间后从炉中取出，采用强制吹风快冷，冷到 A_{r1} 珠光体转变区的某一温度再保温一定时间，然后取出空冷。工艺曲线如图 1-10 所示。

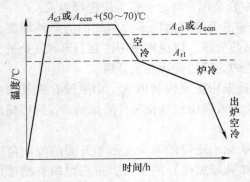

图 1-9　二段正火工艺曲线示意图

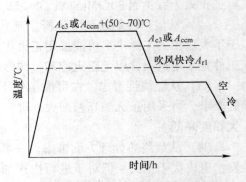

图 1-10　等温正火工艺曲线示意图

五、正火缺陷

（一）过热和过烧

过烧是指在正火时，加热温度过高，已接近钢的熔点造成的，过烧不但使奥氏体晶粒粗大，而且还会使晶粒晶界出现烧熔或氧化，过烧的工件断口粗糙且有光彩，必须予以报废。

过热是指在正火时，因工艺不当或设备控温仪表失灵致使工件加热温度过高，再加上保温时间太长，就会使奥氏体晶粒显著长大，热处理后便出现粗晶断口，冲击韧度很低。

正火造成的过热会严重影响最终热处理的质量，必须予以反修。

预防措施：（1）正确制定正火工艺；（2）经常检修仪表；（3）操作者经常观察炉内温度情况，发现异常及时解决。

补救方法：将过热工件进行重新正火或完全退火。对共析钢的过热件先采用正火，然后再进行球化退火或高温退火的方法改善过热组织。如果晶粒过于粗大，则应采用两次正火方法，也可以采用调质处理的方法细化晶粒，然后再进行正常的正火。

（二）网状碳化物

在正火过程中，如果加热温度过高或冷却速度极其缓慢，导致二次渗碳体沿奥氏体晶界析出，形成网状碳化物。

预防措施：严格控制加热温度。

补救方法：一种方法是进行一次高温加热，使网状组织全部溶入奥氏体，随后加速冷却，以抑制先共析相沿晶界析出，也就是进行一次较高温度（A_{ccm} 以上）的正火。另一种方法是采用调质处理的方法，加热温度在 A_{ccm} 以上 30～50℃ 淬火，回火温度为 650～700℃。

（三）硬度过高

工艺不当，如欠热、过热或者是冷却速度过快，会导致硬度过高的情况产生。

预防措施：在操作过程中严格控制工艺参数。

补救方法：正火后的工件若放在潮湿的地方，或冷却速度过快的地方造成过硬，应重新正火。

（四）脱碳

其原因一是没有采取保护措施；二是加热温度过高保温时间过长。在上述情况下，钢的含碳量越高，脱碳越显著。

预防措施：（1）将正火的工件装在铁箱内，用铸铁屑或硅砂粉盖起来，再用耐火泥封好箱盖；（2）对于要求严格的精密工件，可采用保护气氛加热炉或真空炉进行正火。

补救方法：对那些没有加工余量的工件，用吸热式气氛炉进行复碳。

六、正火操作要点

（1）正火加热一般在箱式炉或井式炉中进行，大型工件可在台车炉内进行。

（2）形状接近的工件可以同炉处理。

（3）细长杆类及长轴类工件尽量采用吊装方式装炉，防止变形。条件不具备时亦可平放，但需垫平。

（4）对表面要求较高的工件，在正火加热时应采取防止氧化和脱碳的保护措施。

（5）细长杆类及长轴类工件正火，空冷时尽量放在平坦的地面上。

（6）无论何种工件正火，在冷却时都要散开放置于干燥处空冷，不得堆放或重叠，不得置于潮湿处或有水的地方，以保证冷却速度均匀，冷却后工件的硬度均匀。

七、典型零件正火工艺举例

（一）一般正火应力实例

螺纹磨床丝杠（如图1-11所示）由9Mn2V钢制作，经球化退火、淬火、回火和低温时效处理，有时螺纹处产生裂纹，经金相组织分析发现球化退火的组织不合格，即碳化物网没完全溶解。如果提高球化退火加热温度，则球化等级超差。在球化退火前进行一次930℃加热的普通正火，则淬火后不出现裂纹且变形减小。

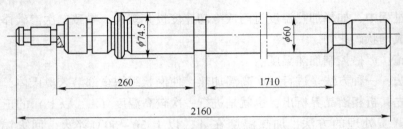

图1-11　螺纹磨床丝杠零件图

（二）等温正火应用实例

发动机涡轮轴（如图1-12所示）用13Cr11Ni2W2MoV钢制作。其预备热处理工艺为1000~1020℃正火，680~720℃回火；最终热处理为1090~1110℃油冷，660~710℃回火。由于该钢属于马氏体型耐热钢，正火冷却过程中应力极大。为了减小应力和防止开裂，采用等温正火（1000~1020℃加热后空冷到樱红色，立即转入920℃炉中停留，均热后再空冷）。经此处理后，可获得极细小的均匀组织结构，同时可为最终热处理奠定良好基础。

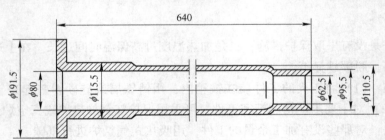

图1-12　发动机涡轮轴零件图

第三节　钢　的　淬　火

淬火是指将工件加热到奥氏体化后（A_{c1}或A_{c3}以上30~50℃），保温一定时间然后以大于临界冷却速度冷却，以期获得高硬度的淬火马氏体组织的热处理工艺。

钢的淬火是实现零件热处理最基本的工艺方法，为完成该过程需要了解钢的热处理特性和零件的具体热处理技术指标，然后根据零件的尺寸、表面的加工状态，选择符合实际的热处理工艺。

一、淬火目的

（1）提高钢的力学性能，如增强韧性、耐磨性、弹性。

（2）改善其物理化学性能，如增强磁钢的永磁性、提高不锈钢的耐蚀性等。每个零件淬火时，总是以获得某个性能为主要目的，同时要考虑到综合性能比。

二、淬火工艺规范

（一）加热温度

淬火加热温度主要取决于钢的化学成分，再结合具体工艺因素综合考虑决定，如工件的尺寸、形状、钢的奥氏体晶粒长大倾向、加热方式及冷却介质等。

（1）亚共析钢的淬火温度为 $A_{c3}+(30\sim50)$ ℃。在此温度下，亚共析钢中的铁素体完全溶于奥氏体中，成为细晶粒奥氏体，淬火后便得到晶粒细小的马氏体。若加热温度过高，奥氏体晶粒容易长大，淬火后便得到粗针状马氏体，使钢的性能变坏，且淬火时容易出现变形和开裂现象。如果加热温度在 A_{c1} 和 A_{c3} 之间，铁素体不能完全溶入奥氏体，淬火后便被保留下来，得到的组织为马氏体+铁素体。由于铁素体硬度很低，强度也很低，不能使钢达到要求的力学性能。

（2）过共析钢的淬火温度为 $A_{c1}+(30\sim50)$ ℃。在此温度加热，过共析钢的组织为奥氏体和渗碳体，淬火后的组织是马氏体和渗碳体，且颗粒细小的渗碳体是均匀地分布在马氏体的基体上。由于渗碳体的硬度比马氏体更高，更增加了钢的耐磨性。这对提高工具钢的耐磨性能尤为重要。如果加热温度在 A_{ccm} 以上，渗碳体就会完全溶于奥氏体中，并使奥氏体晶粒长大，淬火后得到粗大的马氏体和较多的残留奥氏体，不仅使钢的脆性增加，而且使淬火硬度下降，耐磨性降低，同时增加了氧化脱碳和畸变开裂的倾向。因此过共析钢不能采用过高的加热温度。但是过低的加热温度也是不可取的，会使奥氏体的稳定性下降，容易分解为非马氏体组织，影响淬火后的硬度。

（3）共析钢的淬火温度与过共析钢相同。

（4）合金钢的淬火温度范围为 A_{c1} 或 $A_{c3}+(30\sim50)$ ℃。此外，空气炉中加热比在盐浴炉中加热一般高 $10\sim30$ ℃。采用油、硝盐作为淬火介质时，淬火加热温度应比水淬提高 20℃ 左右。

（二）加热介质

工件的加热是在一定的介质中进行的。常见的加热介质有空气、燃料气体、盐浴和保护气氛。

1. 空气

在普通箱式炉或井式炉中加热时，其加热介质就是空气。空气作为加热介质，其缺点就是其中的氧气、二氧化碳和水蒸气容易使工件氧化和脱碳。

氧化是指钢表面的铁原子或合金原子与加热介质中的氧化性物质发生化学反应，生成氧化物的过程。氧化铁（俗称氧化皮）的生成，在加热时会使工件表面烧损，影响表面粗糙度；在淬火时影响淬火冷却的均匀性，造成硬度不均或硬度不足。

脱碳是指钢件表面的碳与加热介质中的氧、二氧化碳、水蒸气及氢发生化学反应，使表面的碳含量减少的现象。脱碳使工件表面的碳含量降低，导致淬火硬度不足，不但降低其耐磨性，而且在表面产生拉应力，使疲劳强度下降。

氧化与脱碳严重地影响着热处理的质量，在加热过程中应引起重视，予以防止。以空气为加热介质时，防止氧化和脱碳的常用方法有以下几种：

（1）喷撒法。炉温到达工作温度后，将工件装入炉中，即向炉内喷射或泼洒 QW-F1 钢材加热保护剂，也可将工件浸入加热保护剂后再入炉。

（2）装箱法。将工件装入铁箱中，再以铸铁屑、木炭或焦炭填充，加盖密封，然后放入炉中加热。

（3）浸沾法。将质量分数为 6% 的硼砂与质量分数为 94% 的酒精混合后，形成硼砂酒精涂料。将工件浸沾其中后，再装入炉中，可防止氧化。

（4）涂料法。用防氧化涂料涂覆于工件表面，使其与炉气隔绝，起到防止氧化和脱碳的作用。常用防氧化涂料主要由硅酸盐（如硅酸钾等）和一定比例的金属氧化物（如氧化铬、氧化铝、氧化硅、氧化铝等）组成，混合后再辅以黏合剂（如水玻璃、树脂、硅溶胶等），再加入稀释剂（如水、丙酮等），最后调成糊状，采用喷涂、涂刷或浸沾等方法使其黏附于工件表面，起到与氧化性气氛隔离的作用。

2. 燃料气体

加热时煤气、煤或油在火焰炉中燃烧所产生的气体称为燃料气体。其主要成分是二氧化碳、一氧化碳和氢等气体以及空气中的氮和氧。其中的氢可以使工件脱碳，二氧化碳及氧既可使工件氧化，也可使工件脱碳。

炉气中氧的体积分数一般控制在 2%～4% 之间。估计的方法是：将一块边长约 20mm 的方木块放入炉中，关好炉门，从炉门上的观察孔观察木块的燃烧情况。如果木块没有明火，仅仅是冒烟后炭化，则炉气中氧的体积分数小于 1.5%；若木块冒烟且有一闪一闪的蓝色火焰，则氧的体积分数为 2.5%～4%；若木块燃烧并呈稳定的黄色火焰，且剩下的炭块一直在闪火，则氧的体积分数在 5% 或稍高一点。当炉气的氧含量较高时，可以适当减小送风量，以降低炉气的氧化性，减少工件的氧化和脱碳。

3. 保护气氛

在热处理加热过程中，能保护工件，使其免于氧化和脱碳的炉气，称为保护气氛。工件在保护气氛中加热，可以获得无氧化、不脱碳的光亮表面，其外观质量和内在质量都有很大提高。常用的保护气氛有以下几种：

（1）可控气氛。可控气氛是指炉气的成分可以控制。通过调节炉气中的某种气体的比例，既可以使炉气实现无氧化加热，也可以进行渗碳或碳氮共渗等。

1）放热式可控气氛。用液化石油气（主要成分为 C_3H_8 及 C_4H_{10}）、天然气（主要为 CH_4）或城市煤气等原料气与空气按一定比例混合后，通过自身燃烧而获得，由于燃烧时放出大量热量，故称放热式可控气氛。由于放热式气氛中 CO_2 和 H_2O 较多，故不能防止脱碳，多用于中、低碳钢的无氧化加热或允许少量脱碳的无氧化加热。

2）吸热式气氛。将原料气（液化石油气、城市煤气或天然气）与空气按一定比例混合后，由外界对其进行加热而制成，由于反应过程需要吸收热量，故称吸热式气氛。吸热式气氛中的 CO 和 H_2 较多，而 CO_2 和 H_2O 则很少，所以可以有效防止工件氧化和脱碳。为了使钢在加热过程中既不脱碳又不增碳，就要准确地控制炉气成分，使碳原子在炉气与钢之间的交换达到平衡。此时的碳含量即为炉气的碳势。通常，炉气的碳势可通过控制炉气中 CO_2 和 H_2O 的体积分数来控制，这是因为 H_2O、CO_2 的体积分数与 CO、H_2 等气体的体积分数有一定的平衡关系。$[\phi(CO)\phi(H_2O)]/[\phi(CO_2)\phi(H_2)]$ = 常数。在吸热式气氛中，H_2 和 CO 大致是恒定的，这样 CO_2 和 H_2O 之间就存在着互相依赖制约的关系，知道其中的一个，就可以确定另一个。炉气中 H_2O 的含量可通过露点的检测。所谓露点即为炉气中水蒸气开始凝结为水的温度。炉气中 H_2O 越多，则露点越高；反之，则露点越低。露点可用露点仪来测量。CO_2 的含量可通过红外线 CO_2 分析仪检测，并用电子装置进行控制。此外，吸热式气氛还能用于渗碳或碳氮共渗等。

3）滴注式可控气氛。将煤油、苯、甲醇等碳氢化合物直接滴入高温炉膛内，使其在高温下裂解，所形成的炉气中含有 CO、H_2 和 CH_4 等还原性气体，可以保护工件不氧化脱碳。甲醇（CH_3OH）在高温下裂解（$CH_3OH \rightarrow CO + 2H_2$）后的产物是弱碳成分，主要用作稀释剂。而煤油、苯、乙醇、丙酮、醋酸乙酯等有机物，在高温下裂解后会产生大量活性碳原子，作为渗碳剂，以调节炉气的碳势。稀释剂和渗碳剂的滴入量，应根据工件的材料、渗碳的不同阶段、炉膛大小和装炉量等因素确定。

（2）氨分解气。氨在高温下分解为氮和氢，可以代替价格较贵的氢气作为保护气氛，使钢在加热时不氧化脱碳，主要用于含铬较高的合金钢的光亮淬火和退火等。但氨分解气中的氢气易燃、易爆，使用中不得与空气混合。

（3）盐浴。将无机盐在高温下熔为液体，用于加热工件，即为盐浴。用盐浴加热时，由于工件与空气隔绝，可以有效地防止工件氧化和脱碳。此外，盐浴加热还有加热速度快、加热均匀、变形小、可局部加热等特点。盐浴加热主要用于工件的淬火加热或预热。

1）盐浴用盐。盐浴的配方较多，常用盐浴配方见表 1-4。

表 1-4　常用盐浴配方

盐浴组成（质量分数）	熔点/℃	工作温度/℃	用　途
100%$BaCl_2$	960	1100～1350	高速钢及高合金钢淬火加热
70%$BaCl_2$+30%$Na_2B_4O_7$	940	1050～1350	
95%$BaCl_2$+5%NaCl	850	1100～1350	
100%NaCl	810	850～1100	
50%NaCl+50%KCl	670	700～1000	碳钢与合金钢淬火加热，高速钢及高合金钢预热
（20%～30%）NaCl+（70%～80%）$BaCl_2$	650	700～1000	
50%$BaCl_2$+50%KCl	640	670～1000	
50%$BaCl_2$+50%$CaCl_2$	600	650～900	
44%NaCl+56%KCl	660	700～870	
50%$BaCl_2$+30%KCl+20%NaCl	540	560～880	高速钢及高合金钢预热
50%KCl+20%NaCl+30%$BaCl_2$	530	560～870	

盐浴组成（质量分数）	熔点/℃	工作温度/℃	用　途
100%NaNO₃	317	325~600	等温淬火，分级淬火
100%KNO₃	337	350~600	
100%NaNO₂	284	325~500	
100%KNO₂	297	325~500	
50%KNO₃+50%NaNO₃	218	230~550	
50%KNO₃+50%NaNO₂	140	150~550	
100%KOH	360	400~550	光亮淬火，低温加热
100%NaOH	322	350~550	
50%NaOH+50%NaOH	230	300~550	
65%NaOH+35%NaOH	155	170~300	

2）盐浴的校正。盐浴加热时虽然隔绝了工件与空气的接触，但盐浴中如果存在某些氧化性杂质，也会造成工件氧化脱碳。所谓校正，就是将盐浴校正剂加入盐浴中，盐浴校正剂与盐浴中的氧化性杂质发生化学反应生成渣，或漂浮于盐浴液面，或沉积于炉膛底部，然后予以捞除。造成盐浴氧化脱碳的原因是：①氧和水蒸气等与熔盐反应生成金属氧化物。②工件和卡具表面以及电极氧化后的氧化皮落入炉内。③盐浴用盐本身含有的杂质，在高温下分解生成的氧化物，可使工件脱碳。所以，在用盐浴加热工件前，必须对盐浴进行校正捞渣，以防止或减少工件的氧化脱碳作用。常用盐浴校正剂有以下几种：

①木炭：主要用来消除盐浴中的硫酸盐，但校正作用较慢。使用时，将木炭敲碎为 15mm 大小的炭块。由于木炭密度小，需将木炭装筐后，再浸入盐浴中，适用于中温盐浴校正。

②硼砂（Na₂B₄O₇）：校正效果较差，不能完全防止脱碳；易捞渣；其中含有结晶水，应烘干后使用；对炉衬、电极有强烈的腐蚀性；加入量大；适用于高中温盐浴校正。

③硅胶（SiO₂）：与二氧化钛配合使用，校正作用较弱，对电极有严重腐蚀，但捞渣方便。

④硅钙铁：用于中温盐浴时，容易捞渣；用于高温盐浴时，具有能弥补 TiO₂ 迟效性（即能维持较长时间，使盐浴氧化物不能迅速上升的性能）不佳的优点，但不便单独使用。

⑤二氧化钛（TiO₂）：校正能力强，速效性好，迟效性差，高温时有显著效果，但易粘砖，不易捞渣，最好和硅胶配合使用。

⑥复合盐浴校正剂：将几种盐浴校正剂配合使用，如化学成分（质量分数）为 30% TiO₂+15%SiO₂+15%硅钙铁+40%无水氯化钡的复合盐浴校正剂。混合后的盐浴校正剂可用于中温盐浴的校正，效果较好。

（三）加热时间

在生产中，一般将空炉升温到预定的淬火温度，工件入炉后炉温有所下降，待控温仪表回升在淬火温度后，保温一段时间，然后出炉淬火。通常，加热时间指工件从入炉到出炉所经过的时间，把仪表回升到淬火温度后保持的时间，称为保温时间。

加热时间受零件的化学成分、有效厚度、装炉方式、装炉量、加热炉类型、装炉温度等诸多因素的影响。

1. 加热时间的计算

加热时间可按下列经验公式计算：

$$\tau = K \cdot \alpha \cdot D \tag{1-1}$$

式中，τ 为加热时间，min；K 为修正系数，根据表 1-5 选取；α 为加热系数，min/mm，参照表 1-6 选取；D 为工件的有效厚度，mm。

表 1-5 不同装炉方式的修正系数

工件放置情况	修正系数	工件放置情况	修正系数
	1.0		1.0
	1.0		1.4
	2.0		4.0
	1.4		2.2
	1.3		2.0
	1.7		1.8

表 1-6 加热系数 α

加 热 方 式	加热系数 α/min·mm^{-1}			
	碳素钢	低合金钢	高合金钢	高速钢
550~650℃箱式炉预热	—	—	1.0~1.5	1.0~1.5
780~900℃箱式炉或井式炉加热	1.0~1.5	1.2~1.8	—	—
780~900℃盐浴炉加热或预热	0.3~0.5	0.5~0.8	0.4~0.6	0.4~0.6
1100~1300℃盐浴炉加热	—	—	0.2~0.35（需经预热）	0.1~0.25（需经预热）

2. 有效厚度的确定

工件有效厚度 H 的计算方法（也适用于退火和正火）如图 1-13 所示。

（1）轴类工件（$D<h$）以直径为有效厚度，即 $H=D$，如图 1-13（a）所示。

（2）板状或盘状工件（$D>h$）以厚度为有效厚度，即 $H=h$，如图 1-13（b）所示。

（3）实心圆锥体工件以离大端 1/3 高度处的直径为有效厚度，即 $H=D$，如图 1-13（c）所示。

（4）套筒类工件壁厚小于高度时 $\left(\dfrac{D-d}{2}<h\right)$，以壁厚为有效厚度，即 $H=\dfrac{D-d}{2}$，如图 1-13（d）所示；壁厚大于高度时 $\left(\dfrac{D-d}{2}>h\right)$，以高度为有效厚度，即 $H=h$，如图 1-13（e）所示。内外径之比小于 1/7 时，以外径为有效厚度。

（5）球体状工件以 0.6 倍直径为有效厚度，即 $H=0.6D$，如图 1-13（f）所示。

（6）阶梯轴或截面有突变的工件（$D_1<D_2$），以最大直径或最大截面为有效厚度，即 $H=D_2$，如图 1-13（g）所示。

（7）形状复杂的工件以主要部分尺寸为有效厚度。

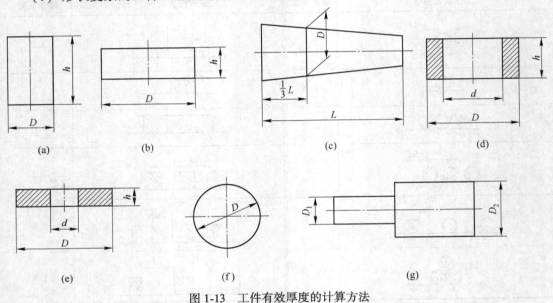

图 1-13　工件有效厚度的计算方法

（四）淬火介质

淬火时，需将奥氏体化的工件放入淬火介质中激冷，使工件的冷却速度大于临界冷却速度，以获得马氏体组织；同时，又要防止畸变和开裂。因此，希望在奥氏体等温转变图"鼻尖"以上温度区间缓慢冷却，以减小因激冷所产生的热应力，在奥氏体等温转变图"鼻尖"处具有保证奥氏体不发生分解的较快的冷却速度；而在马氏体转变时，冷却速度应尽量慢些，以减小组织转变应力。

这样的冷却曲线称为理想冷却曲线，如图 1-14 所示。理想冷却曲线为合理选择淬火介质和冷却方法提供了依据。

淬火介质应具有以下特性：

（1）具有合适的冷却特性，尽可能接近理想冷却曲线。但不同钢种奥氏体最不稳定的温度区间不同，理想冷却曲线因不同钢种的奥氏体等温转变曲线不同而存在差异，因此想要得到能适应各种钢材及不同尺寸工件的淬火介质是不可能的。一种淬火介质只能适应某类钢材的某一温度区间的冷却特性，或通过几种介质的组合来实现理想冷却曲线。

（2）冷却的均匀性好，流动性好。

（3）具有良好的稳定性，介质在使用过程中不易分解、变质或老化。各种淬火油和有机水溶液不同程度地存在老化倾向，选择时应予以注意。

（4）能使工件淬火后保持清洁，不腐蚀工件。

（5）绿色环保，无污染。淬火时不产生大量的烟雾及刺激性气体，无毒。带出的废液不污染环境，符合环保要求。

（6）使用安全，不易燃，无爆炸危险。常用的淬火介质有水、无机物或有机物的水溶液、矿物油、熔盐、熔碱及空气等。

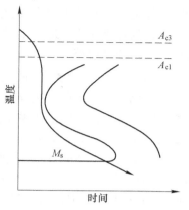

图 1-14　理想冷却曲线示意图

1. 水

水是应用最普遍的淬火介质，它的冷却能力较大，既经济，又容易取得。水的冷却能力虽然很大，但在马氏体开始转变点附近，水处于沸腾冷却阶段，由于冷速太快，容易造成零件畸变，甚至开裂，这是水的最大弱点，是我们不希望的。显然，水的这种冷却特性与理想冷却曲线相差甚远。

温度对水的冷却能力影响很大。水温升高，会形成大量气泡，使 650~500℃ 区间的冷却能力急速下降，而对马氏体转变点附近的冷却速度却几乎毫无影响，因此水温升高，对淬火是非常不利的。生产中，通常将水温控制在 40℃ 以内，在连续生产中水温一般不宜超过 35℃。

> **你知道水的冷却能力吗？** 对冷却介质为 20℃ 的自来水，工件温度在 200~300℃ 时，平均冷却速度为 450℃/s；工件温度在 340℃ 时，平均冷却速度为 775℃/s；工件温度在 500~650℃ 时，平均冷却速度为 135℃/s。因此，水的冷却特性并不理想，在需要快冷的 500~650℃ 温度范围内，它的冷却速度很小，而在 200~300℃ 需要慢冷时，它的冷却速度反而很大。

在静止的水中冷却时，由于蒸汽膜在工件表面附着的时间较长，造成冷却不足或冷却不均而产生"软点"。因此，淬火时使用循环水或使工件在水中运动，以水流破坏工件表面的蒸汽膜，可以提高高温区的冷却能力，改善工件冷却的不均匀性。同时，水的循环还可降低水的温度。用水进行喷射冷却，使蒸汽膜提前破裂，可显著提高水在较高温度区间内冷却速度，喷水压力越高，流量越大，冷却效果越显著。

水的清洁度对其冷却性能也有影响。当水中混有油、肥皂或溶有气体时，都会加速蒸汽膜的形成，且增加其稳定性，使冷却能力下降，淬火时工件表面容易出现软点，影响淬火质量。因此，必须注意保持淬火用水的清洁度，不得在淬火水槽中洗手，不允许将淬火油或其他杂质带入其中。为了增加水在高温区的冷却能力，通常采取搅动、循环的方法使水流动起来，利用水流来破坏蒸汽膜。但用压缩空气来搅动淬火介质、使水流动的做法是不可取的，因为这样虽然加速了水的流动，但却使水中溶入了大量的空气，反而降低了水的冷却能力，容易使工件出现软点。

水作为淬火介质，适用于形状简单的碳钢和低合金结构钢工件的淬火，以及感应加热和火焰加热的喷射淬火。

2. 无机物水溶液类的淬火介质

无机物水溶液类的淬火介质主要有氯化钠水溶液、氢氧化钠水溶液、氯化钙水溶液、碳酸钙水溶液等。用盐水和碱水淬火时，水中的盐和碱会在炽热的工件表面析出并爆裂，不仅破坏了蒸汽膜，而且除掉了氧化皮，极大地提高了工件的冷却速度。

（1）氯化钠（NaCl）水溶液。质量分数为 5%～10% 的氯化钠水溶液，随浓度的增加，冷却速度迅速提高，在 550～650℃ 范围内的冷却速度可达 1100℃/s，大大地提高了冷却速度和冷却的均匀性。而在 200～300℃ 的低温区内冷速增加有限，一般情况下不会增大淬火畸变。所以，工件在盐水中淬火后硬度更高、更均匀，淬硬层更深。当质量分数提高到 20% 时，因黏度增大而使冷却速度趋于回落。温度对盐水的冷却能力的影响远不如对清水的影响大，一般规定盐水的使用温度在 50℃ 以下。在生产中，盐水被广泛用于碳钢的淬火。盐水淬火后的工件应及时清洗，以防生锈。氯化钠水溶液适于碳素工具钢和部分结构钢的淬火冷却。

（2）氢氧化钠（NaOH）水溶液。质量分数为 5%～15% 的氢氧化钠水溶液，是目前冷却能力最强的淬火介质。而在 200℃ 以下的冷却速度却低于水，这对易变形和淬裂的工件淬火非常有利。因此，工件在碱水中淬火，不仅易于得到高而均匀的硬度，而且发生畸变、开裂的倾向也小。当其质量分数超过 20% 时，冷却速度随浓度增加而减慢。因此，碱水适用于形状比较复杂的零件淬火。温度对碱水的冷却能力的影响不如对清水的影响大，一般规定碱水的使用温度不超过 60℃。碱水的缺点是：价格贵，腐蚀性强，有刺激性气味，易飞溅伤人，易老化。在生产中不如盐水应用广泛。

在碱水中淬火的工件，要及时清洗干净，以防被残存的碱腐蚀。氢氧化钠水溶液适于形状简单、要求硬度较高的碳钢工件和形状复杂的轴承钢、低合金钢工件的淬火冷却。

（3）氯化钙（CaCl₂）水溶液。密度为 1.40～1.46g/cm³ 的饱和氯化钙水溶液，在 600℃ 时冷却速度最快，在 300℃ 以下冷却速度较慢，具有较好的冷却特性。但氯化钙水溶液的蒸汽易使工装卡具等生锈，影响仪表、电器寿命，使其应用受到限制。适用于碳钢和低合金结构钢工件的淬火冷却。

（4）碳酸钠水溶液。常用碳酸钠水溶液的质量分数为 3%～20%，使用温度 ≤6℃。低浓度碳酸钠水溶液的用途与氯化钠水溶液相同，但其冷却性能略低。

水及无机物水溶液的冷却性能见表 1-7。

表 1-7　水及无机物水溶液的冷却性能

冷却介质	无机物的质量分数/%	温度/℃	状态	最大冷却速度		300～200℃平均冷却速度/℃·s⁻¹
				温度/℃	速度/℃·s⁻¹	
水		20	静止	259	908	566
		20	循环	478	1116	630
		40	循环	473	1039	588
		60	循环	467	827	475

续表 1-7

冷却介质	无机物的质量分数/%	温度/℃	状态	最大冷却速度		300~200℃平均冷却速度/℃·s⁻¹
				温度/℃	速度/℃·s⁻¹	
氯化钠水溶液	5	20	静止	506	1702	800
	10	20	静止	529	1827	710
	20	20	静止	719	624	408
氢氧化钠水溶液	5	20	静止	596	1868	700
	10	20	静止	602	2053	740
	20	20	静止	635	2018	625
氯化钙水溶液	5	20	静止	536	2018	1199
	10	20	静止	562	2136	840
	20	20	静止	560	1966	725
碳酸钙水溶液	5	20	静止	486	1668	715
	10	20	静止	528	1965	795
	20	20	静止	562	1434	705

3. 矿物油

矿物油的冷却速度较低，在550~650℃范围内冷却能力不足，平均冷却速度只有60~100℃/s；但在200~300℃范围内，缓慢的冷却速度对于淬火来说非常适宜，这是油的最大优点。因而被广泛用于合金钢的淬火。

温度对油的冷却能力有一定影响，与水不同，油温太低，黏度会增大，冷却能力降低。提高油的温度，可以降低油的黏度，增加油的流动性，从而提高冷却能力。但油温也不能提得太高，油温太高，超过闪点，容易引起火灾。油的温度一般控制在40~80℃之间。

常用的淬火油有全损耗系统用油［如 L-AN15 油（10 号机械油）、L-AN22 油（20 号机械油）等］、柴油或变压器油；近些年开始使用 2 号普通淬火油、快速淬火油、光亮淬火油、真空淬火油等。油的号数越高，黏度越大，冷却能力越低，但其闪点越高，使用温度可以较高些。全损耗系统用油存在冷却能力较低、易氧化和老化等缺点。

普通淬火油是在全损耗系统用油中加入抗氧化剂、催冷剂和表面活化剂等添加剂调制而成的，克服了全损耗系统用油冷却能力较低、易氧化和老化等缺点。普通淬火油可直接购买，也可购买添加剂后现场调制。

快速淬火油是在全损耗系统用油中加入效果更高的催冷剂制成的，具有更快的冷却速度。

真空淬火油是在大气压以下条件下工作的。真空淬火油具有饱和蒸气压低、冷却能力强和光亮性好等特点。

综上所述，选择油作为淬火介质的原则是：闪点高，黏度小，冷却速度满足使用要求，并考虑经济性和来源。几种淬火油静止状态的冷却性能列于表 1-8。淬火油经过一定时期的使用，会因冷却能力降低并产生焦渣而"老化"。对于已经老化的淬火油，应及时更新或予以净化。

表 1-8　几种淬火油静止状态的冷却性能

油　品	闪点/℃	50℃运动黏度/m² · s⁻¹	使用温度/℃	最大冷却速度	
				温度/℃	速度/℃ · s⁻¹
L-AN15 全损耗系统用油（10 号机械油）	165	7~13	40	412	163
			60	413	172
			80	416	175
L-AN22 全损耗系统用油（20 号机械油）	170	17~23	40	446	146
			60	476	160
			80	474	159
2 号普通淬火油	170	10~16	40	505	208
			60	507	237
			80	507	255
快速淬火油	170	10~15	40	541	283
			60	541	312
			80	541	300
光亮淬火油			40	488	178
			60	483	200
			80	482	203
1 号分级淬火油	260~280	66~100	100	593	215
			120	590	217
			150	576	217
真空淬火油	170~210	20~55	40	551	214
			60	551	234
			80	551	219

4. 有机物水溶液

有机物水溶液是含有各种高分子聚合物的水溶液，其中又加入了适量的防腐剂和防锈剂。使用时根据需要加水稀释，配制成不同浓度的溶液，其冷却能力在水、油之间或比油还慢。有机物水溶液在使用中没有烟雾，不燃烧。淬火时，在工件表面形成一层聚合物薄膜，使冷却速度降低。溶液浓度越高，膜层越厚，冷却速度越慢。溶液温度升高，冷却速度下降，提高溶液的流动速度或搅动均可提高冷却能力。

这类淬火介质主要有聚乙烯醇、聚醚、聚二醇水溶液等。

（1）聚乙烯醇（PVA）是应用最早的聚合物淬火介质。其主要缺点是质量分数低于约 0.3% 时，冷速不稳定，易老化变质，易堵塞喷水孔，排放时易污染环境。聚乙烯醇水溶液静止状态的冷却性能见表 1-9。

表 1-9　聚乙烯醇水溶液静止状态的冷却性能

聚乙烯醇的质量分数/%	温度/℃	最大冷却速度		300~200℃平均冷却速度/℃ · s⁻¹
		温度/℃	速度/℃ · s⁻¹	
0.1	20	332	742	532
0.3	20	323	309	266

聚乙烯醇的质量分数/%	温度/℃	最大冷却速度		300~200℃平均冷却速度/℃·s⁻¹
		温度/℃	速度/℃·s⁻¹	
0.3	40	314	302	222
0.3	60	271	146	126
0.5	20	281	360	273

（2）聚醚水溶液静止状态的冷却性能见表 1-10。

表 1-10　聚醚水溶液静止状态的冷却性能

冷却介质	聚乙烯醇的质量分数/%	温度/℃	最大冷却速度		300~200℃平均冷却速度/℃·s⁻¹
			温度/℃	温度/℃·s⁻¹	
CL-1 聚醚水溶液	10	20	351	517	391
	20	20	345	474	245
	40	20	360	344	208
903 聚醚水溶液	5	20	399	389	252
	10	20	410	364	225
	20	20	374	293	184
	40	20	210	283	—

（3）聚二醇（PAG）具有逆溶性，即在水中的溶解度随温度升高而降低。一定浓度的 PAG 水溶液被加热到某一温度时，PAG 即从溶液中分离出来，这一温度称为"浊点"。在淬火过程中，PAG 的这一特性使其在工件表面形成一层热阻层，可使低温区的冷却速度下降。通过改变浓度、温度和搅拌速度可以对 PAG 水溶液的冷却能力进行调整。

5. 碱浴和盐浴

常用碱浴和盐浴见表 1-11。

表 1-11　常用碱浴和盐浴

名称	组成（质量分数）	熔点/℃	使用温度/℃
碱浴	20%NaOH+80%KOH，另加 3%KNO₃+3%NaNO₂+6%H₂O	120	140~180
	20%NaOH+80%KOH，另加（2%~6%）H₂O	130	150~250
硝盐浴	45%NaNO₂+55%KNO₃	137	150~500
	45%NaNO₂+55%KNO₃，另加（2%~6%）H₂O	137	160~220
	50%KNO₃+50%NaNO₃	220	250~500
中性盐浴	50%BaCl₂+30%KCl+20%NaCl	540	580~800

在 550~650℃区域，碱浴的冷却能力介于水溶液和油之间，硝盐浴的冷却能力与油相近。碱浴和盐浴主要用于形状复杂、截面尺寸变化悬殊的工模具和零件的等温淬火和分级淬火。

（五）淬火方法

淬火方法多种多样，正确地选择淬火方法，既能保证工件达到技术要求，又能最大限

度地减少畸变和防止开裂。淬火方法应根据工
件的材料、尺寸、形状、技术要求和数量等因
素，综合考虑后确定。常用淬火方法的冷却曲
线如图 1-15 所示。

1. 单液淬火

单液淬火是最常用的方法。像碳钢在水或
盐水中淬火、合金钢在油中淬火，工件只在一
种介质中冷却。操作简单，适宜批量生产操作。
但一种介质提供的冷却能力是不理想的，往往
是水淬易裂，油淬硬度不足。工艺曲线示意图
如图 1-16 所示。淬火介质有水、油、空气、压
缩空气、盐浴、流体以及各种水溶性淬火介质，
根据零件导热系数、淬透性、尺寸和形状进行
选择。

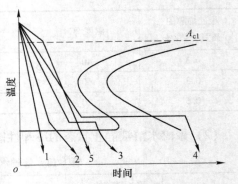

图 1-15　常用淬火方法的冷却
1—单液淬火；2—双液淬火；
3—分级淬火；4—等温淬火；
5—预冷淬火

单液淬火实例：图 1-17 所示为利用单一介质（水）对模具内腔进行喷射冷却淬火
的剖视图。碳素钢模具整体加热后，置于图示的装置上，使其内孔在流动的水中激冷而
模具的其他部分在空气中冷却，待温度降至 200℃左右取下来，并根据硬度要求，选择
适当温度进行回火。

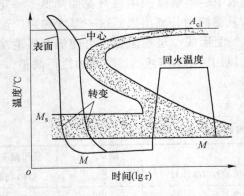

图 1-16　工艺曲线示意图

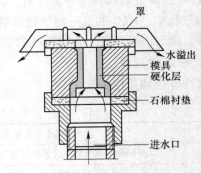

图 1-17　单液淬火实例

2. 双液淬火

双液淬火小故事：我国对淬火技术有重大贡献的其中一人是南北朝的綦毋怀文。
《北史·艺术列传》指出"怀文造宿铁刀，其法烧生铁精，以重柔鋌，数宿则成刚。以
柔铁为刀脊，浴以五牲之溺，淬以五牲之脂，斩过三十札。"五牲之脂是动物油，淬火
应力小、变形开裂倾向小。文中还可见綦毋怀文创造性地提出了采用尿液的淬火工艺。
五牲之溺是含盐水，冷却能力强、淬硬层深。令人们感兴趣的是，如何来理解文中提及
的"浴以五牲之溺，淬以五牲之脂"，如果是双液淬火，则这一出现在公元 6 世纪的淬
火技术则是一个重要的突破。

　　为了克服单液淬火的不足，把水和油两种冷却介质的优点结合起来，舍掉它们的缺点，形成了双液淬火方法。水淬油冷就是最常用的一种。加热出炉的零件先淬入高温区冷却能力较强的介质中冷却一定时间，从而抑制非马氏体转变，待其冷至 M_s 点稍上时，迅速转入在低温区冷却能力较弱的介质中直至马氏体转变结束。根据工件的钢种常用冷却介质有水-油、水-硝盐、水-空气、油-空气等。目的是避免畸变与开裂。本方法多用于形状复杂的碳钢工件，特别是高碳钢工件。此法操作的经验性较强，一般难以恰当地掌握好双液转换的时间，转换过早容易淬不硬，转换太迟又容易淬裂。工艺曲线示意图如图 1-18 所示。

> **双液淬火实例：**图 1-19 所示为单槽双液（水-油）淬火示意图。可以看出，由于水和油的密度不同，两者靠中间隔板自然分开。淬火时，零件从有水的一端投入，冷却一定时间后由输送带提升到油中继续冷却，最后提升至空气中进行空冷。这种单槽双液淬火需根据零件有效厚度调整好输送带的运行速度，以确保零件在水和油中的各自冷却时间。

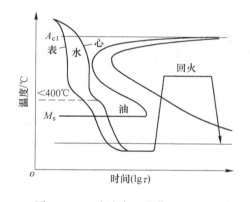

图 1-18　双液淬火工艺曲线示意图

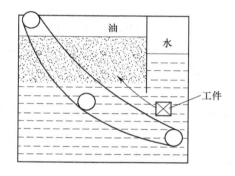

图 1-19　双液淬火实例

　　3. 分级淬火

　　（1）马氏体分级淬火：将奥氏体化的零件，淬入稍高于 M_s 点温度的冷却介质（一般是盐浴或碱浴），稍加保温（使零件里外和浴槽温度一致时）然后取出空冷。过冷奥氏体在空冷中缓慢转变成马氏体。保温浴槽常用硝盐浴槽，温度为 $M_s + (10 \sim 30)$℃。此法的优点是在马氏体转变时，工件内外温度趋于一致，致使马氏体相变的不同时性降低，组织转变应力显著减小，减弱工件变形和开裂的效果明显，工艺曲线示意图如图 1-20 所示。由于盐浴或碱浴的冷却能力和容量有限，适用于形状复杂和对形状尺寸要求严格的小型工件、高速钢和高合金工模具钢。

　　（2）低于 M_s 的马氏体分级淬火：浴槽温度低于 M_s 而高于 M_f，工件在这种浴槽中冷速较快，尺寸稍大时仍可获得和马氏体分级淬火相同的结果，工艺曲线示意图如图 1-21 所示。

　　4. 等温淬火

　　等温淬火不同于前述的淬火，它获得的不是马氏体而是下贝氏体，它不是以提高硬度

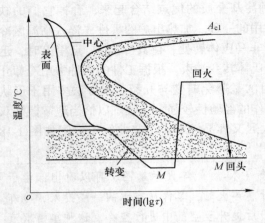

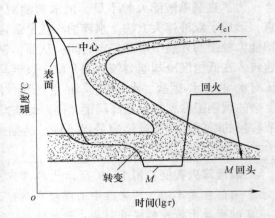

图 1-20　马氏体分级淬火工艺曲线示意图　　图 1-21　低于 M_s 的马氏体分级淬火工艺曲线示意图

为唯一目的，而是追求较好的综合力学性能及尽量小的淬火变形。将工件加热后，淬入 M_s 点稍上温度（热浴），保温足够的时间，以完成奥氏体向下贝氏体的转变，然后出炉空冷。常用于合金钢及碳含量大于 0.6% 的碳钢小截面工件。

低碳钢一般不采用等温淬火，因为低碳贝氏体不如低碳马氏体性能好。工艺曲线示意图如图 1-22 所示。

5. 预冷等温淬火

将零件加热后，先在温度较低（但高于 M_s）的浴槽中冷却，然后转入温度较高的浴槽中使奥氏体进行等温转变。用于淬透性较低的钢及尺寸较大而又必须进行等温的工件。工艺曲线示意图如图 1-23 所示。

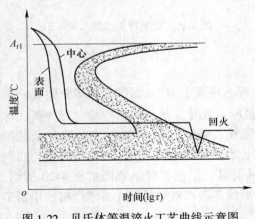

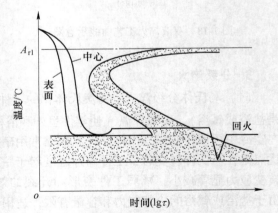

图 1-22　贝氏体等温淬火工艺曲线示意图　　　图 1-23　预冷等温淬火工艺曲线示意图

6. 预冷淬火

加热工件出炉后并不立即淬入冷却介质，而是在空气（或其他缓冷介质）中预冷到稍高于 A_{r1}（或 A_{r3}）温度后再淬入介质冷却。空气中预冷时间为：

$$\tau = 12 + (2 \sim 5)H \tag{1-2}$$

式中，τ 为预冷时间，s；H 为危险截面厚度，mm。

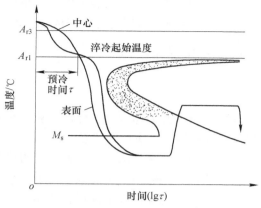

图 1-24　预冷淬火工艺曲线示意图

　　这种淬火冷却方式在生产实际中也常应用，效果较好。预冷可以减少工件内外温差，减少激冷程度，特别是工件尖角、薄壁处淬火后变形和开裂危险得到有效控制。预冷操作的关键是掌握好预冷时间，要恰到好处，这是难以靠计算来实现的，只有依靠操作者自身经验和能力来判断掌握。不过对批量生产的条件，可以设置预冷炉来控制预冷温度。工艺曲线示意图如图 1-24 所示。

（六）工件淬入冷却介质的方式

　　在选择好淬火加热温度和时间、冷却介质和淬火方法后，要保证淬火质量，还必须注意工件淬入冷却介质的方式。否则，工件在冷却时各部分冷速不一致，可能出现硬度不均或硬度不足的现象；还会造成很大的内应力，使工件产生畸变或开裂。工件淬入冷却介质的方式可遵循以下几个原则（如图 1-25 所示）：

　　（1）对轴类工件，如细长轴或带有工艺台的轴也要垂直淬入冷却介质中，无工艺台的尺寸较短的轴（长度不超过直径 3 倍），可以横向滚动淬入冷却介质中变形较小。

　　（2）对细长的工件（例如丝锥、钻头、铰刀、锉刀等），必须垂直淬入冷却介质中，工件在冷却介质中运动时，也要作垂直运动。

　　（3）扁平工件（铣刀、卡板），要将窄面立着淬入冷却介质中。

　　（4）壁环状工件应沿轴向放入淬火介质中。

　　（5）板状工件应垂直放入淬火介质中。

　　（6）截面不同或厚薄不均的工件，尺寸大的部分先浸入淬火介质中，以防开裂。

　　（7）圆球形工件，以任意方向淬入介质均可。

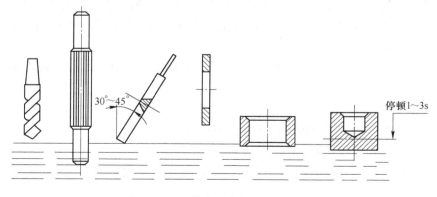

图 1-25　工件淬入冷却介质的方式

（8）有凹槽或有不通孔的工件，应将凹槽或不通孔朝上浸入淬火介质中，如果将孔朝下，会导致充满蒸气膜部分的淬火硬度低。

三、淬火操作技术

（一）准备

（1）核对工件的图号、名称、材质、尺寸和数量，并检查工件有无磕碰、划伤、锈蚀和裂纹等影响淬火质量的缺陷。

（2）查阅工艺文件图样，了解淬火的技术要求，如淬火部位、硬度要求等。

（3）明确所用设备，检查仪表是否正常，设备是否完好，确认无误后可开始升温。

（4）根据工艺文件或工件形状及淬火要求，选择合适的工装卡具或进行必要的绑扎。

（5）对容易产生裂纹的部位采取适当的防护措施，如堵孔、用石棉绳包扎、捆绑铁皮等。

（二）操作要点

1. 加热

（1）对表面不允许氧化脱碳的工件，应在经过校正的盐浴炉或保护气氛炉中加热。如条件不具备时，可以在空气电阻炉中加热，但需采取防护措施。

（2）细长工件应尽量在盐浴炉或井式炉中垂直吊挂加热，以减少由于自重而引起的变形。

（3）材质不同，但加热温度相同的工件可以在同一炉中加热。

（4）截面大小不同的工件在同一炉中加热时，小件应放在炉膛外端，大小件分别计时，小件先出炉。

（5）工件应放在有效加热区内加热，以保证工件温度均匀。

（6）结构钢及碳素工具钢工件可以直接装入淬火温度或比淬火温度高 20～30℃ 的炉中加热。

（7）高碳高合金钢或形状复杂的工件应在 600℃ 左右预热后，再升至淬火温度。

（8）大型工件的淬火温度取上限，形状复杂的工件取下限。

（9）淬水或盐水的工件淬火温度取下限，淬油或熔盐的工件淬火温度取上限。

（10）要求淬硬层较深的工件，淬火温度可适当提高，要求淬硬层较浅的工件，可选取较低的淬火温度。

（11）分级淬火时可适当提高淬火温度，以增加奥氏体的稳定性，防止其分解为珠光体。

2. 冷却

（1）根据零件形状及要求淬火的部位，选择淬火方式。

（2）形状复杂容易变形的工件，可在空气中预冷后浸入淬火介质中。

（3）细长杆工件垂直浸入淬火介质后，不做摆动，只做上下移动，并停止淬火介质的搅动。

（4）当工件硬度要求高的部位冷却能力不足时，可在工件整体浸入淬火介质的同时，对该部位再实施喷液冷却，以提高其冷却速度。

（5）进行双液淬火时，从第一种淬火介质移入第二种淬火介质的时间应尽量短，以0.5~2s为好。

（6）进行双液淬火时，可按如下方法控制工件在水中停留的时间。1）计算法。一般按3~5mm/s计算。高碳钢和形状复杂的工件，水冷时间应取下限，中碳钢及形状简单的工件，水冷时间取上限。2）水声法。工件淬入水中后会立即发出"丝丝…"的响声，在声音由强变弱即将消失之前，立即转入油中冷却。3）振动法。工件淬入水中，通过淬火工具（钩、钳等）的传递，手上会感到一种振动，当振动大为减弱时，立即出水入油。

（三）操作禁忌

（1）工件不得带有水、油及其他污物。

（2）装炉时不得将工件直接抛入炉内，以免碰伤工件或损坏设备。

（3）淬火用水中不得有油、肥皂液等脏物，不得在淬火用水中洗手。

（4）不采用压缩空气对淬火介质进行搅拌，以免空气依附工件表面，影响冷却速度。

（5）水温不超过40℃，油温不超过80℃，油温过高，容易引起火灾。

（6）严禁潮湿或有水的工件在盐浴炉中加热，必须烘干，否则有熔盐爆炸、飞溅、烫伤人的危险。

（7）分级淬火时，碱浴和硝盐浴不得溅出，以免伤人。

（8）严禁黏附硝盐的工件、工装进入盐浴炉内加热。

（9）严禁木炭、油等可燃性物质和有机杂质混入硝盐浴炉内，否则可能引起爆炸。

（10）硝盐的使用温度不得超过允许使用的最高温度（一般为550℃），以免引起着火和爆炸。

（11）往硝盐浴或碱浴中加水，最好在室温下进行。如必须在较高温度下加入时，则温度不宜超过150℃，并应徐徐倾入。

四、淬火缺陷产生的原因及其预防补救方法

（一）淬火裂纹

热处理中常见的缺陷就是变形和开裂。由于工件的形状千变万化，故发生的变形和裂纹方式也多种多样。现介绍几种常见的淬火裂纹。

（1）纵向裂纹。图1-26（a）所示是一种由工件表面裂向心部的较深裂纹，沿工件纵向分布，一般较平直，往往发生在完全淬透的细长形工件上。这种裂纹的破断面上无氧化色，周边也无脱碳。导致开裂的主要应力是表面切向拉应力，故后期的组织应力是产生纵向裂纹的原因。因此降低 M_s 点以下的冷却速度，可有效地避免此类裂纹。原材料中的纵向带状碳化物偏析，以及大块非金属夹杂是应力集中的因素，从而有促进该类裂纹形成的作用。

（2）横向裂纹。图1-26（b）所示为大型锻件热处理时常会见到的横向裂纹。其断面垂直于轴向方向，断口中心附近有起裂源点，向四周有放射的裂纹扩张痕迹。横向裂纹一般位于工件端部，呈弧形。显然，此类破裂由轴向应力引起。从淬火应力分析，截面较大

的圆柱钢件在未淬透时（一般难以淬透），其心部接近淬硬层的过渡区，存在着最大的轴向拉应力。如果该应力超过此区域的断裂强度，便发生钢件横向裂纹。因此淬火加热充分，增加淬硬层深度，使硬化层过渡区延伸到心部，有助于减少产生横向裂纹的危险。

（3）表面网状裂纹。图 1-26（c）所示是一种分布在工件表面深度较浅的裂纹，其深度一般为 0.01~2mm。裂纹呈任意方向，互相联结成网状，与工件外形无关，但与裂纹深度有关，当深度浅小时，形成细小的网状裂纹，当深度较大，如接近 1mm 或更大时，表面裂纹不一定呈网状分布。导致网状裂纹产生的原因是表面多向拉应力。表面脱碳的高碳钢淬火时易形成这类裂纹，因为表面脱碳，其马氏体比容较内层小，从而在表面形成多向拉应力。返修工件往往重复加热，易造成脱碳，因之也容易发生表面网状裂纹。

（4）应力集中裂纹。如图 1-26（d）所示，这类裂纹发生在零件应力集中的部位，诸如尖角、切口、凹槽等位置，以及截面相差悬殊的交界处。克服的办法可以是在危险部位捆绑或填塞石棉绳，或采用双液淬火及时回火；更为有效的就是从设计上改进结构形状，避免显著的应力集中。

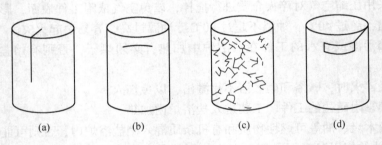

图 1-26　常见淬火裂纹示意图
(a) 纵向裂纹；(b) 横向裂纹；(c) 网状裂纹；(d) 应力集中裂纹

（二）淬火裂纹预防措施

（1）合理设计：在满足工件使用要求的前提下，其结构应尽量具有对称性，减少截面厚薄悬殊，避免出现尖角、薄边、沟槽，交界处要平滑过渡。

在工件选材上应考虑热处理工艺性，如形状复杂或精密零件，常选用合金钢材料，以便淬火采用较缓和的冷却，可有效地减小变形、防止开裂。

（2）原始组织正常：首先控制原材料冶金质量，冶金缺陷要限制在标准要求的范围内。锻造后的毛坯要经过适当的预热处理，为最终热处理奠定良好基础。对精密零件在粗、精加工之间或淬火之前进行去应力退火处理。

（3）合理的热处理工艺：首先要有正确的加热规范，包括加热速度、加热温度和加热方式。针对具体钢号选择适宜的加热温度是热处理工艺的关键之一。例如适当提高一些合金钢的淬火温度有时反而有利于控制变形，这是因为残余奥氏体量相应增加的缘故。延长加热时间与提高加热温度的作用是一致的，但影响程度比较小。加热方式对工件受热的均匀性及变形也有一定影响。其次要有适宜的冷却规范，即冷却要恰到好处，过激过缓都会带来不利的因素。常用的措施包括淬火前预冷、缓和的冷却介质（分级淬火）、减缓马氏体转变区的冷速（双液淬火）、工件进入冷却介质方式及运动方向，以及加压淬火等。

（三）淬火冷却畸变

淬火加热和急冷硬化，使工件本身产生了较大的热应力和组织应力，这些淬火应力是造成变形的主要原因。另外，淬火冷却畸变还与工件的结构、形状、化学成分、原始组织和材料的淬透性等诸因素有关。

合理的零件结构设计（要求对称性好）、正确地选用钢材、合适的热处理技术要求，以及正确的锻造和预先热处理、冷加工的合理配合等，均可以减少工件的热处理变形。而合理的热处理工艺是减小淬火冷却畸变最有效的方法（例如分级淬火和等温淬火）。

淬火中出现的变形可用矫正方法进行矫正。选择有针对性的矫正方法进行补救，例如当工件的体积变形为对称性的体积膨胀或收缩时，可用退火后重新淬火的方法，但必须掌握好其冷却速度和冷却方式，避免重复出现第一次淬火时的变形。

（四）过热和过烧

过热和过烧产生的原因、预防及补救方法与退火、正火的基本相同。

（五）淬火硬度不足

造成淬火硬度不足的主要原因是加热温度偏低或过高、冷却速度过慢、预冷时间过长或双介质淬火时水冷时间过短、工件表面脱碳等。

上述前四种原因导致的淬火硬度不足，可先进行退火、正火或高温回火，以消除其淬火应力和淬火马氏体，然后重新淬火。对于脱碳的工件，可采用复碳的方法加以补救。

（六）软点

经淬火的工件上硬度不足的小区域称为软点。产生软点的原因：
（1）原材料的金相组织不均匀，存在大块铁素体或严重的碳化物偏析等。
（2）加热温度低，保温时间不足，使奥氏体成分不均匀。
（3）冷却不均匀。工件在淬火介质中，部分地方的蒸汽膜期过长，工件在淬火介质中堆积在一起；工件表面存在氧化皮；淬火介质中存在肥皂、油污以及介质温度过高等。

为了防止产生软点，应对工件进行无氧化加热和选择好的淬火介质。其补救方法与硬度不足的方法基本相同，但要注意避免变形和产生裂纹。

五、淬火工艺的新发展

为充分发挥材料潜力，在满足各类机械零件日益提高的性能要求的同时还要满足高效、节能、环保等方面日益苛刻的要求，热处理工作者不断探索出具有更高强韧化效果的新途径，开发出一系列新的淬火工艺与技术，现简述如下。

（一）奥氏体晶粒的超细化处理

把钢的奥氏体晶粒细化到10级以上的处理叫作晶粒超细化处理。超细晶粒奥氏体淬火回火后可使马氏体组织细化，提高钢的强度、塑性和韧性，降低韧脆转化温度。奥氏体晶粒超细化处理方法有超快速加热法、快速循环加热淬火法等。

（1）超快加热法。使用大功率电脉冲感应加热、电子束加热和激光加热等高密度能量超快速加热能源对钢的表面或局部进行加热，可获得超细化的奥氏体晶粒，淬火后其硬度和耐磨性可显著提高。

（2）快速循环加热淬火法。如图1-27所示，将工件快速加热到A_{c3}以上，短时间保温后迅速冷却，如此循环多次，通过$\alpha \rightarrow \gamma \rightarrow \alpha$循环相变，使奥氏体晶粒逐步细化。45钢经图1-27所示的4次循环后，可使晶粒从6级细化到12级。一般来说，原始组织中的碳化物越细小，加热速度越快，最高加热温度越低（在合理的限度内），其晶粒细化效果越好。在A_{c3}以上的保温时间应以均温为限，不宜过长。循环次数也不能过多，因为晶粒越细，长大越快，当晶粒细化到一定程度后就与其自身的长大倾向相平衡而不再有明显的细化效果。应当指出，对于尺寸较大的零件，要使整体都得到快速的加热和冷却是困难的。

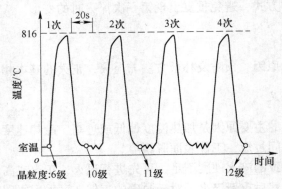

图1-27　45钢快速循环加热淬火工艺过程

（二）碳化物的超细化处理

高碳钢中的碳化物是造成材料破断的主要根源。因此，使高碳钢中的碳化物超细化并均匀分布是改善高碳钢强韧性的有效途径。

由于高碳工具钢在最终热处理状态下碳化物的尺寸、形态和分布在很大程度上受其原始组织的影响，因此，碳化物的超细化主要是通过预备热处理使毛坯组织中的碳化物超细化。主要方法有高温固溶+淬火+高温回火、高温固溶+等温处理等，其共同特点是先进行高温固溶处理，然后采取不同的工艺方法得到均匀分布的细小碳化物。

（1）高温固溶+淬火+高温回火（即高温调质处理）。高温固溶+淬火，可抑制先共析碳化物的析出，再经回火后可以得到细小球状碳化物，弥散分布于铁素体基体上。例如GCr15钢经1000~1050℃短时间加热后在油中淬火，然后在300~380℃回火，得到极细碳化物，再进行高频感应加热淬火、低温回火，可使碳化物平均粒度细化到0.1μm。又如T8钢冲头，以调质处理（800℃加热、水-油冷却，560℃回火2h）代替球化退火，经较低温度加热淬火（750℃加热，水-油冷却）+280~300℃回火后，可消除大块崩刃现象，并使寿命提高10倍。

（2）高温固溶+等温处理。高碳钢高温固溶+淬火易引起开裂，为此开发了高温固溶+等温处理细化碳化物的方法。例如将GCr15钢于1040℃加热30min使碳化物全部溶入奥氏体，然后于620℃等温得到细片状珠光体或425℃等温得到贝氏体组织，最后再按通常工艺进行淬火、回火。这时碳化物尺寸可达 0.1μm，从而使钢的接触疲劳寿命提高 2~3 倍。

在碳化物超细化的基础上再进行奥氏体晶粒超细化处理，称为双细化处理，可以收到更好的强韧化效果。

（三）控制马氏体、贝氏体组织形态及其组成的淬火

板条马氏体和下贝氏体具有良好的强韧性，因此利用板条马氏体和下贝氏体组织的特性是提高钢的强韧性的一条重要途径。举例说明如下：

（1）高碳钢的低温短时加热淬火。高碳钢普通工艺淬火时，所得马氏体组织以片状为主，脆性较大。如果适当控制淬火加热时奥氏体中的碳含量，可在淬火后得到以板条马氏体为主的组织，使钢在保持高硬度的同时，具有良好的韧性。高碳钢快速加热至略高于 A_{c1} 的温度、短时保温淬火，可以满足上述要求。因为低温短时加热可以得到较细的奥氏体晶粒，而且奥氏体中的碳含量较低，M_s 点较高，故淬火后可得到以板条马氏体为主加细小碳化物的组织，保证其具有较高的强韧性。例如，国内应用低温短时加热淬火工艺处理 T10A 钢凿岩机活塞，减小了脆性崩齿现象，使寿命提高近一倍。不过，为使低温短时加热淬火取得好的强韧化效果，淬火前的原始组织中碳化物应尽量细小。

（2）获得马氏体加贝氏体复合组织的淬火。针对高强度或超高强度钢，可以通过控制等温转变过程或控制连续冷却速度的方法来获得适当数量的贝氏体加马氏体的复合组织，以达到良好的强韧性。利用复合组织强韧化热处理的关键，是确定不同材料最佳复合组合配比及对复合组织形成条件的控制。一些研究结果表明，具有 10%~20% 下贝氏体的复合组织的韧性最好。

（四）保留适当数量塑性相的淬火

淬火钢中的塑性相为铁素体和残留奥氏体。利用它们对钢强韧性的有益作用，近年来发展了一些新的热处理工艺。

（1）亚共析钢的亚温淬火（α+γ 两相区淬火）。亚共析钢在 α+γ 两相区加热淬火对提高韧性、降低韧脆转化温度和抑制第二类回火脆性均有明显效果。亚温淬火对淬火前的原始组织有一基本要求，即不允许有大块铁素体存在。为此，亚温淬火前往往需进行正常淬火或调质处理（有时也可正火），使之得到如马氏体、贝氏体、回火索氏体、索氏体之类组织。例如，16Mn 常规工艺 900℃ 加热淬火、600℃ 回火后，冲击韧度为 110J/cm²，韧脆转化温度为 -22℃。经 900℃ 预冷淬火、800℃ 亚温淬火、600℃ 回火后，冲击韧度提高至 167J/cm²，韧脆转化温度则降至 -63℃。

亚温淬火对钢的性能产生上述影响的原因如下：

1）晶粒细化和杂质偏聚浓度减小。亚温淬火的加热温度处于 α+γ 两相区内，由于温度较低，加之钢中尚存在的细小弥散分布的难溶碳、氮化物质点对奥氏体晶粒长大的阻碍作用，使奥氏体晶粒十分细小。同时，由于奥氏体与铁素体晶粒相间的存在，使 α-γ 相界面积比一般热处理条件下奥氏体晶界面积约大 10~50 倍。在较大的晶界和相界面积上杂质元素的偏聚浓度自然会大大降低。此外，亚温淬火、回火后钢中存在适当数量的细小铁素体，可大大减轻裂纹尖端的局部应力集中，阻止裂纹扩展。这些因素都将对提高韧性和降低第二类回火脆性产生有益作用。

2）杂质元素在 α 和 γ 相中的再分配。钢中所含元素可分为扩大 γ 相区元素（如 C、Mn、Ni、N 等）和缩小 γ 相区元素（P、Sb、Sn、S 等）两大类，在 α+γ 两相区加热时，将分别富集于 γ 相和 α 相中。P、Sb、Sn 等引起第二类回火脆性的元素，经亚温淬火后富集于 α 相中，使其在 γ 相中的含量减少，因而有利于降低钢的回火脆化倾向。

3）减少回火时碳化物的晶界析出。对含有 Al、Nb、V、Ti 等元素的钢来说，在亚温区加热时，会有微量的细小弥散碳化物、氮化物存在，在淬火后进行回火时，碳化物将以它们为核心在晶内析出，从而减少了碳化物的晶界析出，这对改善钢的韧性十分有益。

（2）控制残留奥氏体形态、数量和稳定性的热处理。残留奥氏体可以阻碍裂纹的扩展，使裂纹前沿应力松弛，一定的应力水平有可能诱发马氏体相变使裂纹前沿强化，因而可以提高钢的强韧性。

残留奥氏体对钢强韧性的影响与其形态、数量、分布和稳定性有关。对一定成分的钢，通过调整淬火加热温度、冷却速度以及回火工艺等，可以在很大程度上控制残留奥氏体的形态、数量、分布和稳定性。例如，GCr15 轴承钢采用不同淬火介质冷却后残留奥氏体量可在 0~15% 范围内变化，钢的接触疲劳寿命随残留奥氏体量增多而提高（图 1-28）。相变塑性钢利用残留奥氏体的应变诱发相变，在吸收大量应变能的同时，显著提高了钢的强韧性。超高强度钢 30CrMnSiNi2A 油淬后在 250℃ 回火，可使残留奥氏体得到最高的稳定性，从而使钢具有最佳的综合力学性能。

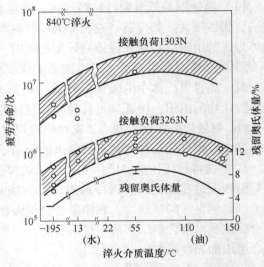

图 1-28　残留奥氏体量对 GCr15 钢
接触疲劳寿命的影响

第四节　钢的回火

一、回火的目的

凡淬火工件，绝大部分都必须进行回火，才能使用。其原因之一是淬火后，虽然强度、硬度得到了很大提高，但是塑性和韧性明显下降。而工件在使用中往往要求强度与韧性的配合。原因之二是淬火的组织不稳定，有向稳定组织转变的趋势，会引起工件尺寸和性能的改变。原因之三是淬火工件中存在着很大的应力，如不及时消除，将会引起工件的变形，甚至开裂。故此可认为回火目的就是消除应力，稳定组织，调整性能。

二、回火的分类

根据钢的成分和对工件性能的要求，回火工艺可按加热温度不同，分为如下四类：

（1）低温回火：温度为 150~250℃，回火后的组织为回火马氏体，保持了高的硬度和耐磨性，降低了淬火应力，减少了钢的脆性，主要用于处理刀具、量具、冷作模具、滚动轴承、渗碳件、高频淬火件。

（2）中温回火：温度为 350~450℃，回火后的组织为回火屈氏体，大大降低了淬火应力，使工件获得高的弹性极限和强度极限，并具有一定的韧性。主要适用于处理弹性元件，有些结构件，为了提高强度，也采用中温回火。

（3）高温回火：温度为 500~650℃，回火后的组织为回火索氏体，淬火应力完全消失。高温回火后的强度较高，具有良好的塑性和韧性，使工件获得优良的综合力学性能。把工件淬火并高温回火获得回火索氏体组织的复合热处理工艺称为调质处理，用于处理轴类、连杆、螺栓等零件。

（4）软化回火：回火温度为 600~680℃。可获得粒状珠光体，切削加工性好。主要用于马氏体钢的软化和高碳高合金钢淬火件的返修，以代替球化退火。

三、回火工艺规范的制定

回火工艺的主要参数是回火温度、保温时间、加热与冷却速度。这些参数的确定都必须符合工件服役条件下对组织和性能的要求。在制定回火工艺时，必须综合考虑工件使用时受力情况和失效形式等，合理确定工艺参数，以获得最佳的组织和性能。对于关键零件，还应进行力学性能试验、工艺性能试验和台架试验，加以验证。

（一）回火温度的确定

回火后的组织和性能主要决定于回火温度。一般是根据硬度要求确定的，方法有如下几种：

（1）计算法：利用经验式计算回火温度。碳素结构钢的回火温度计算式如下：回火温度（℃）= 200+11×（60−X），式中 X 指回火后所要求的 HRC 硬度值。

上式适用于 HRC≥30 的 45 钢。如果要求 HRC<30，则式中的 11 改为 12；对其他成分的碳钢来说，利用上述公式时，需作适当修正，即碳含量每增加或减少 0.05%，计算出的回火温度还要增加或降低 10~15℃ 才能获得相同的硬度。

（2）查表法：经过长期生产经验数据的积累，已制定出许多钢材的回火温度与硬度的对照表，可供制定工艺时使用。这些对照表可以在有关手册和资料中得到，表 1-12 为常用钢回火温度与硬度的关系。

表 1-12　常用钢回火温度与硬度的关系

回火硬度 HRC	不同钢号回火温度/℃								
	45、40Cr	T8~T12	65Mn	GCr15	9SiCr	5CrMnMo	5CrNiMo	3Cr2W8V	Cr12 型
18~22	600~620	620~650			660~680				
22~28	540~580	590~620		600	600~640				760
28~32	500~540	530~590	620~580	570~590	560~600				720~750
32~36	450~500	490~520	530~550	520~540	520~560	520~540			680~700
36~40	380~420	440~480	440~460	500~520	460~500	460~500	560~580		660~680

回火硬度	不同钢号回火温度/℃								
HRC	45、40Cr	T8~T12	65Mn	GCr15	9SiCr	5CrMnMo	5CrNiMo	3Cr2W8V	Cr12 型
40~44	340~380	390~430	380~420	470~490	440~480	420~440	500~540	620~640	620~640
44~48	320~340	370~390	360~380	400~430	400~420	400~420	440~470	590~600	600~620
48~52	280~300	330~370	320~340	340~360	350~380	340~380	400~440	570~590	560~580
52~56	220~260	290~330	280~320	300~340	310~350	230~280	340~380		420~520
56~60	180~200	240~290	240~280	230~300	250~310		230~280		300~320
60~64		160~200	200~220	160~200	180~220				180~220

　　（3）查图法：人们在长期生产实践中通过试验做出了各种钢的回火动力学曲线和回火性能曲线图，可在有关手册中查到。共析碳钢回火动力学曲线和回火温度与硬度关系曲线如图 1-29 所示。

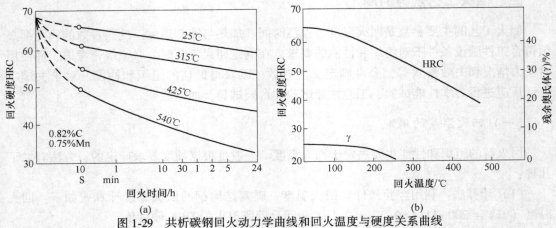

图 1-29　共析碳钢回火动力学曲线和回火温度与硬度关系曲线
（a）共析碳钢的回火动力学曲线；（b）共析碳钢的性能曲线（810℃水淬，各种温度回火）

　　确定回火温度时，根据硬度要求，先从回火温度-硬度关系曲线上查出回火温度，再从回火动力学曲线上查出回火时间。

　　（二）回火保温时间的确定

　　确定回火时间的基本原则是，保证工件透热和组织转变能充分进行。一般组织转变所需要的时间半小时即可。而透热时间则取决于温度、材料成分、工件的尺寸和形状、装炉量、加热方式等。回火温度高，回火时间要短些，合金钢要比碳钢回火时间长一些；工件尺寸和装炉量较大时，时间要长些；空气炉中回火要比盐浴炉或油浴炉中时间长些；炉气强制对流要比炉气静止的回火时间短一些，等等。

　　回火保温时间一般可按下式计算：

$$\tau = K + AD \tag{1-3}$$

式中，τ 为回火保温时间（以炉子达到保温温度为起点），min；K 为回火保温时间基数，min；A 为回火保温时间系数，min/mm；D 为工件有效厚度，mm。

K 和 *A* 值可由表 1-13 查出。

表 1-13 回火时的 *K* 和 *A* 值一览表

K 值和 *A* 值	300℃ 以下		300~450℃		450℃ 以上	
	电炉	盐浴炉	电炉	盐浴炉	电炉	盐浴炉
K/min	120	120	20	15	10	3
A/min·mm^{-1}	1	0.4	1	0.4	1	0.4

注：上式和表中的数据更适于合金钢，碳钢可适当缩短。

（三）回火时的加热速度和冷却速度

因回火温度较低，在空气炉或浴炉中加热的主要方式是对流，为此应尽量采用强制加热介质对流的方法以达到快速和均匀加热的目的。工件回火一般采用空冷。一些中温或高温回火的合金钢为防止回火脆性，采用快冷（水冷或油冷）的方法。为消除水冷时产生的应力，可再进行一次低温回火。

四、回火缺陷产生的原因及预防补救方法

（1）硬度过高。其原因是回火温度偏低，回火保温时间不充分，装炉量过大，造成加热不均或不足。

补救方法是采用正确的回火工艺，并调整工艺参数和装炉量，进行重新回火。

（2）硬度不足。回火后硬度不足的原因是淬火后硬度偏低，而后仍然按正常淬火状态的硬度回火；回火温度过高；回火工艺温度不合理（如高速钢采用 370~400℃ 回火）等。

补救方法是经退火、正火或高温回火后再重新淬火和回火。如因回火温度低而造成二次硬化的钢，可提高回火温度（高速钢 550~570℃）重新回火来补救。

五、65Mn 弹簧钢淬火 + 回火实例

65Mn 属于弹簧钢，是弹簧钢的典型钢种，锰可以提高淬透性，ϕ12mm 的钢材在油中可以淬透，表面脱碳倾向比硅钢小，经热处理后的综合力学性能优于碳钢，但有过热敏感性和回火脆性。有一 6~10mm 厚的 65Mn 环状摩擦片零件的坯料，该坯料经火焰切割而成（见图 1-30），现需要进行调质处理，要求调质处理后硬度达到 HRC27~32，平面度 ≤0.3，调质后尽量降低再加工量，直接磨削加工到成品尺寸。

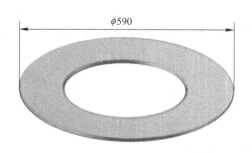
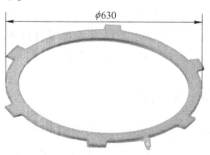

图 1-30 摩擦片零件简图

　　查表 1-12，当 65Mn 钢要求的硬度是 HRC27~32 时，可以选定回火温度在 580~610℃ 范围内，不同批次，按回火硬度变化趋势，在此范围上下微调。产品在这个温度下回火，淬火应力是可以期望完全消除的。因此，在回火环节对工件的淬火变形进行矫正就成为可能。由此，选定的工艺路线是：打磨毛刺→预热→盐浴炉加热→硝盐浴淬火→清洗→回火（含矫正）（工艺曲线如图 1-31 所示）。

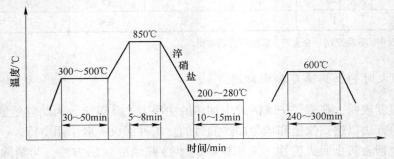

图 1-31　摩擦片淬火回火工艺曲线图

　　为了在回火过程中完成矫正操作，可以专门设计一种螺旋式夹持工装（如图 1-32 所示），图中底盘上面、顶盘下面经精车加工，平面度≤0.05。把零件毛坯在普通井式回火炉（炉膛：φ1800×1500）进行夹持回火，便可在回火的同时实现工件校平。

　　具体做法如下：零件毛坯淬火完毕出硝盐浴后，缓冷至室温，入清水槽洗净残盐，然后逐件叠装在底盘和顶盘之间。由于此时工件未经回火，翘曲大且硬而脆，螺母不能旋紧。保持自由叠放状态入炉回火 2h 左右，出炉旋紧螺母再入炉继续回火。回火后出炉后空冷。空冷期间会因为温度降低导致夹持松弛，所以随着温度逐渐降低，要继续进行 3~4 次旋紧操作，使工件始终保持夹紧状态冷至室温。

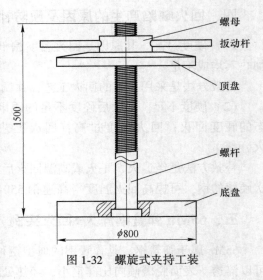

图 1-32　螺旋式夹持工装

　　工件拆下后，逐件平放于检验平台上，用 0.25mm 塞尺检验内外边沿缝隙。不合格的筛出后，再按凹凸方向，凸凸对装，对齐叠装于上下压盘中，压紧后重新入炉回火，为装满工装，可新旧混装。出炉空冷时，重复前述操作。

　　以上回火工艺既可以满足零件硬度要求，又可以实现零件平面度要求，关键在于合理选择回火温度和制作专门夹持工装。

 思考题

1-1　判断正误：

（1）为了消除过共析钢中的网状渗碳体，应对其进行完全退火。

（2）为适当提高低碳钢的硬度，使其硬于切削加工，常对其进行完全退火处理。

（3）完全退火不适宜高碳钢。

（4）为改善15号钢、20号钢的切削加工性能，可以用正火代替退火。

（5）低碳钢或高碳钢为便于进行机械加工，可预先进行球化退火。

（6）在去应力退火过程中，钢的组织不发生变化。

1-2 选择题：

（1）钢丝在冷拉过程中必须经（   ）退火。

A. 球化退火 　　　B. 再结晶退火 　　　C. 去应力退火

（2）工件焊接后应进行（   ）。

A. 球化退火 　　　B. 去应力退火 　　　C. 完全退火

（3）球化退火一般适宜于（   ）。

A. 中碳钢 　　　B. 低碳钢 　　　C. 高碳钢

（4）高速钢淬火冷却时，常常在580~600℃停留10~15min，然后在空气中冷却，这种操作方法叫作（   ）。

A. 双介质淬火 　　B. 等温淬火 　　C. 分级淬火 　　　D. 亚温淬火

（5）某零件调质处理后其硬度偏低，补救的措施是（   ）。

A. 重新淬火后，选用低一点的温度回火 　　B. 再一次回火，回火温度降低一点

C. 重新淬火后，选用高一点的温度回火 　　D. 再一次回火，回火温度提高一点

（6）对形状复杂、截面变化大的零件进行淬火时，应采用（   ）。

A. 水中淬火 　　　B. 油中淬火 　　　C. 盐水中淬火

1-3 简答题：

（1）如何解决工件由于硬度过低，在切削加工中易"粘刀"或在工件表面形成"切削瘤"，从而使刀具发热而磨损，且加工后零件表面粗糙度较差的问题？

（2）钢件硬度太高，在车削加工时发出刺耳的尖叫声，该如何处理？

（3）弹簧冷卷成形后应进行什么处理？

（4）冷挤压螺帽时出现了挤压裂纹，应在冷挤压前进行何种方法加以挽救？

（5）某小尺寸硬面齿轮的加工工序如下，请分析：

1）各热处理工序1~7对应的工艺名称，主要目的。（答案：正火（均匀组织）、高温回火（降低硬度）、渗碳处理（表面高碳）、高温回火（降低硬度）、淬火（组织转变）、冷处理（残奥转变）、低温回火（降低脆性））

2）最终组织组成（表面和心部），对应的硬度范围。（答案：表面：碳化物+马氏体+残余奥氏体，HRC56~62；心部：马氏体+铁素体，HRC38）

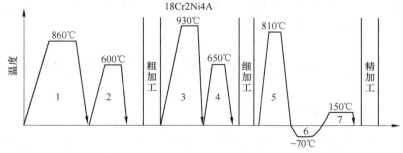

（6）简述载重车用42CrMo曲轴的热处理工艺、表面和心部组织、对应硬度范围。（答案：热处理工艺：调质+表面淬火+低温回火；表面：马氏体，HRC≥55；心部：回火S，HRC42）

第二章 钢的化学热处理

案例导入：化学热处理是古老的工艺之一，在中国可上溯到西汉时期。已出土的西汉中山靖王刘胜的佩剑（图 2-1），表面含碳量达 0.6%~0.7%，而心部为 0.15%~0.4%，具有明显的渗碳特征。明代宋应星撰写的《天工开物》一书中，就记载有用豆豉、动物骨炭等作为渗碳剂的软钢渗碳工艺。明代方以智在《物理小识》"淬刀"一节中，记载有"以酱同硝涂錾口，煅赤淬火"。硝是含氮物质，可作渗氮原料使用。这些记载说明渗碳、渗氮或碳氮共渗等化学热处理工艺，早在古代就已被劳动人民所掌握，并作为一种工艺广泛用于兵器和农具的制作。

图 2-1 出土的西汉中山靖王刘胜佩剑照片图

化学热处理是将工件在特定的介质中加热、保温，使介质中的某些元素渗入工件表层，以改变其表层化学成分和组织，获得与心部不同性能的热处理工艺。

工业技术的发展，对机械零件提出了各式各样的要求。例如，发动机上的齿轮和轴，不仅要求齿面和轴径的表面硬而耐磨，还必须能够传递很大的转矩和承受相当大的冲击负荷；在高温燃气下工作的涡轮叶片，不仅要求表面能抵抗高温氧化和热腐蚀，还必须有足够的高温强度等。这类零件对表面和心部性能要求不同，采用同一种材料并经过同一种热处理是难以达到要求的。而通过改变表面化学成分和随后的热处理工艺，就可以在同一种材料的工件上使表面和心部获得不同的性能，以满足不同的要求。

化学热处理与一般热处理的区别在于，前者有表面化学成分的改变，而后者没有表面化学成分的变化。化学热处理后渗层与金属基体之间无明显的分界面，由表面向内部，其成分、组织与性能是连续过渡的。

第一节 化学热处理的分类与基本过程

一、化学热处理的分类

由表 2-1 可见，依据所渗入元素的不同，可将化学热处理分为渗碳、渗氮、渗硼、渗铝等。如果同时渗入两种以上的元素，则称之为共渗，如碳氮共渗、铬铝硅共渗等。渗入钢中的元素，可以溶入铁中形成固溶体，也可以与铁形成化合物。

表 2-1 按渗入元素分类的化学热处理

渗入非金属元素		渗入金属元素		渗入金属、非金属元素
单元	多元	单元	多元	
C	C+N	Al	Cr+Al	Ti+C
N	N+S	Cr	Cr+Si	Ti+N
S	N+O	Si	Si+Al	Cr+C
B	N+C+S	Ti	Cr+Si+Al	Ti+B
	N+C+O	V		
	N+C+B	Zn		

根据渗入元素对钢表面性能的作用，又可分为提高渗层硬度及耐磨性的化学热处理（如渗碳、渗氮、渗硼、渗钒、渗铬），改善零件间抗咬合性及提高抗擦伤性的化学热处理（如渗硫、渗氮），使零件表面具有抗氧化、耐高温性能的化学热处理（如渗硅、渗铬、渗铝）等。

二、化学热处理的基本过程

化学热处理过程分为分解、吸收和扩散三个基本过程。

分解是指零件周围介质中的渗剂分子发生分解，形成渗入元素的活性原子。例如 $CH_4 \rightleftharpoons 2H_2 + [C]$，$2NH_3 \rightleftharpoons 3H_2 + 2[N]$，其中[C]和[N]分别为活性碳原子和活性氮原子。所谓活性原子是指初生的、原子态（即未结合成分子）的原子，只有这种原子才能溶入金属中。

吸收是指活性原子被金属表面吸收的过程，其基本条件是渗入元素在基体金属中有一定的溶解度，否则吸收过程不能进行。例如，碳不能溶入铜中，如果在钢件表面镀一层铜，便可阻断对碳的吸收过程，防止钢件表面渗碳。

扩散是指渗入原子在金属基体中由表面向内部扩散的过程，这是化学热处理得以不断进行并获得一定深度渗层的保证。从扩散的规律可知，要使扩散进行得快，必须要有大的驱动力（浓度梯度）和足够高的温度。渗入元素的原子被金属表面吸收、富集，造成表面与心部间的浓度梯度，在一定温度下，渗入原子就能在浓度梯度的驱动下向内部扩散。

应当指出，分解、吸收和扩散对化学热处理总速度的影响不是等同的。通常介质中的化学反应有较高的速度，因此它往往不影响化学热处理总速度。在许多化学热处理过程中，吸收或扩散却往往是总速度的控制步骤。

本章仅对工业中应用最广泛的渗碳、渗氮、碳氮共渗、渗硼、渗铬、渗钒等进行讨论。

第二节 钢 的 渗 碳

一、渗碳的目的、分类及应用

（一）定义

所谓渗碳是将工件放入渗碳气氛中，并在 $900 \sim 950℃$ 的温度下加热、保温，使其表面层增碳的一种工艺操作。它是金属材料最常见、应用最为广泛的一种化学热处理工艺。渗碳工艺广泛用于飞机、汽车和拖拉机等的机械零件，如齿轮、轴、凸轮轴等。

（二）目的

渗碳的目的是使机器零件获得高的表面硬度、耐磨性及高的接触疲劳强度和弯曲疲劳强度。

（三）分类

根据所用渗碳剂在渗碳过程中聚集状态的不同，渗碳方法可以分为固体渗碳法、液体渗碳法及气体渗碳法三种。

（1）固体渗碳法。固体渗碳法是将工件置于四周填满固体渗碳剂的箱中，用盖和耐火泥将箱密封后，送入炉中加热至渗碳温度（900～950℃），保温一定时间使工件表面增碳。此法不需专门的渗碳设备，但渗碳时间长，渗层不易控制，不能直接淬火，劳动条件较差，但可防止某些合金钢工件在渗碳过程中的氧化。在生产中常用试棒来检查渗碳效果。一般规定渗碳试棒直径应大于10mm，长度应大于直径。固体渗碳时，渗碳温度、渗碳时间和渗层深度间的经验数据可在有关热处理手册中查到。但这些数据只能作为制订渗碳工艺时参考，实际生产时应通过试验进行修正。

（2）液体渗碳法。液体渗碳是在熔融状态的含碳盐浴中进行的，所用设备是各种内热式盐浴炉。其优点是设备简单，渗碳速度快，渗碳层均匀，操作方便，特别适用于中小型零件及有不通孔零件及单件、小批量生产的工厂。但由于剧毒的氰化物（如NaCN）配置的盐浴对环境和操作者存在严重的危害，现在基本上已经不再使用。

（3）气体渗碳法。它是将工件置于特制的渗碳炉中，并在高温（900～950℃）渗碳气氛中进行加热、保温，使工件表面层增碳的过程，如图2-2所示。其最大优点是气氛碳势易于控制，目前它已经成为应用最广的渗碳方法。气体渗碳方法有滴注式气体渗碳、吸热式气体渗碳、氮基气氛渗碳、直生式气体渗碳和真空式气体渗碳等。

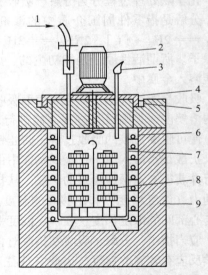

图2-2　气体渗碳法示意图
1—煤油；2—风扇电动机；3—废气火焰；
4—炉盖；5—砂封；6—电阻丝；7—耐热罐；
8—工件；9—炉体

（四）渗碳工艺的使用场合

对于在交变载荷、冲击载荷、较大接触应力和严重磨损条件下工作的机器零件，如齿轮、活塞销和凸轮轴等，要求工件表面具有很高的耐磨性、疲劳强度和抗弯强度，而心部具有足够的强度和韧性，采用渗碳工艺可满足其性能要求。

二、渗碳的基本工艺参数

无论采用气体、液体或固体介质渗碳，渗碳温度、时间和碳势都是渗碳过程中重要的工艺参数。

（一）渗碳温度

渗碳温度是渗碳工艺中极为重要的参数。温度升高时，扩散系数呈指数增长。因此，渗碳温度越高，扩散速度越快，渗层越深。但温度过高会造成奥氏体晶粒粗大，从而降低零件的力学性能（特别是韧性），并增加工件变形，降低设备寿命。目前常用的气体渗碳温度为920~950℃，真空渗碳和离子渗碳使用较高的温度（950~1050℃），以缩短工艺时间、降低成本。

（二）渗碳时间

达到一定渗碳深度所需要的时间可根据渗碳温度、介质的碳势、渗碳工艺方法、渗碳件钢种等，利用相关的扩散方程进行计算。在实际生产中，渗碳层深度可以利用下式进行估算：

$$X = k \cdot \sqrt{t} \tag{2-1}$$

式中，X 为渗碳层深度，mm；t 为渗碳时间，h；k 为比例系数或渗层深度因子，常用渗碳温度下渗层深度因子的值见表 2-2。

表 2-2　常用渗碳温度下渗层深度因子的值

温度/℃	875	900	925
$k/\text{mm} \cdot \text{h}^{-1/2}$	0. 34	0. 41	0. 52

（三）碳势及其控制

碳势是表征含碳气氛在一定温度下与钢件表面处于平衡时可使钢表面达到的碳含量。为了获得最佳的性能，必须严格控制渗层表面碳浓度。

碳势一般可用低碳钢薄片测量。将厚度小于 0.1mm 的低碳钢箔置于渗碳介质中施行穿透渗碳后，测定钢箔的碳含量，其数值即等于此渗碳介质在该渗碳温度下的碳势。这种碳势的测量方法常被作为标定其他碳势测量方法的标准方法。

碳势越高，渗碳能力越强，渗入速度越快，渗层厚度越大，渗层浓度越高，浓度梯度也大。但是，当炉内碳势高于渗碳表面的吸碳能力时，在工件表面会形成炭黑，反而使渗碳速度下降，渗层厚度也会减小。因此碳势的测定、控制和调节对保证渗碳质量和提高渗碳速度有着非常重要的作用。

三、气体渗碳

（一）气体渗碳气氛

根据渗碳气体的来源和制备过程，气体渗碳的气氛主要有如下三种：吸热式可控气氛渗碳、氮基气氛渗碳和滴注式气体渗碳。

1. 吸热式可控气氛渗碳

吸热式可控气氛渗碳炉内气氛由吸热式气体加富化气组成。吸热式气体是将可燃性气体（如液化石油气、天然气等碳氢化合物）和少量空气混合后，送入吸热式气体发生器，在触媒的作用下，并借助外加热源，使混合气在 $950\sim1050℃$ 的条件下反应，获得吸热式可控气体。吸热式气体的实际组成是以 CO、H_2、N_2 为主，并含有少量或微量 CH_4、CO_2、H_2O 和 O_2 等。几种常见吸热气氛的成分见表 2-3。

表 2-3　几种常见吸热气氛的组成

原料气	混合比（体积比）（空气：原料气）	气氛组成（体积分数）/%					
		CO_2	H_2O	CH_4	CO	H_2	N_2
天然气	2.5	0.3	0.6	0.4	20.9	40.7	余量
城市煤气	0.4~0.6	0.2	0.12	0~1.5	25~27	41~48	余量
丙烷	7.2	0.3	0.6	0.4	24.0	33.4	余量
丁烷	9.6	0.3	0.6	0.4	24.2	30.3	余量

吸热式气体的碳势很低。用吸热式气体渗碳时，炉内渗碳气氛由吸热气体和由碳氢化合物组成的富化气构成。一般采用甲烷或丙烷作为富化气来增强炉内碳势和补充渗碳时的碳势损失。由吸热式气体和富化气组成的炉气的碳势有良好的可控性，故称为可控气氛。吸热式气氛多用于连续式炉或密封箱式炉。

必须指出吸热式渗碳气体中的 H_2 和 CO 含量已超过了在空气中的爆炸极限，因此只能在炉温大于 $760℃$ 时才可以通入渗碳气氛，否则易发生爆炸。炉体应密封完好，炉口应点火以防止 H_2 和 CO 外泄。

2. 氮基气氛渗碳

20 世纪 70 年代，由于石油天然气的价格上升，以及氮基气氛渗碳技术具有省去吸热式气体发生装置的优势，氮基气氛渗碳得到了发展与应用。氮基气氛渗碳是以纯氮为载气，添加碳氢化合物进行气体渗碳的方法。几种典型氮基渗碳气氛的成分如表 2-4 所示。氮基气氛渗碳的显著特点是不需要气体发生装置、能耗低、节省天然气、安全、无毒等。

表 2-4　几种典型氮基渗碳气氛的成分

原料气	炉气成分（体积分数）/%					碳势	备注
	CO_2	CO	CH_4	H_2	N_2		
$N_2+C_3H_8$（或甲烷）	0.024 0.01	0.4 0.1	15				渗碳扩散
N_2+CH_8OH+富化气	0.4	15~20	0.3	15~20	余量		Endomix 法
$N_2+（CH_4、空气）$	—	11.6	6.9	32.1	49.4	0.83	CAP 法，CH_4 与空气体积比 $=0.7$
$N_2+（CH_4、CO_2）$		4.3	2.0	18.3	75.4	1.0	NCC 法，CH_4 与 CO_2 体积比 $=6.0$

表 2-4 所列气氛中，N_2+CH_8OH+富化气最为典型。当富化气采用甲烷或丙烷时（即 Edomix 法），多用于连续式炉。而富化气为丙酮或乙酸乙酯时（即为 Cabmaag Ⅱ法），一般用于滴注式周期式炉。通过调节气氛中加入的碳氢化合物的量来达到氮基渗碳气氛的碳

势控制。与吸热式气氛不同，氮基渗碳气氛中氮含量可高达80%左右，而可燃气体只有20%。

3. 滴注式气体渗碳

滴注式气体渗碳是把有机液体滴入高温渗碳炉内裂解后产生的气体作为渗碳介质来渗碳。常用有机滴剂有含氧有机滴剂和煤油。作为渗碳介质，对有机滴剂的要求是热分解后产生的气体体积（产气量）大；碳氢（原子数）比大于1；碳当量（产生1mol活性炭所需的有机液体的质量）较小；气氛中CO和H_2的含量稳定等。几种常用的有机溶剂的碳氢比和碳当量如表2-5所示。表2-6列出了常用有机溶剂在不同温度下的分解产物。

表 2-5　几种常用有机溶剂的碳氢比和碳当量

名称	分子式	高温下热分解式	碳氢（原子比）比	碳当量/$g \cdot mol^{-1}$	用途
甲醇	CH_3OH	$CH_3OH \Longrightarrow CO + 2H_2$	1		稀释剂
乙醇	C_2H_5OH	$C_2H_5OH \Longrightarrow [C] + CO + 3H_2$	2	46	稀释剂
乙酸乙酯	$CH_3COOC_2H_5$	$CH_3COOC_2H_5 \Longrightarrow 2[C] + 2CO + 4H_2$	2	44	稀释剂
异丙醇	C_3H_7OH	$C_3H_7OH \Longrightarrow 2[C] + CO + 4H_2$	3	30	稀释剂
丙酮	CH_3COCH_3	$CH_3COCH_3 \Longrightarrow 2[C] + CO + 3H_2$	3	29	稀释剂
乙醚	$C_2H_5OC_2H_5$	$C_2H_5OC_2H_5 \Longrightarrow 3[C] + CO + 5H_2$	4	24.7	稀释剂

表 2-6　几种常用有机溶剂在不同温度下的分解产物

名称	温度/℃	分解产物的成分/%					
		CO_2	CO	H_2	CH_4	C_mH_n	$O_2 + N_2$
甲醇	950	0.2	32.4	66.2	0.60	0.6	
	850	0.6	31.4	64.8	1.74	1.44	
	750	1.8	29.5	61.4	3.37	3.93	
乙醇	950	1.0	30.7	53.7	11.7	0.3	
	850	1.5	29.3	49.3	13.6	0.7	
	750	1.7	26.2	49.8	14.2	0.9	
异丙醇	950	0.8	28.2	47.8	18.5	3.2	
	850	1.0	24.5	44.3	20.8	7.3	
	750	1.5	21.6	40.5	22.6	8.8	
醋酸丙酯	950	1.5	46.6	38.2	10.3	0.3	
	850	2.5	41.3	35.2	13.3	0.4	
	750	3.1	40.5	33.8	14.2	0.6	
煤油	925	0.4~2.2	1.2~4.6	37~46	40~56	1~2	0.4~0.8
	800	0.4~1.2	0.2~1.8	19~26	38.4~47.3	20~29	0.4~7.3
苯	925	1.4	15.9	62.1	10.3	1.2	8.1

最典型的滴注剂一般以甲醇为稀释剂，而渗碳剂为乙酸乙酯、丙酮或煤油。滴注式渗碳具有设备投资小、成本低的特点，在我国获得广泛应用。但滴注式渗碳也有其自身的不

足之处，如碳势不易精确控制、石墨沉积及渗碳质量重现性差等。

4. 直生式气体渗碳

为了进一步降低成分，Ipsen 公司近年来开发了一种称为 Supercard 的气体渗碳，或称为直生式气体渗碳。该技术所用渗碳气氛由富化气+氧化性气体直接通入渗碳炉内形成。常用富化气为：天然气、丙烷、丙酮、异丙烯、乙醇、丁烷、煤油等。氧化性气体可采用空气或 CO_2，富化气与氧化性气体在炉中反应形成渗碳反应所需 CO。

直生式气体渗碳的主要特点是设备投资少，原料气要求低，气体消耗量低于吸热式气氛渗碳。碳势控制虽然没有吸热式气氛容易，但是随着气体碳势测量技术及计算机控制技术的成熟而得到提高。

（二）气体渗碳工艺

按照渗碳作业的特点，渗碳炉有两类：其一为连续作业炉，它通过与淬火槽、清洗机和回火炉组成渗碳淬火、回火自动生产线，适合大批量生产；其二为周期作业炉，零件渗碳时分批周期地进行。吸热式气氛和氮基气氛渗碳常采用连续作业炉，而滴注式气体渗碳常采用周期式作业炉。

为了获得高质量的渗碳件，需要选定合适的炉气碳势值，并精确控制。炉气碳势高，则渗碳件表面碳含量高，浓度梯度大，因而可以提高渗碳速度。但是，过高的碳势，可促使工件表面形成炭黑，反而降低渗碳速度。即使碳势不足以形成炭黑时，高的碳势也可能使渗碳层形成网状碳化物，使渗碳层脆性增大。为此，在渗碳工艺上出现了分段控制碳势的强渗-扩散工艺方法，即把渗碳时间分为两段或更多的时间段。第一阶段采用较高的碳势进行强渗，称为强渗期；第二阶段采用较低的碳势，让碳原子由渗层表面向内扩散，以降低渗层表面含碳的质量分数并增加渗层的深度，称为扩散期。与一般渗碳法相比，当渗碳层厚度大于 0.5mm 时，强渗-扩散法可减少处理时间达 30%（碳钢）至 70%（合金钢）。有时不仅在强渗期和扩散期采用不同碳势，而且采用不同的温度，这样更有利于把渗碳的高速度和良好的渗碳质量结合起来。

原则上碳浓度从表面到心部应连续而平缓地降低，如图 2-3 曲线 1 所示。然而，如果强渗-扩散两段渗碳工艺控制不当，有可能得到如图 2-3 中曲线 2 所示的碳浓度分布。这种浓度分布不仅使表面硬度降低，而且可能产生不希望得到的表面残余拉应力。这是因为钢的马氏体转变温度 M_s 随钢中的含碳量增加而降低。因此亚表面的高碳奥氏体最后转变成马氏体，导致最表层产生残余拉应力。

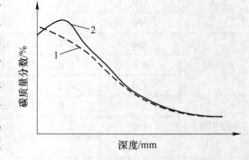

图 2-3　不同碳浓度梯度曲线的比较

以下举两例来说明实际中使用的气体渗碳工艺。图 2-4 为通用甲醇-煤油滴注式渗碳工艺，这种工艺可供不具备碳势测量与控制的企业使用。使用时应根据具体情况进行修正。图 2-5 为吸热式气体连续渗碳炉的基本结构和碳势控制示意图。强渗、扩散期的温度和时间应根据渗碳层深进行选择。

应强调指出，渗碳前的预处理对零件渗碳、淬火质量具有重要影响。例如，必须认真

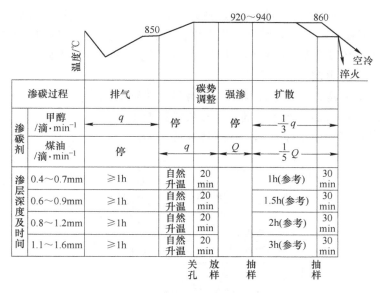

图 2-4 煤油-甲醇滴注式渗碳工艺曲线

($q=0.13\times$渗碳炉功率，$Q=1\times$工件吸碳表面积（m^2）)

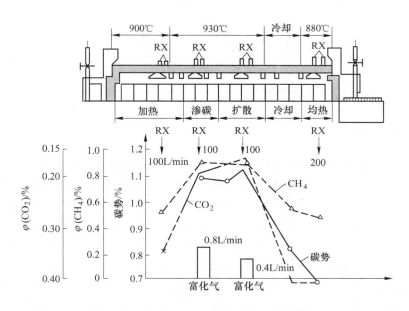

图 2-5 连续作业吸热式气体渗碳设备及工艺示意图

做好零件入炉前的清洗，彻底清除油污、锈迹和其他杂质。锻件毛坯和粗加工毛坯，应进行正火或调质处理，消除锻造组织缺陷和机械加工应力。

四、真空渗碳

真空渗碳时一般是将工件在真空（约 13.3Pa）状态下加热到渗碳温度，然后将甲烷、丙烷或天然气直接通入炉内，裂解后形成渗碳气氛。因此真空渗碳无需添置气体设备，如图 2-6 所示。由于真空对工件表面有净化作用，有利于碳原子在工件表面吸附，因而真空渗碳速度快，并可在较高温度（980~1100℃）下进行，相比普通渗碳，有如下优点：

（1）渗碳时间显著缩短。

（2）渗碳表面质量好，渗碳层均匀，没有过度渗碳的危险。

（3）能直接使用天然气作渗碳剂，不需要气体发生炉。

（4）作业条件好，如排除了烟、热对环境的污染。

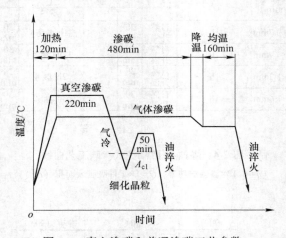

图 2-6　真空渗碳和普通渗碳工艺参数

五、渗碳用钢及渗碳后热处理

（一）渗碳用钢

渗碳用钢一般为碳含量在 0.10%~0.25% 范围内的碳素钢和合金渗碳钢。低的碳含量是为了保证工件心部在渗碳处理并淬火、回火后有良好的强度和韧性配合。常用的碳素渗碳钢有 08、10、15、20、25 号碳钢，其中尤以 10、20 号钢应用最广。这类钢经渗碳及随后的淬火、回火处理后，表面硬度可达 58~64HRC，具有良好的耐磨性。但由于淬透性低，只适用于心部强度要求不高、承受载荷较小的小尺寸零件，如摩擦片、衬套、链条以及量、夹具等。对于综合力学性能要求比较高或淬火变形小的工件可选用合金渗碳钢。

合金元素在渗碳钢中的主要功能是：（1）提高材料的淬透性以获得深的淬硬层，或利用冷却能力低的淬火介质以减少工件的淬后变形；（2）限制奥氏体晶粒在渗碳过程中的长大，从而获得细晶粒及有利于渗碳后直接淬火。应当指出虽然 Cr 和 Mn 可以提高淬透性，但是很容易在吸热式气氛中因选择性晶界氧化而使渗层淬透性降低；同时 Cr 和 Mn 会在渗层中促使过共析碳化物的形成。因为两者均会降低共析点的碳含量，因此在渗碳钢中 Cr 和 Mn 的含量一般低于 1%。Ni 和 Mo 可以提高淬透性而不会产生上述问题，因为它们既不是强氧化物也不是强碳化物形成元素。但是还要考虑材料的成本和加工性能，因此 Cr-Ni、Cr-Mo 或 Cr-Ni-Mo 合金渗碳钢获得了较多的应用。

合金渗碳钢的力学性能和渗碳、淬火等工艺性能均比低碳钢好，可用于制造轴类、齿

（二）渗氮时间

渗氮时间的长短与渗氮温度和渗层厚度有关，同时还与渗氮钢的成分等因素有关。在一定温度下，渗氮层的厚度取决于保温时间，但保温时间的选择又与温度有关。渗氮温度越高，获得相同渗层所需时间越短；反之，所需时间越长。

由图 2-11 可见，渗氮层厚度随保温时间的延长而增加，但厚度增加到一定程度后时间继续延长，厚度增加缓慢，故保温到一定时间后继续延长渗氮时间对提高渗层效果并不明显。同时，钢中的合金元素也阻碍了扩散速度，不同钢种所需的渗氮时间是不同的。生产实践证明，38CrMoAlA 钢在 510～520℃渗氮时，渗氮层厚度<0.4mm 时，渗氮速度为 0.02mm/h；层厚为 0.4～0.6mm 时，渗氮速度为 0.01～0.015mm/h；渗层再厚，渗速将会更慢。渗氮时间的确定是一个多因素的工艺参数，一般要通过生产实践才能得到正确的工艺参数。

（三）氨分解率

氨分解率也是一个重要的工艺参数，实际测到的氨分解率是指在一定的渗氮温度下，氨气分解产生的 N_2、H_2 混合气体占炉内气体（主要指未分解氨气和已分解产生的 N_2、H_2 气体三者的总和）的体积分数。

即

$$氨分解率 = \frac{氨气体积 + 氢气体积}{炉气总体积} \times 100\% \qquad (2\text{-}2)$$

氨分解率可近似地表示氨的分解程度，其高低取决于渗氮温度、氨气流量、进气和排气压力、工件表面的大小、有无催化（渗）剂及零件需渗氮部位的总面积，与时间无关。氨分解率的高低会影响工件表面吸收氮原子的速度。在其他条件相同情况下，渗氮温度越高，工件的渗氮面积越大，则分解率越高。渗氮时，即使温度没有变化，氨的分解率也是逐渐升高的。气体渗氮的性能不仅取决于氨气的组成，而且也取决于氨的分解率。为得到均匀的渗氮层，炉气的气氛应当有规律地加以控制。氨的分解主要在炉内管道、渗氮炉、挂具及工件本身等由钢铁材料制成的构件表面通过催化作用而进行的，而在气相中自行分解的数量是很少的。对于一定温度下的氨分解率通常应控制在一定的范围内，如表 2-10 所示。

表 2-10　不同渗氮温度下氨分解率的合理范围

渗氮温度/℃	480	500	510	525	540	600
氨分解率/%	12～20	15～25	20～30	25～35	35～50	45～60

氨气的流量和压力大小可通过针形阀进行调节，炉内压力用 U 形压力计测量，生产中一般通过调整氨流量来调整和控制氨分解率，所以渗氮过程中的氨分解率的变化直接反映了渗氮过程是否正常。当分解率很低时，氨的供应量应减少；如果分解率高时，要加大氨的供应量。一般情况下，氨分解率较低时（18%～25%），氮原子的渗速较快。

当氨气流量一定时，渗氮温度提高，则氨分解率增大。另外，如果渗氮罐的表面有氧轮类等重要的承力零件。按照淬透性的大小，合金渗碳钢可分为以下类别：一般的有 15Cr、20Cr、20MnV、20Mn2B；较好的有 20MnVB、20MnMoB、20Mn2TiB、25MnTiBRE、 20CrMnTi、20CrMn、20CrMo、12CrNi2；更好的有 12CrNi3A、22CrMnMo、20SiMnVB；最好的有 12Cr2Ni4A、18Cr2Ni4WA 等。

（二）渗碳后热处理

零件渗碳的目的在于使表面获得高硬度和高耐磨性，因此渗碳后的零件必须经淬火+低温回火热处理，使其表面获得细小片状回火马氏体及少量渗碳体，硬度为 58~62HRC，而心部组织随钢的淬透性而定。对于由铁素体和珠光体组成的普通低碳钢，硬度相当于 10~15HRC；而对于由回火低碳马氏体及铁素体组成的某些低碳合金钢，其硬度为 35~45HRC，且强韧性好。常见的渗碳后的热处理有以下几种。

（1）直接淬火。在工件渗碳后，预冷到一定温度，然后立即进行淬火冷却。这种方法一般适用于气体渗碳或液体渗碳。

（2）一次加热淬火。渗碳后缓冷，再次加热淬火。

（3）两次淬火。对于使用性能要求很高的渗碳零件，经常采用两次淬火或一次正火加一次淬火的方法，以保证心部和表层都达到高的性能。渗碳后的第一次淬火或正火主要是为了心部的亚共析钢原始组织发生重结晶，使晶粒再次细化，同时可消除表面可能存在的网状渗碳体，故其加热温度常选择为高于 A_{c3} 以上的温度。第二次淬火（即最后一次淬火）主要是为了使表面层晶粒变小、组织细化，故其淬火温度按共析钢和过共析钢的正常淬火温度来考虑，即 A_{c1}+(30~50)℃。渗碳零件经二次淬火后，再进行 170~200℃ 低温回火，其主要目的是保持表面的硬度及降低淬火的残余应力。

不论采用哪种淬火方法，渗碳件的最终淬火后要经 180~220℃ 的低温回火。

渗碳后常用热处理方法如图 2-7 所示。

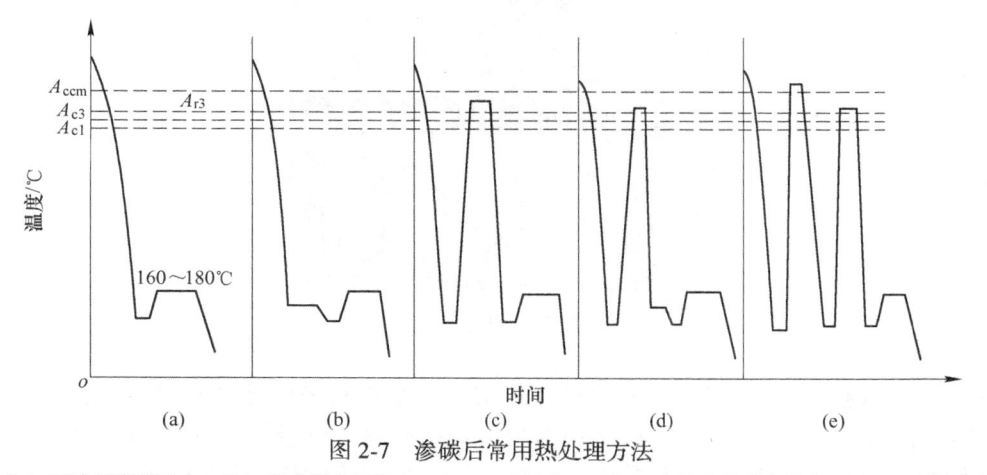

图 2-7　渗碳后常用热处理方法

（a）预冷后直接淬火；（b）预冷后分级淬火；（c）一次淬火；（d）一次淬火的分级淬火；（e）二次淬火

六、渗碳后的组织和性能

（1）渗碳层的组织。在正常情况下，渗碳层在淬火后，从表面到心部的组织依次为：

马氏体和残余奥氏体加碳化物→马氏体加残余奥氏体→马氏体→心部组织。

心部组织在完全淬火情况下为低碳马氏体；淬火温度较低时为马氏体加游离铁素体；在淬透性较差的钢中，心部为屈氏体加铁素体。

（2）渗碳件的性能。渗碳件的性能是渗层和心部的组织结构，渗层深度与工件直径相对比例等因素的综合反应。

1）渗碳层的组织结构。其组织结构包括渗碳层碳浓度分布曲线、基体组织、渗层中的第二相分布、数量和形状。

一般希望渗层浓度梯度平缓。表面含碳量应控制在 0.9% 左右。渗层中的残余奥氏体的量不宜超过 30%。

2）心部组织对渗碳件性能的影响。合适的心部组织应为低碳马氏体。但在零件尺寸较大时，也允许为屈氏体或索氏体，根据零件来决定，但不允许有大块状或多量的铁素体。

3）渗碳层与心部的匹配对渗碳件性能的影响。渗碳层的深度越深，可以承载接触应力越大。

七、渗碳缺陷及控制

缺陷主要有以下几种：

（1）黑色组织。在含 Cr、Mn 及 Si 等合金元素的渗碳钢渗碳淬火后，在深渗层表面组织中出现沿晶界呈现断续网状的黑色组织。如图 2-8 所示，钢渗碳淬火后，在未经腐蚀的金相试样上可看到黑色组织。预防黑色组织的办法是注意渗碳炉的密封性能，降低炉气中的含氧量。当工件上出现黑色组织时，若其深度不超过 0.02mm，可以增加一道磨削工序，把其磨去，或进行表面喷丸处理。

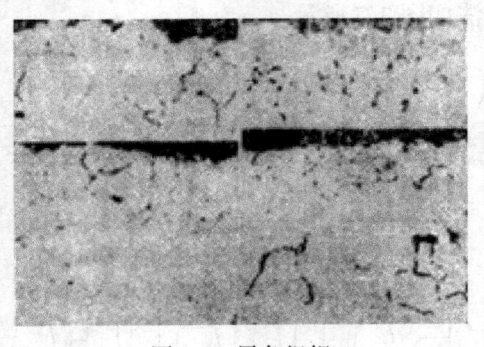

图 2-8　黑色组织

（2）反常组织。这种组织在前述过共析钢退火组织缺陷中已看到过，其特征是在先共析渗碳体周围出现铁素体层。在渗碳件中，常在钢中含氧量较高（如沸腾钢）的固体渗碳时看到。图 2-9 为渗碳层中看到的反常组织。具有反常组织的钢经淬火后易出现软点。补救办法是适当提高淬火温度或适当延长淬火加热的保温时间，使奥氏体均匀化，并采用较快的淬火冷却速度。

（3）粗大网状碳化物组织。形成原因可能是渗碳剂活性太大，渗碳阶段温度过高，扩散阶段温度过低，渗碳时间过长。预防补救的办法是分析其原因，采取相应措施，对已

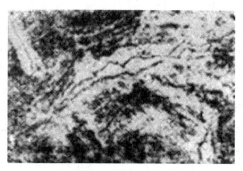

图 2-9　反常组织

出现粗大网状碳化物的零件可以进行温度高于 A_{ccm} 的高温淬火或正火。

（4）渗碳层深度不均匀。成因很多，可能由于原材料中带状组织严重，也可能由于渗碳件表面局部结焦或沉积碳黑，炉气循环不均匀，零件表面有氧化膜或不干净，炉温不均匀，零件在炉内放置不当等所造成。应分析其具体原因，采取相应措施。

（5）表层贫碳或脱碳。其成因是扩散期炉内气氛碳势过低，或高温出炉后在空气中缓冷时氧化脱碳，补救办法是在碳势较高的渗碳介质中进行补渗。在脱碳层小于 0.02mm 情况下可以采用把其磨去或喷丸等办法进行补救。

（6）表面腐蚀和氧化。渗碳剂不纯，含杂质多，如硫或硫酸盐的含量高，液体渗碳后零件表面粘有残盐，均会引起腐蚀。渗碳后零件出炉温度过高，等温盐浴或淬火加热盐浴脱氧不良，都可引起表面氧化，应仔细控制渗碳剂盐浴成分，并对零件表面及时清洗。

第三节　钢 的 渗 氮

一、渗氮及其特点

渗氮是将活性氮原子渗入钢件表面层的过程。钢的渗氮在机械工业、石油工业、国防工业等领域应用十分广泛，与渗碳、中温碳氮共渗相比，具有许多优点。渗氮改变了表面的化学成分和组织状态，因而也改变了钢铁材料在静载荷和交变应力下的强度性能、摩擦性能、成形性能及腐蚀性能。渗氮的目的是提高钢铁零件的表面硬度、耐磨性、疲劳强度和抗腐蚀能力。因此，普遍应用于各种精密的高速传动齿轮、高精度机床主轴和丝杠、镗杆等重载工件，在交变载荷下工作并要求高疲劳强度的柴油机曲轴、内燃机曲轴、气缸套、套环、螺杆等，要求变形小并具有一定抗热耐热能力的气阀（气门）、凸轮、成形模具和部分量具等。

渗氮和渗碳一样，都是以强化零件表面为主的化学热处理，经渗氮处理后的工件具有以下特点：

（1）钢件经渗氮后，其表面硬度很高（如 38CrMoAl 渗氮后表面硬度为 1000～1100HV，相当于 65～72HRC）、耐磨性良好，这种性能可保持至 600℃ 左右而不下降。这对于在较高温度下仍要求高硬度的工件和特别耐磨的工件，如压铸模、塑料压模、塑料挤出机上的螺杆及磨床砂轮架主轴等是很适合的。

（2）具有高的疲劳强度和抗腐蚀性。在自来水、过热蒸气以及碱性溶液中都有良好的抗腐蚀性，与其他表面处理相比，渗氮后工件表面的残余应力形成更大的压应力，在交变载荷作用下，表现出更高的疲劳强度（提高 15%～35%）和缺口敏感性，工件表面不易咬合，经久耐用。如机床主轴、内燃机曲轴等。

（3）处理温度较低（450～600℃），所引起零件的变形极小，渗氮后渗层直接获得高硬度，避免了淬火引起的变形，这对于要求硬度高、变形小、形状复杂的精密工件（如精密齿轮，渗氮后不需磨齿）、汽车发动机气门、镗杆等，适合做最终热处理。

渗氮的不足之处在于：

（1）生产周期太长，若渗层厚度为 0.5mm，则需要 50h 左右，渗速太慢（一般渗氮速度为 0.01mm/h）；

（2）生产效率低，劳动条件差；

（3）渗氮层薄而脆，渗氮件不能承受太大的压力和冲击力。

为了克服渗氮时间长的不足，进一步提高产品质量，人们又研究了多种渗氮方法，如离子渗氮、感应加热气体渗氮、镀钛渗氮、催渗渗氮等，在不同程度上提高了效率，降低了生产成本，同时也为渗氮技术的进一步推广和应用提供了保证。目前该项技术日益发挥出巨大的作用，无论是节约能源还是代替别的热处理技术，均具有其明显的优势。

二、渗氮用钢

根据渗氮工件的工作条件和性能要求不同，选用的钢种也有不同：对于要求耐磨和抗疲劳性能好的工件，可选含碳量 0.1%～0.45%的合金结构钢；而以抵抗大气及水（雨水、水蒸气）腐蚀为目的的工件，可使用低碳钢、中碳钢，也可用高碳钢、低合金钢和不锈钢。所有的钢种均可渗氮。高质量的渗氮工件不仅需要高硬度、耐磨、高疲劳强度的表面渗氮层，还要求心部具有高的强度和韧性的综合力学性能，故一般采用中碳合金钢进行渗氮。合金钢中通常要含有 Al、Cr、Mo、W、V 和 Ti 等合金元素，在渗氮过程中这些元素均能与氮原子结合形成颗粒细密、分布均匀、硬度很高而且非常稳定的渗氮物，如 AlN、CrN、VN、TiN 等，因而工件表面有极高的硬度和好的耐磨性。其中，Al 的强化效果最好，这同铝本身的原子结构有关，在 600℃ 不聚集粗化，性能也不会降低。另外 Cr、W、Mo、V 等可改善钢的组织结构，提高钢的强度和韧性。Mo 还可消除第二类回火脆性。

如用碳钢进行渗氮，表面形成的 Fe_4N、Fe_2N 两种渗氮物不稳定，随着温度升高（200℃以上）会聚集粗化，表面硬度不高；由于在 300℃ 回火马氏体分解，故心部力学性能显著降低。

从渗氮工件的性能要求来看，工件多在复杂的动载荷（交变载荷）下工作，其心部必须具有良好的综合力学性能。由于渗氮层硬而薄，心部有足够的韧性与强度，故心部组织与调质钢相仿，渗氮钢必须先进行调质处理，获得均匀及细致的回火索氏体组织，做好渗氮前预先热处理的准备，避免渗氮后因组织性能不均而产生脆裂的倾向，以满足基体性能的需要，即必要的力学性能（抗弯、拉伸、屈服强度等），消除内部的应力，具有合格的组织，同时变形要小。淬火时要选用适当的冷却介质，保证不出现游离态的铁素体。

渗氮钢的常见代表钢种为 38CrMoAlA，它应用最广，耐磨性优良，但基体的强度和韧性稍有不足，不宜制作大型重载零件。它作为一种渗氮专用钢，本身具有良好的渗氮工艺性能和力学性能。渗氮处理后的表面硬度可达 950～1200HV，并具有较好的热强性（600℃下仍可使用）、抗蚀性、高的疲劳强度。另外，该钢种在渗氮温度下即使长期工作和缓慢冷却也不会产生第二类回火脆性，其热处理工艺见表2-7。

表 2-7　38CrMoAlA 钢的热处理工艺规范

工艺方法		退火	正火	高温回火	调　质		渗氮
					淬火	回火	
项目	加热温度/℃	860～870	930～970	700～720	930～950	600～680	500～540
	冷却方式	炉冷	空冷	空冷	油冷	水或油	随炉冷
	硬度 HBW	≤220	—	≤229	—	约 330	表面 1000HV

　　该钢种经渗氮后表面硬度高达 1000HV 以上，可用作高精度的凸轮、铸锻模等。在生产实践中，根据渗氮件使用目的和工作条件的不同，所采用的钢种也有很大区别。对于表面硬度不高，要求具有高的疲劳强度、载荷交替变化、接触应力较大的工件，如齿轮、柴油机曲轴等，采用 40Cr、45Mn、42CrMo、20CrMnTi、18Cr2Ni4W 即可。对模具而言，由于工作环境恶劣，长期处于高温条件下，受工件的剧烈冲击，要求变形小，故必须选用性能优良的模具钢、高速工具钢。常用渗氮钢的钢种及使用范围见表2-8。

表 2-8　常用渗氮钢的钢种及应用范围

类别	钢　号	渗氮后性能	主要用途
低碳结构钢	18，10，15，20，30，35，Q195，Q235，20Mn	耐大气与水腐蚀	螺母，螺栓，销钉，把手等
中碳结构钢	40，45，50，55，60	疲劳性能提高，耐磨，抗大气与水腐蚀	低档齿轮，齿轮轴，曲轴
低碳合金钢	12CrNi3A，12CrNi4A，18Cr2Ni4WA，18CrNiWA，20Cr，20CrMnTi，25Cr2Ni4WA，25Cr2MoVA	耐磨、抗疲劳性能优良，其心部韧性高，可承受冲击载荷	轻负荷齿轮，蜗杆，齿圈等中、高精密零件
中碳合金钢	30CrMnSi，30Cr2Ni2WV，30Cr3WA，35CrMo，35CrNiMo，35CrNi3W，38CrNi3MoA，38CrMoAl，38Cr2MoAlA，40Cr，40CrNiMo，42CrMo，45CrNiMoV，50Cr，50CrV	耐磨、抗疲劳性能优良，心部韧性好，含铝钢表面硬度高	镗杆，螺杆，主轴，较大载荷的齿轮及曲轴
工具钢	W6Mo5Cr4V2，W9Mo3Cr4V，W18Cr4V，W18Cr4VCo2，CrWMn	耐磨性及热硬性优良	高速钢螺纹刀具，铣刀，钻头等
模具钢	3Cr2W8，3Cr2W8V，4Cr5MoVSi，4Cr5MoVSi，4CrW2VSi，5CrNiMo，5CrMnMo，Cr12，Cr12Mo，Cr12MoV	耐磨、抗热疲劳，热硬性好，有一定的抗冲击疲劳性能	热锻模，压铸模，冷冲模，拉深模，落料模
不锈钢、耐热钢	1Cr13，2Cr13，3Cr13，4Cr13，1Cr18Ni9Ti，4Cr10Si2Mo，5Cr21Mn9Ni4N	能在 500～650℃服役，耐磨性、热硬性、高温强度优良，有较高的耐腐腐性	在腐蚀介质中工作的泵轴、叶轮、气阀及在 500～650℃工作且耐磨的零件

类别	钢　号	渗氢后性能	主要用途
高钛渗氮、专用钢	30CrTi2，30CrTi2Ni4N	耐磨性优良，热硬性及抗疲劳性能好	承受剧烈的磨粒磨损且不受冲击的零件

三、渗氮钢预备热处理

(一) 退火

对于锻造的工件必须进行退火，目的是降低硬度以改善切削加工性。对于 38CrMoAlA 钢，将钢件加热到 880~900℃ 保温 2~4h，炉冷至 500℃ 以下出炉空冷，硬度 ≤229HBW。

(二) 调质

经渗氮后的工件要求表面有高硬度、一定深度的渗氮层，有时它本身是最后一道热处理工序，对工件的要求是渗氮前有均匀而又细致的组织（即回火索氏体），以保证工件心部有较高的强度和良好的韧性，不允许存在游离铁素体，表面不能有脱碳层，渗氮前的表面粗糙度 R_a 应小于 $1.6\mu m$，从而提高其综合力学性能，为渗氮做好必要的组织准备，因此渗氮工件都必须进行调质处理（淬火+高温回火）。正确选择淬火和回火温度是工件调质是否合格的关键，如淬火加热温度高，奥氏体晶粒粗大，在渗氮过程中形成的渗氮物首先向晶界伸展，渗氮物呈明显波纹状或网状组织，使渗氮层脆性增大；若淬火冷却温度过高，则淬火后得到的不是马氏体而是上贝氏体组织，该上贝氏体中粗大铁素体与氮形成针状的渗氮物，也会增加脆性；淬火加热温度低或保温时间短，铁素体没有完全转变，碳化物溶解差，调质后会有游离铁素体出现，脆性大引起渗氮层脆性脱落。对于 38CrMoAlA 钢，调质后在表面 5mm 内不允许有块状的铁素体，一般渗氮钢 5mm 内的游离铁素体小于 5%。为了保证渗氮后的工件具有良好的综合力学性能，即心部的韧性、塑性、冲击性、抗弯疲劳强度等处于最佳状态，而表面又具有高的硬度和耐磨性，从而发挥渗氮钢的优越性，渗氮前的预备热处理就至关重要，淬火+高温回火（即调质处理）后的组织为回火索氏体，满足了基体韧性与强度的要求。常见结构钢、模具钢渗氮前的预备热处理（调质处理）工艺规范见表 2-9。

表 2-9　常见结构钢、模具钢渗氮前调质处理工艺规范

钢　号	工艺规范		硬　度	
	淬火	回火	HBW	HRC
18Cr2Ni4WA	(870±10)℃保温+油冷	(560±20)℃	302~321	
18CrMnTi	(880±10)℃保温+水冷	(560±20)℃	302~321	
20CrMnTi	(920±10)℃保温+油冷	(610±10)℃	≤241	
25Cr2MoVA	(930±10)℃保温+油冷	(620±10)℃	≤241	
25CrNi4WA	(870+10)℃保温+油冷	(560±20)℃	302~321	

钢　号	工艺规范		硬　度	
	淬火	回火	HBW	HRC
30CrMnSiA	（900±10）℃保温+油冷	（520±20）℃		87~41
30Cr3WA	（880±10）℃保温+油冷	（560±10）℃		33~38
35CrMo	（850±10）℃保温+油冷	（560±10）℃	<241	
35CrMnMo	（860±10）℃保温+油冷	（540±20）℃	285~321	
40Cr	（860±10）℃保温+油冷	（590±20）℃	220~250	
40CrNiMoA	（850±10）℃保温+油冷	（560±20）℃	231~363	
45CrNiMoA	（860±10）℃保温+油冷	（680±20）℃	269~277	
50CrVA	（860±10）℃保温+油冷	（450±20）℃		43~49
3Cr2W8V	（1140±10）℃保温+油冷	（620±10）℃		44~50
Cr12MoV	（1040±10）℃保温+油冷	（620±10）℃		44~50
5CrNiMo	（850±10）℃保温+油冷	（550±10）℃	≤241	
W6Mo5Cr4V2	（1210±10）℃保温+油冷	（550±10）℃三次		62~66
W18C4V	（1280±10）℃保温+油冷	（550±10）℃三次		62~66
4Cr9Si2	（1040±10）℃保温+油冷	（650±20）℃		30~40
4Cr10Si2Mo	（1040±10）℃保温+油冷	（650±20）℃		30~40
5Cr21Mn9Ni4N	（1150±10）℃保温+水冷固溶	（750±10）℃时效		30~42
6Cr21Mn10MoVNbN	（1150±10）℃保温+水冷固溶	（750±10）℃时效		30~45

（三）去应力处理

由于车削零件不可避免会产生内应力，在渗氮时它会增加零件的变形，因此对于形状复杂的重要零件在磨削前要进行稳定化处理，即去应力退火，以保证零件渗氮后的变形量符合工艺要求，一般工艺为在 550~600℃保温 3~10h，随后缓慢冷却（通常采用空冷方式）。应当注意的是渗氮前经过校直的工件，为了防止其渗氮过程中发生变形，必须进行去应力处理。

四、常用渗氮方式

（一）气体渗氮

气体渗氮一般以提高金属的耐磨性为主要目的，因此需要获得高的表面硬度。渗氮后工件表面硬度可达 850~1200HV。气体渗氮可采用一般渗氮法（即等温渗氮）或多段（二段、三段）渗氮法。前者是在整个渗氮过程中渗氮温度和氨气分解率保持不变，温度一般在 480~520℃之间，氨气分解率为 15%~30%，保温时间近 80h。这种工艺适用于渗层浅、畸变要求严、硬度要求高的零件，但处理时间过长。多段渗氮是在整个渗氮过程中按不同阶段分别采用不同温度、不同氨分解率、不同保温时间进行渗氮和扩散。整个渗氮时间可以缩短到近 50h，能获得较深的渗层，但这样渗氮温度较高，畸变较大。

还有以抗蚀为目的的气体渗氮，渗氮温度在 550~700℃ 之间，保温 0.5~3h，氨分解率为 35%~70%，工件表层可获得化学稳定性高的化合物层，防止工件受湿空气、过热蒸汽、气体燃烧产物等的腐蚀。

（二）离子渗氮

离子渗氮又称辉光渗氮，是利用辉光放电原理进行的。把金属工件作为阴极放入含氮介质的负压容器中，通电后介质中的氮氢原子被电离，在阴阳极之间形成等离子区，在等离子区强电场作用下，氮和氢的正离子以高速向工件表面轰击，离子的高动能转变为热能，加热工件表面至所需温度。由于离子的轰击，工件表面产生原子溅射，因而得到净化，同时由于吸附和扩散作用，氮遂渗入工件表面。

离子渗氮最重要的特点之一是可以通过控制渗氮气氛的组成、气压、电参数、温度等因素来控制表面化合物层（俗称白亮层）的结构和扩散层组织，从而满足零件的服役条件和对性能的要求。

五、气体渗氮工艺

气体渗氮工艺的制订必须综合考虑各个工艺因素对渗氮过程的影响。当零件表面没有污物时，对渗氮物的生成有重要影响的因素有温度、保温时间，以及不同加热、保温阶段渗氮罐内渗氮介质的氮势（用分解率表示），它们直接影响工件渗氮层的硬度、深度及工件的使用性能，因此在生产中必须加以控制。

（一）渗氮温度

渗氮温度是重要的工艺参数，渗氮后的硬度取决于形成的渗氮物的弥散度，合金渗氮物急剧长大会引起弥散度的减小，渗氮物硬度随之降低。在 590℃ 以上渗氮物强烈聚集长大，硬度下降十分明显。为了保证渗氮物自身的心部强度与硬度不变化，渗氮温度必须低于其调质回火温度，通常渗氮温度为 500~540℃。

渗氮温度过低，渗速很慢，为达到一定的渗氮层深度就需延长时间，但会导致工件表面不能吸收足够活性氮原子，硬度不高，渗层过浅，故渗氮温度应不低于 480℃。

渗氮温度的影响表现在以下两个方面：（1）改变了氮在各渗氮相中的扩散系数。氮在各渗氮相中扩散系数与温度的关系如图 2-10 所示，从图中可知氮在 α 中的扩散系数最大。影响氮扩散的因素有钢的化学成分（碳和合金元素含量）、温度、塑性变形和物理作用（如电场、超声波、磁场及辐射等）。（2）改变了渗层的相结构。当渗氮温度升高时，ε 相区扩大，ε 相厚度增加，总深度也增加，但低于 590℃ 时 ε 相反而减薄。钢中含碳量的增加，将降低各相中氮的扩散系数，含碳量的增加降低了氮在 α 相和 ε 相中的扩散系数，故渗氮速度减慢。钢中的合金元素同碳的作用相仿，在不同程度上也降低了氮在 α 相中的扩散系数，使渗氮层的深度减小，但合金元素与氮原子的结合改变了氮在各渗氮相的溶解度，从而改变了渗氮相的厚度。

图 2-11 为温度与时间对 38CrMoAlA 钢的渗氮层深度和表面硬度的影响。随着渗氮温度的提高，氮原子的扩散速度加快，化合物的生长也明显加快，渗氮深度增加，沿扩散层的硬度降低越不明显，因此硬度分布变得趋于平坦。生产实际中常采用较高的渗氮温度，

以保证要求的渗氮层深度，同时也能缩短生产周期，但温度的提高对工件的变形影响很大，一般渗氮后外径增加 0.01~0.03mm。

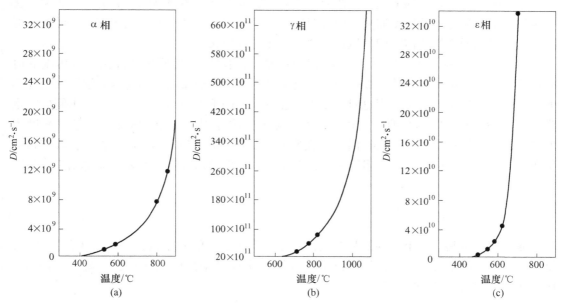

图 2-10　氮在不同渗氮相中扩散系数与温度的关系

（a）α 相；（b）γ 相；（c）ε 相

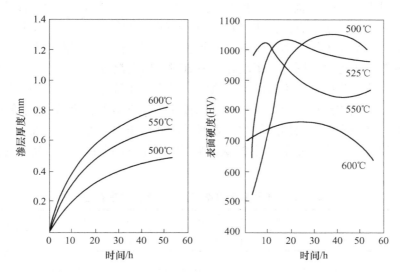

图 2-11　渗氮温度和时间对 38CrMoAlA 钢渗氮层深度和表面硬度影响

从图 2-11 中可以看出，在 500~520℃ 保温 8~10h 后表面硬度为 1100~1200HV；600℃ 保温 1~3h，硬度为 750~800HV；当保温时间超过 90~100h 后，渗氮层的厚度不再增加，其最大厚度不超过 1mm。综合考虑温度对工件表面硬度、变形量、心部性能的影响，一般推荐渗氮温度为 480~560℃，比调质回火温度低 40~70℃。

（二）渗氮时间

渗氮时间的长短与渗氮温度和渗层厚度有关，同时还与渗氮钢的成分等因素有关。在一定温度下，渗氮层的厚度取决于保温时间，但保温时间的选择又与温度有关。渗氮温度越高，获得相同渗层所需时间越短；反之，所需时间越长。

由图 2-11 可见，渗氮层厚度随保温时间的延长而增加，但厚度增加到一定程度后时间继续延长，厚度增加缓慢，故保温到一定时间后继续延长渗氮时间对提高渗层效果并不明显。同时，钢中的合金元素也阻碍了扩散速度，不同钢种所需的渗氮时间是不同的。生产实践证明，38CrMoAlA 钢在 510~520℃ 渗氮时，渗氮层厚度<0.4mm 时，渗氮速度为 0.02mm/h；层厚为 0.4~0.6mm 时，渗氮速度为 0.01~0.015mm/h；渗层再厚，渗速将会更慢。渗氮时间的确定是一个多因素的工艺参数，一般要通过生产实践才能得到正确的工艺参数。

（三）氨分解率

氨分解率也是一个重要的工艺参数，实际测到的氨分解率是指在一定的渗氮温度下，氨气分解产生的 N_2、H_2 混合气体占炉内气体（主要指未分解氨气和已分解产生的 N_2、H_2 气体三者的总和）的体积分数。

即

$$氨分解率 = \frac{氮气体积 + 氢气体积}{炉气总体积} \times 100\% \qquad (2-2)$$

氨分解率可近似地表示氨的分解程度，其高低取决于渗氮温度、氨气流量、进气和排气压力、工件表面的大小、有无催化（渗）剂及零件需渗氮部位的总面积，与时间无关。氨分解率的高低会影响工件表面吸收氮原子的速度。在其他条件相同情况下，渗氮温度越高，工件的渗氮面积越大，则分解率越高。渗氮时，即使温度没有变化，氨的分解率也是逐渐升高的。气体渗氮的性能不仅取决于氨气的组成，而且也取决于氨的分解率。为得到均匀的渗氮层，炉气的气氛应当有规律地加以控制。氨的分解主要在炉内管道、渗氮炉、挂具及工件本身等由钢铁材料制成的构件表面通过催化作用而进行的，而在气相中自行分解的数量是很少的。对于一定温度下的氨分解率通常应控制在一定的范围内，如表 2-10 所示。

表 2-10　不同渗氮温度下氨分解率的合理范围

渗氮温度/℃	480	500	510	525	540	600
氨分解率/%	12~20	15~25	20~30	25~35	35~50	45~60

氨气的流量和压力大小可通过针形阀进行调节，炉内压力用 U 形压力计测量，生产中一般通过调整氨流量来调整和控制氨分解率，所以渗氮过程中的氨分解率的变化直接反映了渗氮过程是否正常。当分解率很低时，氨的供应量应减少；如果分解率高时，要加大氨的供应量。一般情况下，氨分解率较低时（18%~25%），氮原子的渗速较快。

当氨气流量一定时，渗氮温度提高，则氨分解率增大。另外，如果渗氮罐的表面有氧化皮，则会对合成氨反应起到催化作用，会降低氨分解率。因此，使用一段时间后要对其进行退氮处理。

氨分解率对渗氮层厚度和表面硬度均有影响，如表 2-11 所示，从表中可以看出分解率在 20%~60% 范围内对渗氮层的影响不大，而表面硬度的差别比较明显。因此，为了得到要求的渗氮层厚度和硬度，应选择合理的分解率。

表 2-11　氨分解率的大小与渗氮层厚度和表面硬度的关系（38CrMoAlA）

氨分解率/%	渗氮层深度/mm	表面硬度 HV
20	0.60	850
40	0.60	915
60	0.60	1000
80	0.58	850

当分解率高于 80% 时，氢气浓度太高，会吸附在工件表面形成一层隔离气层，活性氮原子难以接近渗氮工件的表面，阻止了氮原子的渗入，因而降低了渗氮层的表面硬度，脆性减小。故在生产中为防止工件在工作状态下出现表面渗氮层的剥落，同时增加渗层的结合强度，在渗氮的最后 2~3h 进行退氮，使分解率增大，即可降低工件表面的脆性。在整个渗氮保温过程中，氨分解率的大小可通过调节氨流量大小来实现。

六、常见渗氮缺陷及其原因

（1）硬度偏低。生产实践中，工件渗氮后其表面硬度有时达不到工艺规定的要求，轻者可以返工，重者则只能报废。造成硬度偏低的原因通常有：

1）设备方面：如系统漏气造成氧化。

2）材料方面：如材料选择不合理。

3）前期热处理：如基体硬度太低，表面脱碳严重等。工件预处理不彻底，如进炉前的清洁方式及清洁度。

4）工艺方面：如渗氮温度过高或过低，时间短或氮浓度不足等。

（2）硬度和渗层不均匀。主要原因有：

1）装炉方式不合理。

2）气压调节不当。

3）渗氮处理期间温度不均匀。

4）炉内气流不合理。

（3）渗氮后零件变形过大。变形是难以避免的，对易变形件，采取以下措施，有利于减小变形：

1）渗氮前应进行稳定化处理。

2）渗氮过程中的升、降温速度应缓慢。

3）保温阶段尽量使工件各处的温度均匀一致，对变形要求严格的工件，在工艺范围内，尽可能采用较低的氮化温度。

七、38CrMoAlA 精密机床主轴气体渗氮工艺分析

精密机床主轴是机床中的重要零件，用来传递动力和承受各种载荷，其轴颈与轴瓦做滑动摩擦，因此主轴应有表面高硬度和高耐磨性；切削时，高速运转的主轴受到各种各样载荷的作用，如弯曲、扭转和冲击等，因此主轴应有较好的综合力学性能；主轴转速高，表面受力大且应力呈交变状态，因此主轴应具有高的疲劳强度；主轴的精度要求极高，以保证被加工零件的磨削精度。主轴采用 38CrMoAlA 钢渗氮，可以满足上述性能要求，采用三段气体渗氮工艺，其具体工艺如下。

技术要求：渗层厚度 0.45~0.6mm；表面硬度 ≥900HV；心部硬度为 28~33HRC；变形量 ≤0.05mm。

精密机床主轴的加工工艺流程：备料→锻造→退火→粗车（留精车余量 4~5mm）→预先热处理（调质）→机械加工（精车）→去应力退火→粗磨→磁粉探伤→非渗氮部位保护→渗氮→精磨或超精磨。采用等温渗氮工艺处理机床主轴。

三段渗氮工艺过程分为三个阶段进行，工艺曲线如图 2-12、图 2-13 所示。从三段渗氮温度来看，第三阶段与第一阶段温度基本相同，与此同时氨分解率也降到比较低的水平，这有两个方面的作用：加快渗氮速度，使最外层的氮浓度再次达到饱和；保持渗氮层表面的高硬度；降低表面脆性；渗氮层梯度变化减小。

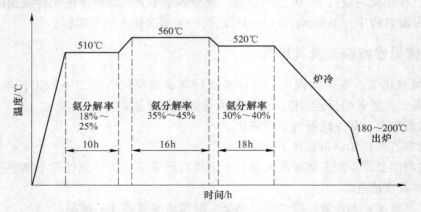

图 2-12　38CrMoAlA 钢制精密机床主轴三段渗氮工艺曲线（渗氮层深：0.45~0.60mm）

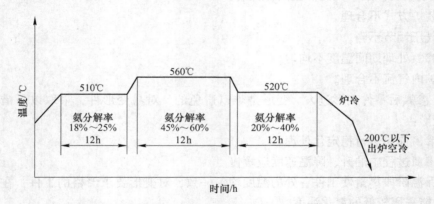

图 2-13　38CrMoAlA 钢制造的精密机床主轴三段渗氮工艺曲线（渗氮层深：0.45~0.60mm）

三段渗氮是基于两段渗氮工艺的改进，具体工艺如下：

（1）500～520℃保温10h，工件表面得到高的渗氮层表面硬度，形成大量合金渗氮物，弥散度增大。

（2）560～570℃保温16h，增加渗氮层的厚度（达到技术要求），速度加快，缩短了生产周期。

（3）520～530℃保温18h，保证表面有高的氮浓度，提高表面硬度，并促使吸收的氮原子继续向内扩散，降低了渗层脆性。

从总的渗氮时间上看，三段渗氮时间为36～46h，渗氮层厚度达到0.6～0.7mm。而要达到同样的深度，一段渗氮需60h，二段渗氮需48h。三段渗氮后硬度梯度比二段渗氮低，并可大幅度缩短工艺周期。试验表明，在渗氮层厚度相同的情况下，二段渗氮和三段渗氮所用的时间分别为等温渗氮时间的70%～80%和50%。三段渗氮的保温时间对渗氮效果影响很大，一、二段时间较长，如果三段时间过短，则形成的渗氮层很脆，失去了渗氮效果。应当注意保温时间及温度与工件变形量的关系：渗氮时间越长、温度越高则变形量越大。图2-12和图2-13为常见渗氮工艺，后者渗氮后表面硬度高，故在生产中应用广泛。

第四节　碳 氮 共 渗

碳氮共渗是同时向钢的表层渗入碳、氮原子的过程。它是将工件放入充有渗碳介质（如煤油、甲醇等）和氨气的炉中，在840～860℃温度下加热、保温，共渗介质分解出活性炭、氮原子被工件表面奥氏体吸收并向内部扩散，形成具有一定深度的碳氮共渗层。与渗碳相比，碳氮共渗温度低，速度快，零件变形小。在840～860℃保温4～5h即可获得深度为0.7～0.8mm的共渗层。经淬火+低温回火处理后，工件表层组织为细针回火马氏体+颗粒状碳氮化合物$Fe_3(C、N)$+少量残余奥氏体，具有较高的耐磨性和疲劳强度及抗压强度，并兼有一定的耐蚀性，常应用于低中碳合金钢制造的重、中负荷齿轮。近年来国内外都在发展深层碳氮共渗以代替渗碳，效果很好，其缺点是气氛较难控制。

一、碳氮共渗工艺分类

碳氮共渗工艺的分类如表2-12所示。

表2-12　碳氮共渗工艺的分类

序号	分类	特　点	序　　号
1	按使用的介质	固体碳氮共渗	与固体渗碳相似，常采用30%～40%黄血盐、10%碳酸钠和50%～60%木炭作为渗剂。该法生产效率低，劳动条件差，目前很少使用
		液体碳氮共渗	以氰盐为原料，质量易于控制，但盐有剧毒且昂贵，使用受限
		气体碳氮共渗	在大批量生产条件下发展最快、应用最多
2	按共渗温度	低温	低于750℃。当在500～560℃且以渗氮为主，又称氮碳共渗
		中温	750～880℃，以渗碳为主，通常碳氮共渗大都指中温碳氮共渗，可在较短时间内得到与渗碳相近的渗层深度，并可渗后直接淬火
		高温	880～950℃，以渗碳为主

序号	分类	特 点	序　　号
3	按渗层深度	薄层碳氮共渗	渗层深度<0.2mm
		碳氮共渗	渗层深度 0.2~0.8mm，主要应用于承受中、低负荷的耐磨件
		深层碳氮共渗	渗层深度>0.8mm。渗层深度可达 3mm，用于受载较大工件
4	按渗层浓度	普通浓度碳氮共渗	共渗层碳的质量分数控制在 0.8%～0.95%、氮的质量分数为 0.2%～0.4%左右
		高浓度碳氮共渗	适于在高接触应力条件下工作且工件表面要求有较多的粒状碳化物时，碳含量可提高至 1.2%～1.25%，甚至高达 2%～3%，氮含量则一般都控制在 0.5%以下

二、气体碳氮共渗工艺的质量控制

气体碳氮共渗工艺质量控制，实际上是控制共渗工艺过程的碳氮势。对于具有自控装置的炉子碳氮势易于控制，尚不具备条件的企业则可通过控制共渗工艺过程的诸多因素，从而保证工艺稳定，使共渗件质量得到保证。

（1）温度控制。对于要求具有良好综合力学性能的工件应选取中上限（850～880℃）；对于易变形的复杂件或薄壁件选取中下限（820～850℃），控温波动±5℃。

（2）时间控制。根据经验公式（2-3）求得共渗时间。

$$\delta = K\sqrt{t} \tag{2-3}$$

式中，δ 为共渗层深度；t 为共渗时间；K 为材料系数（低碳钢：$K=0.28$；15Cr、20Cr钢：$K=0.30$；20CrMnTi、20CrMnMo 钢：$K=0.32$）。

共渗保持时间＝共渗时间+（15～30）min（中小件透烧和炉气恢复时间），一般不少于 1h。

（3）装炉量控制。装炉量应按照装炉工件的总面积来衡量。表面积越大，需补充更多的渗剂，才能保持较稳定的碳氮势和渗速。装炉量应根据具体工件而定。60kW 井式装炉工件表面积为 6~9m²；90kW 井式装炉工件表面积为 13~20m²。

（4）滴油量控制。滴油量主要取决于炉型和工件表面积。滴油量过大，工件表面积上沉积炭黑，影响共渗质量；滴油量过小，会使活性原子过少，不能满足工件表面吸收扩散的需要，使表面碳含量降低，渗速减慢。

（5）通氨量控制。对于薄壁大面积零件，通氨气量取 40%～50%（体积分数）效果较好，供氨量可根据 $A = M_气 \times 45\%$ 经验公式求得（$M_气$ 为气态煤油的体积）。

案例分析：例如，140kg 脚踏轴共渗，先求出煤油滴量为 105 滴/min，再转换为体积（1mL=24 滴）105 滴/min = 4.375mL/min，煤油气化比为 1：750，求出气态煤油 $M_气$ = 4.375mL/min×750=3281.25mL/min ≈ 3.3L/min。

则 $A = M_气 \times 45\%$ = 3.3L/min×45%=1.5L/min。共渗剂用量如表 2-13 所示。

表 2-13 采用甲醇、煤油、液氨碳氮共渗剂用量

设备型号	赶气保温	碳氮共渗	
	甲醇用量/滴·min^{-1}	煤油用量/滴·min^{-1}	氨气用量/滴·min^{-1}
RJJ-35-9T	100	85	0.08
RJJ-60-9T	120	60	0.10
RJJ-75-9T	160	90	0.17

（6）换气次数控制。换气数是每小时通入炉内的煤油和氨气的气化体积与共渗炉有效容积之比，换气次数越大，通入炉内的渗剂量越大。

（7）排气控制。采用大剂量排气可缩短排气时间。在炉温回升过程中温度较低，如滴入大量煤油会因裂解不充分形成大量炭黑，氨分解的温度较低（600℃裂解率达99%以上），排气效果较好。但通入大量氨，特别是未充分干燥时，则因炉内露点升高使氧化加剧。为此，在炉温回升过程中，采取先通氨（封炉后开始通氨）后滴油（750℃以上滴油），小量滴油（滴油量为共渗阶段的1/2）、中量通氨（通氨量与共渗阶段相同）排气。炉温恢复正常后，延长30min左右使工件烧透，并使炉气恢复正常。炉子到温后取气样分析，使 $\varphi(CO_2)$ 控制在0.3%以下，碳势 $w(C)$ 在1%以上，此后进入正常共渗阶段。

（8）密封。气体渗碳炉风扇轴加双密封环及水冷套或采用水冷油封（锂基脂高温润滑脂），炉盖采用双层密封刀槽（槽内用铬矿粉）或用水冷套真空橡胶密封加螺栓压紧效果较好。炉压控制在294~490MPa之间，废气火苗呈杏黄色，高度为120~150mm。

（9）料罐及吊具。新炉罐及吊具需进行8h以上的"空渗"，或采取大渗剂量的办法，调节炉内碳势，加大渗剂量的办法应考虑料罐和吊具结构的表面积。60kW气体渗碳炉吊具表面占工件表面积的22%~45%，料罐与吊具共占工件表面积的50%~100%；90kW气体渗碳炉吊具占工件表面积的35%~46%，料罐与吊具共占工件表面积的50%~90%。

案例分析：煤油+氨气三段碳氮共渗工艺

风冷柴油机气门旋转装置中的座体碳氮共渗淬火工艺如图2-14所示。

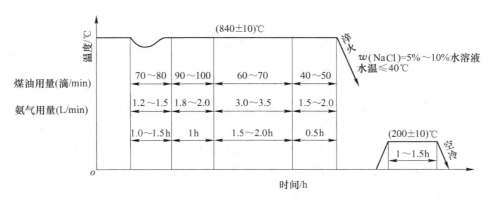

图 2-14 座体快速碳氮共渗工艺（设备 RJJ-75-9T）

工件共渗后渗层深度为0.4~0.6mm，表面硬度为55~60HRC，心部硬度为19~24HRC。表面无炭黑和氧化脱碳，金相组织中无黑色组织存在。

三、碳氮共渗常见缺陷及其防治方法

（1）黑色组织。黑色组织是指碳氮共渗表层中出现的黑点、黑带和黑网。这种组织将使工件弯曲疲劳强度、接触疲劳强度降低，耐磨性下降。

黑点产生的原因可能是共渗初期氮势过高，渗层中氮含量过大；碳氮共渗时间较长时碳浓度增高，发生氮化物分解及脱氮过程，原子氮变成分子氮而成孔洞，即黑点。

为了防止黑色组织的出现，渗层中氮含量不宜过高，一般 $w(N)$ 超过 0.5% 就易出现点状黑色组织；渗层中氮含量也不宜过低，否则易形成托氏体网。因此氨的加入量要适中，氨气量过高，炉气露点降低，均会促使黑色组织出现。

（2）粗大碳氮化合物。表面碳氮含量过高，碳氮共渗较高时，工件表层也会出现密集的粗大条块状碳氮化合物。共渗温度较低，炉气氮势过高时，工件表层也会出现连续的碳氮化合物。这些缺陷常导致表面剥落或开裂。

防止这类缺陷的措施是严格控制碳势和氮势，特别是共渗初期，必须严格控制氨气的加入量。

第五节　其他常用化学热处理

一、化学热处理工艺及应用

除渗碳、渗氮外，化学热处理还包括渗铝、渗铬、渗钒、渗硅、渗硼、渗硫等。下面简单介绍。

（一）渗铬

目的在于提高各种钢制件的耐磨性、耐蚀性和抗高温氧化能力。

渗后硬度：低碳钢为 200~250HV；高碳钢为 1250~1300HV。

渗层深度：一般为 0.10~0.30mm。

渗层金相组织：低碳钢为 50% 左右铬在铁素体中的固溶体；高碳钢由铬的碳化物组成，例如 Cr_7C_3、$(CrFe)_7C_3$。

渗铬方法：固体、液体、气体渗，还有真空渗等。

固体法：将以下配方研成粒度小于 50 目（约 0.297mm）的粉末，然后装箱进行。

配方 1：（50%~55%）铬铁粉末+（40%~50%）氧化铝+（2%~3%）氯化铵。

配方 2：（60%~65%）铬铁粉末+（30%~35%）耐火土+（3%~4%）氯化铵。

装炉温度为 800~850℃，保温 1~1.5h 后升温到 1000~1050℃，保温 12~15h（视层深要求而定），然后随炉冷却 600~700℃ 出炉空冷即可。

液体法：采用 70% 氯化钡+30% 氯化钠为基盐。将金属铬或铬铁粉末经盐酸处理后放入盐基中，加热到 1000~1050℃ 保温 1.0~1.5h，即开始渗铬，同时应不间断地用惰性气体或还原气体确保盐浴表面不被氧化。

气体法：利用干净铬块+氯化铵+氢气，在 950~1100℃ 通入氯化铜蒸气进行。

渗铬后的处理：在一定载荷下工作并要求一定强度的零件，渗铬后正火处理可细化晶粒，提高基体强度和韧性，淬火和回火处理可根据需要调整基体的性能。

（二）渗硼

渗硼是指将工件放在一定比例的含硼介质中加热。目的在于提高各种钢、铸铁和粉末冶金等材料制作的工件耐磨性。

渗后硬度：$900 \sim 1200HV_{0.1}$ 以上。

金相组织：为致密的单相 Fe_2B。

渗层深度：一般为 $40 \sim 100\mu m$。

渗硼方法：固体、液体、气体和膏剂渗。

固渗法：目前市场上有商品固体渗硼剂供应，并附有详细使用说明。也可按下面配方：$5\%KBF_4$、$0.3\% \sim 0.5\% NH_2CS$（硫脲）、$20\% \sim 30\%$木炭、$62\% \sim 84\%BFe$（硼的质量分数不小于20%，铝和硅的质量分数分别不大于 $3.5\% \sim 4.0\%$）。固渗温度和时间，根据渗硼层深度确定。盐浴渗硼应用较为广泛，其配方为：$（70\% \sim 90\%）Na_2B_4O_7 + （10\% \sim 30\%）SiC$ 或者 $5\%B_4C + 15\%NaBF + 80\%NaCl$ 等。

渗硼温度为 $920 \sim 950℃$，常用钢盐浴渗硼深度与温度及时间的关系见表2-14。

表 2-14 常用钢盐浴渗硼深度与温度及时间的关系

盐浴成分 （质量分数）	渗硼规范	钢材	渗层深度/mm	表面硬度 $HV_{0.1}$
1%B_4C 10%NaBF$_4$ 65%NaCl 15%KCl	920~940℃保温4h	10 号	0.115	—
		45 号	0.115	—
		35CrMo	0.154	—
		32SiMn$_2$MoA	0.100	1201
		37SiMn$_2$MoVA	0.107	1263
		45SiMn$_2$MoVA	0.130	1201
5%B_4C 15%NaBF$_4$ 80%NaCl	920~940℃保温4h	10 号	0.098	1482
		T10	0.042	1402
10%CaSi 10%NaCl 10%Na$_2$SiF$_6$ 70%Na$_2$B$_4$O$_7$	940~960℃保温6h	45 号	0.138	1877
		32SiMn$_2$MoVA	0.135	1765
		37SiMn$_2$MoVA	0.128	1877
		2Cr13	0.036	1098
30%SiC 20%Na$_2$SiF$_6$ 50%Na$_2$B$_4$O$_7$	940~950℃保温6h	纯铁	0.195	1331
		32SiMn$_2$MoVA	0.120	1264
		37SiMn$_2$MoVA	0.115	1266

膏剂渗硼：即将渗硼膏剂涂敷于工件表面需渗硼的部位，干燥后放入盛有惰性填充的箱内，进行加热渗硼。可采用下列配方：$50\%B_4C + 35\%CaF + 15\%Na_2SiF_6$。在 $920 \sim 940℃$，保温4h后出炉。膏剂涂层厚度应为13mm左右，在 $120 \sim 150℃$烘干。

惰性填料以在高温条件下无氧化脱碳为宜，如新铸铁屑、石英粉和炭粉等均可。几种钢的膏剂渗硼温度、时间与层深及硬度的关系如表 2-15 所示。

表 2-15　几种钢的膏剂渗硼温度、时间与层深及硬度的关系

钢　材	工艺规程	渗层深度/mm	表面硬度 $HV_{0.1}$
20SiMn$_2$MoVA		0.0616	1263
32SiMn$_2$MoVA	膏剂成分	0.069	1539
37SiMn$_2$MoVA	（质量分数）：	0.077	1531
45SiMn$_2$MoVA	50%B$_4$C、35%CaF、	0.120	1698
35CrMo	15%Na$_2$SiF$_6$	0.077	1482
2Cr13		0.070	1730
45	920~940℃保温 4h	0.108	1331
20		0.162	1482

渗硼后根据心部硬度要求，直接淬火或缓冷均可。

渗硼在热锻模上的应用，见表 2-16。

表 2-16　渗硼在热锻模上的应用

模具名称	加工的工件	模具材料	模具寿命系数	备注
镦锻机冲头	—	3W4Cr2V	240	未渗硼
镦锻机夹钳模	齿轮坯	38Cr5SiMoV	205	模具的
镦锻机挤压模	轴齿轴坯	38Cr5SiMoV	261	寿命以
热锻模	连杆	3Cr3Mo 模具钢	300	100 计

渗硼与未渗硼滚压模的寿命比较见表 2-17。

表 2-17　渗硼与未渗硼滚压模的寿命比较

模具材料	淬火回火后的硬度	渗硼层深度/mm	渗层硬度 HV	热轧锉刀毛坯件数		
				渗硼	未渗硼	倍数
T8	64HRC	0.11~0.17	1700~1850	22500	350	64.29
5CrNiW	390~430HBW	0.06~0.09	2100~2150	13000	5000	2.6
30CrMnSi	380~400HBW	0.08~0.12	2000~2100	13000	4000	3.25
8Cr3	390~430HBW	0.07~0.10	1950~2000	16000	4200	3.81

（三）渗钒

渗钒是将工件放在产生钒原子的介质中，经一定温度加热和保温，将钒渗入其表面的热处理工艺，如图 2-15 所示。

使用范围：提高各种钢制件的耐磨性和耐蚀性（耐酸、盐腐蚀）。

渗后组织：表面组织为钒在铁素体中的固

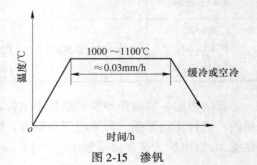

图 2-15　渗钒

溶体，中高碳钢为碳化钒或碳化钒与铁素体的混合物。

渗后硬度：中高碳钢渗钒后，硬度不低于 2000HV。

渗钒方法：目前有盐浴法、粉末法和气体法等。其中盐浴法处理温度较低，使用较为广泛。

盐浴法：所用成分是在熔融的硼砂浴中加入质量分数为 $80\% Na_2B_4O_7$ 及 20% 钒铁的混合物，其中钒的质量分数在 43% 以上，混合物粒度约为 $0.097 \sim 0.150mm$，其加入量以盐浴呈碱性（pH 值为 9）为准。渗钒温度为 $930 \sim 970℃$。

钢件渗钒后，表面由白亮层和过渡区组成。几种钢在 $930 \sim 970℃$ 渗钒后的硬度和白亮层厚度见表 2-18。

表 2-18 $930 \sim 970℃$ 渗钒后的硬度和白亮层厚度

钢 材	硬度 HV	白亮层厚度/mm	渗钒时间/h
Cr12MoV	2700 ~ 2900	15 ~ 16	10
GCr15	2290 ~ 2600	33	10
9SiCr	2290 ~ 2500	24	10
T10	2290 ~ 2400	27	10
45	1850 ~ 2290	7	4

为了使心部获得一定的强度和韧性，渗钒后应空冷正火细化晶粒，然后按正常的强度进行淬火和回火。但高合金钢（如淬火温度在 970℃ 以上的 Cr12MoV 和 W18Cr4V 等）可以在渗钒后，继续升温到其正常淬火温度进行保温及冷却，然后回火。

粉末法：可以采用的渗剂成分（质量分数）为 60% 钒铁+37% 高岭土+3% 的氯化铵。装箱方法与固体渗碳相同。渗钒温度为 $1000 \sim 1100℃$。低碳钢渗钒后，表层为钒在铁素体中的固溶体，中高碳钢渗钒后，表面层为碳化钒或碳化钒与铁素体的混合物。

气体法：通常使用氯化钒及氢气作介质，在专用炉中于 $1000 \sim 1100℃$ 的温度下渗钒。

二、多元共渗化学热处理工艺及其应用

（一）硼铝共渗

（1）目的、工艺特点与相应组织。钢铁和镍基、钴基合金硼铝共渗的主要目的是改善渗层脆性，提高材料表面的耐热性和耐磨性。表 2-19 系常用的硼铝共渗剂及处理工艺，可以看出其渗层组织（由 FeB、Fe_2B、FeAl、Fe_3Al 等组成，并且在硼化物 FeB 和 F_2B 中亦含有铝）随渗剂的成分和配比变化而不同，这是活性硼和铝原子的比例不同所致。在硼铝共渗中，随着温度、时间的增加，钢中碳含量降低，渗层深度增加。

表 2-19 常用的硼铝共渗剂与处理工艺

方法	渗剂成分（质量分数）	工艺		渗层深度/mm			渗层组织或硬度
		温度/℃	时间/h	纯铁	45 钢	T8A 钢	
粉末法	90%（$84\% B_4C + 16\% Na_2B_4O_7$），10%（$97\% Al\text{-}Fe + 3\% NH_4Cl$）	1050	6	0.386	0.356	0.3270	FeB，Fe_2B，Fe_3Al

续表 2-19

方法	渗剂成分（质量分数）	工艺		渗层深度/mm			渗层组织或硬度
		温度/℃	时间/h	纯铁	45 钢	T8A 钢	
粉末法	70%（84%B₄C+16%Na₂B₄O₇），30%（97%Al-Fe+3%NH₄Cl）	1050	6	0.318	0.287	0.262	Fe₂B，FeAl
	50%（84%B₄C+16%Na₂B₄O₇），50%（97%Al-Fe+3%NH₄Cl）	1050	6	0.245	0.227	0.20	FeAl，FeAl
	25%（84%B₄C+16%Na₂B₄O₇），75%（97%Al-Fe+3%NH₄Cl）	1050	6	0.29	0.273	0.244	—
膏剂法	B₄C，KBF₄，SiC，NaF，Al₂O₃，黏结剂	850	5~6	—	—	T10 钢 0.05~0.10	1500~2000HV
	72%B₄C，8%Al，20%Na₃AlF₄，黏结剂	850	6	0.185	0.050	0.065	Fe₂B，α 固溶体，1500~1650HV
电解法	80%Na₂B₄O₇，20%Al₂O₃，电流密度：0.2A/cm²	900	4	0.140	—		FeB，Fe₂B，Fe₃Al
	18%Na₂B₄O₇，27.5%Al₂O₃，54.5%Na₂O·K₂O，电流密度：0.4A/cm²	1000	4	0.055	20 钢 0.060		5%~20%Fe₂B 和 α 相

（2）性能。硼铝共渗后表层的显微硬度能达到 1900~2400HV，脆性有所下降。共渗层的硬度由共渗层组织决定。

硼铝共渗层的硬度、抗剥落性能、抗氧化性、抗热疲劳性的数据表明，硼铝共渗层具有渗硼层和渗铝层的综合性能。硼铝共渗的碳钢在 10% 的氯化钠、苛性钠、盐酸、硝酸、乙酸和磷酸的水溶液中以及其他侵蚀性介质中均有高的抗腐蚀性。

（3）适用范围及应用实例。硼铝共渗主要用于高温下承受磨损和腐蚀的工件，如燃气轮机叶片、发动机喷射器火管、机架及采用镍铬合金、热强钢材料制零件，以防止高温腐蚀等。45 钢齿轮坯和压轮坯的热锻模（5CrMnMo 钢）在工作中受热冲击和冷热疲劳的影响，虽经渗硼处理，但使用寿命仍不高（如表 2-20 所示），其失效形式为工作面变形和磨损。硼铝共渗具有比渗硼更高的抗氧化性和抗冷热疲劳性。在硼砂、氧化铝、硅铁、氟盐组成的熔盐中，经 900℃ 保温 4h 进行硼铝共渗，热锻模使用寿命提高 1 倍左右（如表 2-21 所示）。

表 2-20　渗硼、硼铝共渗的热锻模使用寿命对比　　　　　　　　　（件）

模具名称	渗硼	硼铝共渗
齿轮坯模	518	1064
压轮坯模	382	727

表 2-21　常见的硼铬共渗剂及处理工艺

渗剂成分（质量分数）	温度/℃	时间/h	渗层深度/mm	表面硬度 HV
82%（20%B_4C+10%Al+4%$CaCl_2$+3%NH_4Cl+63%Al_2O_3）+ 15%Cr_2O_3+ReO	950	4	0.200（45 钢） 0.17（T10 钢）	— —
（75%~80%）B_2O_3+（12%~22%）NaF+（3%~8%）Cr_2O_3，电流密度：0.1~0.2A/cm^2	800~1000	1~6	0.080（45 钢）	1900
5%B+63.5%Cr+30%Al_2O_3+1.5%NH_4I	950	4	0.030（4Cr13 钢）	1000

（二）硼铬共渗

（1）主要目的。用于改善渗层脆性，提高渗层的耐蚀性和抗高温氧化性。

（2）工艺特点。表 2-21 是常见的硼铬共渗剂与处理工艺，可见与其他化学热处理工艺一样，硼铬共渗渗层深度随着温度、时间的增加而增加。

（3）性能。硼铬共渗提高了表面硬度，改善了渗层的脆性，提高了共渗层的耐磨性、耐蚀性、抗氧化性等性能（如表 2-22 所示）。

表 2-22　硼铬共渗与渗硼的磨损失重、腐蚀失重、氧化增量的比较

材料	工艺	磨损失重 /mg·cm^{-2}·km^{-1}	磨损失重/mg·cm^{-2}·h^{-1}			磨损失重 /mg·cm^{-2}·h^{-1}
			10%HNO_3	10%H_2SO_4	10%HCl	
T10 钢	渗硼	1.3	75.2	9.8	20.3	3.6
	硼铬共渗	0.7	30.5	4.2	8.5	0.7
45 钢	渗硼	1.8	98.7	11.4	32.1	4.5
	硼铬共渗	1.1	48.5	5.3	16.2	0.8

（三）硼钒共渗

（1）主要目的。硼钒共渗的主要目的是既降低渗硼层引起的脆性，又提高共渗层硬度、耐磨性、耐蚀性和抗高温氧化能力。

（2）工艺特点。硼钒共渗是在硼砂熔盐中进行，不需特殊设备，工艺简单，操作方便，易于推广。将硼砂（$Na_2B_4O_7$·$10H_2O$）置于坩埚中熔融后，加硼铁粉（24%B，0.114~0.165mm）、钒铁粉（42%V，0.114~0.165mm），边加入边搅拌，待炉温达到共渗温度（900~1000℃）后放入零件，在盐浴表面覆盖一层木炭。保温共渗后，将零件取出空冷，煮去残盐。硼矾共渗处理后零件外表面呈深灰色。

（3）相结构与性能。低于 950℃共渗时，渗层主要是（FeV）$_2$B 型化合物，表面硬度为 1800~2250$HV_{0.1}$；而温度超过 950℃时，渗层的相结构则以 V_3B_2 为主，并失去齿状特征，渗层变得平坦并有明显的双层。表面硬度为 2250~2900$HV_{0.1}$。共渗层深度比渗钒层深，且渗层致密，较之渗硼层有更高的硬度、更好的耐磨性和较低的脆性。

（4）应用。盐浴稀土钒硼共渗可得到组织形态与网相似的共渗层，由表及里主要组成相为 VC、（Fe，Cr）$_2$B、Fe_2B 以及少量 FeB。如表 2-23 所示，模具经稀土钒硼共渗，

其使用寿命可提高 3~7 倍，强化效果十分明显。

表 2-23　模具使用寿命比较

模具名称	模具材料	RE-V-B 共渗处理使用寿命	常规热处理使用寿命
M16 冷镦凹模	Cr12MoV 钢	17.8 万件	2.5 万件
M12 六角切边模	Cr12MoV 钢	5.4 万件	1.0 万件
塑料切模具	GCr15 钢	35.2t	9.8t

（四）硼锆共渗

（1）主要目的。用于改善渗硼层脆性，并提高其抗动载能力。

（2）工艺特点。在渗硼剂中添加适量的供锆剂进行硼锆共渗，采用膏剂法在 950℃ 保温 2~10h，获得 0.04~0.10mm 共渗层。

（3）性能。渗硼与硼锆共渗脆性对比如表 2-24 所示，可见共渗明显改善了单一渗硼层的脆性，提高了其抗动载能力。

表 2-24　5CrMnMo 渗硼与硼锆共渗试样三点弯曲声发射、渗层薄片弯曲、冲击试验结果

处理工艺	性能指标				
	开裂点载荷 P_K/N	出现开裂点的位移/mm	弹性变形功 A_e/J	薄片微裂时的挠度/mm	冲击功 A_K/J
950℃ 保温 6h 渗硼	1240	0.140	0.09	2.25	10.2
950℃ 保温 6h 共渗	12140	1.000	0.07	8.04	19.1

（五）硼钛共渗

（1）电解法。工艺为 950~1050℃ 加热、保温 3~4h，可获得 130μm 的共渗层深度。电解熔盐组成（质量分数）为：（90%~95%）$Na_2B_4O_7$ +（5%~10%）TiO_2，电流密度为 0.2~0.4A/cm²。

（2）固体粉末法。常用以碳化硼和钛铁（纯钛）为基的粉末介质。例如采用基本组分为碳化硼、钛铁（47%Ti）、硼砂、氧化铝、氯化铵和氯化钠的介质，见表 2-25。

表 2-25　固体硼钛共渗渗剂的成分（质量分数）　　　　（%）

B_4C	$Na_2B_4O_7$	NaCl	NH_4Cl	Al_2O_3	钛铁
77.4	14.75	1.39	1.16	1.55	3.75
73.6	14.0	1.3	1.1	2.5	7.5
61.3	11.685	1.1	0.915	6.25	18.75
40.9	7.75	0.74	0.61	12.5	37.5
20.45	3.875	0.37	0.305	18.75	56.25
8.175	1.557	0.146	0.122	22.5	67.5
4.09	0.775	0.074	0.061	23.75	71.25

随着共渗介质中钛铁的增大，渗层深度和显微硬度下降。在 65% 钛铁的介质中进行

共渗时，所得到的渗层深度和显微硬度最小。

（3）性能。具有较高的耐磨性。

（4）应用。在旋转拉丝机加热元件的喷嘴上进行渗 B、B-Cr、B-Al 和 B-Ti 共渗等各种渗层的对比试验，其结果表明 B-Ti 共渗层的耐磨性最高。

（六）铝铬共渗

（1）目的。铝铬共渗主要用于提高碳钢、耐热钢、耐热合金与难熔金属及合金的抗高温氧化性能、抗热腐蚀性能以及抗热疲劳性能、疲劳强度等性能，即为了获得比渗铬层或渗铝层更高的耐热性和抗腐蚀性的扩散层。

（2）渗剂、工艺参数与工艺方法。表 2-26 为常见铝铬共渗剂和工艺参数。其工艺方法较多，其中应用最多的是粉末法。采用粉末法进行铝铬共渗时，渗剂中一般含铬粉、铝粉、氧化铝和氯化铵等，也可用铝铁和铬铁合金粉代替铝粉和铬粉。增加渗剂中的铝铁合金粉量时，渗层中的铝含量亦增加。

表 2-26　铝铬共渗渗剂和工艺参数

材料	共渗剂成分（质量分数）	处理工艺		渗层厚度/mm	表面合金含量		备注
		温度/℃	时间/h		$w(Cr)$/%	$w(Al)$/%	
10 钢	48.5%Cr-Fe+50%Al-Fe 粉+1.5%NH$_4$Cl	1025	10	0.37	10	22	—
	78.8%Cr-Fe+19.7%Al-Fe 粉+1.5%NH$_4$Cl	1025	10	0.23	42	—	—
Cr18Ni10Ti	49.25%Cr-Fe+49.25%Al-Fe 粉+1.5%NH$_4$Cl	1025	10	0.22	15	25	—
	78.8%Cr-Fe+19.7%Al-Fe 粉+1.5%NH$_4$Cl	1025	10	0.18	33	15	—
镍基合金	经活化的 Cr-Al 渗剂	975	15	0.035	4	26	法国 CALMICHE Cr-Al 共渗法
	经活化的 Cr-Al 渗剂	1080	8	0.070			
钴基合金	经活化的 Cr-Al 渗剂	1080	20	0.060	18	7	
Cr16Ni36WTi3	49.5%Cr-Fe+49.5%Al-Fe 粉+1%NH$_4$Cl	1050	8	0.12~0.16	—	—	—
CR16Ni25Mo6	49.5%Cr-Fe+49.5%Al-Fe 粉+1%NH$_4$Cl	1050	8	0.27~0.35	—	—	—
M1 钢	49.5%Cr-Fe+49.5%Al-Fe 粉+1%NH$_4$Cl	800	2~6	—	60	30	—

（3）性能。铝铬共渗可获得比单一渗铝或渗铬更加优良的性能。铝铬共渗的氧化失重比未共渗时小近一个数量级，如表 2-27 所示。

表 2-27　部分合金铝铬共渗层的抗高温氧化试验结果

合金类型	试验条件		失重/mg·cm^{-2}	
	温度/℃	时间/h	铝铬共渗	未共渗
镍基合金	1093	100	1.4	40.0
	1093	100	1.5	10.0
钴基合金	1093	100	8.5	65.0
镍基合金	1205	100	8.0	30h 后已氧化成粉粒状
	1205	100	5.0	50h 后已氧化成粉粒状
钴基合金	1205	100	14.0（起皮）	20h 后已氧化成粉粒状

（4）应用。铝铬共渗可应用于汽轮机叶片、喷射器、火管、燃烧室。可用碳钢或低合金钢经铝铬共渗代替高合金钢制作一些抗高温氧化和热疲劳的零件，以降低成本。铝铬共渗还可提高钛合金、铜合金的热稳定性、耐蚀性和耐磨性，如钛合金的涡轮空气压缩机、泵的叶片；铜合金的等离子电弧焊和空气等离子切割用喷嘴、风喷、点焊电极、连续浇铸的结晶器等。

（七）铝硅共渗

（1）主要目的。用于提高金属及其合金的耐热性。铝硅共渗后耐热性比单一渗铝进一步提高。

（2）膏剂铝硅共渗剂成分、制作及涂覆流程。共渗剂成分：（60%～70%）铝铁合金+（28%～38%）硅+（1%～2%）氯化铵（质量分数）。其膏剂制作及涂覆流程为：清除零件表面油污和其他污物及锈迹；将渗剂与黏结剂混合均匀后调成悬浮液状后刷涂于零件表面（厚度约 3mm）；在 150℃ 下烘干 3～10min；零件表面包裹约 4mm 厚度的耐火泥进行密封；在 150℃ 预热 10～15min（如表面有裂纹需重新封补）。

（3）膏剂铝硅共渗工艺。在电阻炉中于 950℃ 加热、保温 2h，然后清除零件表面耐火泥，再重新加热至 1050℃、保温 1h 后在水中淬火冷却。共渗层深度达 115μm。

（4）应用。用于提高由镍铬合金、奥氏体类和铁素体类耐热钢制的燃气轮机零件、火管、炉用构件等的耐热性，以及防止钛、难熔金属及其合金被高温气体腐蚀。例如，可用来提高航空发动机涡轮叶片的使用寿命等。在许多场合下，铝硅共渗使得用碳钢和低合金钢代替高合金耐热钢成为可能，并在提高铜和铜基合金的热稳定性和耐磨性方面是很有效的。

 思考题

2-1　简述渗碳的目的、意义及分类。

2-2　简述渗碳缺陷及控制措施。

2-3　简述渗碳后组织性能。

2-4　简述渗氮过程。

2-5　简述常用渗氮方式。

2-6　什么是碳氮共渗？

2-7　钢的其他热处理工艺有哪些？

第三章 钢的特种热处理

案例导入： 20 世纪 80 年代，机翼主梁疲劳裂纹故障导致 3000 架飞机停飞。采用改进的热处理工艺后，疲劳寿命由原 4650 飞行小时提高到 23651 飞行小时，排除了飞机故障；法国保证某直升机在 10^{-6} 风险率下的安全寿命为 185h，结果在服役中旋翼桨毂接头产生疲劳裂纹，造成海航使用的该机型全部停飞。后来经过改进热处理工艺之后，安全寿命提高到 1085h，并排除了飞机故障。某先进战机设计寿命为 3000 飞行小时。但是，从研制到服役的 25 年间起落架从未达到寿命要求，多则数百小时，最短不足 80 飞行小时。建立以表面改性为核心的抗疲劳制造技术体系后，疲劳寿命一举达到 5000 飞行小时仍未失效，增加载荷 30%继续试验至 6000 飞行小时仍未失效，达到并超过了美国 F-15、F-16 战机起落架 5000 飞行小时世界最高规定寿命。而且，自 1991 年开始服役至今从未出现一次故障。

钢的特种热处理是指除钢的普通热处理（正火、退火、淬火、回火）和化学热处理之外的其他热处理方法，包括钢的表面热处理、钢的真空热处理、钢的形变热处理、可控气氛热处理以及其他热处理等，均属于比较先进的热处理技术。本章重点介绍钢的表面热处理、真空热处理和形变热处理。

第一节 钢的表面热处理

许多在动载荷及摩擦条件下工作的零件，如齿轮、凸轮轴、曲轴、主轴及机床床身导轨等，它们的表面或轴颈部分应具有高的硬度和耐磨性，而心部则应具有高的强度和韧性。要满足这种要求，只从选材上考虑是很困难的。如果采用高碳钢，心部韧性就不能满足使用要求；如果采用低碳钢，则表面硬度低而不耐磨。为此，工业上常常对零件进行表面热处理。

表面热处理是通过改变工件表层组织以改变表面性能的热处理工艺，主要有表面淬火和渗碳、渗氮等化学热处理。表面淬火是不改变工件表层化学成分，只改变表层组织和性能的热处理工艺；化学热处理是既改变工件表层化学成分又改变表层组织和性能的热处理工艺。化学热处理已在第二章中做过详细介绍，本章不再赘述。

一、表面淬火

钢的表面淬火是通过快速加热方法，使表面奥氏体化并立即快冷获得马氏体，以提高钢的表面硬度的一种特殊淬火工艺。目的是使工件获得表硬心韧的性能，主要用于要求表面有高的强度、硬度和耐磨性，而心部应具有足够的强度、塑性和韧性的零件，如齿轮、曲轴、凸轮轴等。根据热源方式的不同，表面淬火主要有：感应加热表面淬火、火焰加热表面淬火、电接触加热表面淬火等。

（一）感应加热表面淬火

感应加热表面淬火是利用感应电流通过工件所产生的热量，使工件表面加热，然后快速冷却的淬火工艺。

1. 感应加热表面淬火的基本原理

图 3-1 为感应加热表面淬火装置。将工件放入铜管制成的感应器线圈中，当一定频率的交流电通入感应器时，感应器周围产生交变磁场，使工件中产生同频率的感应电流，此电流在工件内自成回路，故称为"涡流"。由于"集肤效应"，"涡流"在工件截面上分布不均匀，表面密度大，心部密度小，使工件表面层迅速被加热到淬火温度，而心部温度仍接近于室温，在随即喷水快冷后，工件表面层得到马氏体组织。

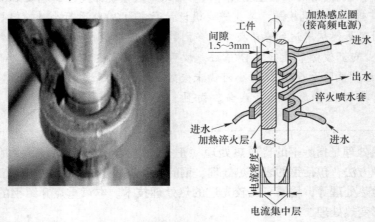

图 3-1　感应加热淬火装置示意图

2. 感应加热表面淬火的特点

与普通淬火相比，生产率高：感应加热表面淬火的加热速度极快（一般仅需几秒~几十秒）；工件性能高：加热温度高（高频感应淬火为 A_{c3} 以上 100~200℃），奥氏体晶粒均匀细小，淬火后表面层得到细小马氏体，硬度比普通淬火高 2~3HRC，且脆性较低，而心部仍保持原来的退火、正火或调质组织，塑性、韧性较好，工件表面层的残余压应力使疲劳强度提高；工件表面层不易氧化和脱碳，变形小；淬硬层深度易控制，易实现机械化和自动化。但感应加热设备昂贵，维修、调整比较困难，形状复杂的工件不易制造感应器，且不适于单件生产。

3. 感应加热表面淬火的分类与应用

感应电流的大小与通入的交流电频率有关，频率越高表层感应电流越大，且表层越薄。按交流电频率，感应加热表面淬火有以下三种：

（1）高频感应加热表面淬火。电流频率为 100~500kHz，淬硬层深度为 0.5~2mm，用于淬硬层较薄的中、小模数齿轮和中、小尺寸的轴类零件等。

（2）中频感应加热表面淬火。电流频率为 500~10000Hz，淬硬层深度为 2~10mm。适用于大、中模数齿轮和较大直径轴类零件等。

（3）工频感应加热表面淬火。电流频率为 50Hz，淬硬层深度为 10~20mm。适用于大直径轧辊、火车车轮等零件的表面淬火和穿透加热。

按加热面积分，可分为一次加热法和扫描淬火法。

（1）一次加热法。一次加热法或称同时加热方式，是感应淬火的最常用方式。当此法采用两根矩形管包围工件表面作旋转加热时，习惯上称为一发法。

一次加热法的优点是将工件需要加热的全部表面积一次完成，因此其操作简单，生产率高。它适用于加热面积不太大的工件，对加热面积特别大的工件采用一次加热法，需要相当大的电源功率，投资费用较高。一次加热法最常见的例子是中小模数齿轮、CVJ 钟形壳杆部、内滚道、托带轮、支重轮、钢板弹簧销子、拨叉、气门端头、气门摇臂圆弧部等。

（2）扫描淬火法。当工件加热面积较大、电源功率较小时，常采用扫描淬火法。此时，计算加热面积是指感应圈所包容的区域。相同功率密度，所需电源功率较小，设备投资费用低，适用于小批量生产。典型例子为大直径活塞杆、瓦楞辊、轧辊输油管、抽油杆、钢轨、机床导轨等扫描淬火。图 3-2 所示为一种大直径轴扫描淬火机床，工件直径为 750mm、长度 $L=10\text{m}$，电源 $f=60\text{Hz}$，功率为 1500kW，硬化层深度为 75mm，淬火槽与游泳池相似。

图 3-2　大直径轴扫描淬火机床（Ajax Tocco 公司）

（3）扫描与一次加热两种工艺相结合的淬火法。对于凸轮轴，当凸轮宽度与轴颈宽度相差甚大时，一般采用双工位法，两种感应器各加热凸轮与轴颈。但也有一种方法，即采用宽度与凸轮宽度相适合的感应器，除一次加热法加热凸轮外，又可用扫描法进行轴颈的淬火。一次淬火与扫描合用的感应器如图 3-3 所示，感应器有两个淬火液进水管头。

（4）分段一次加热淬火法。典型的例子是凸轮轴的多个凸轮，每次加热一个或多个凸轮；淬火后，又加热另一部分凸轮。齿轮逐齿一次淬火也可以列入这一类。

（5）分段扫描淬火。典型例子是气门摇臂轴或变速叉轴，一根轴上的多个部位进行扫描淬火，其淬火宽度可以是不同的。逐齿扫描淬火也可以列入这一类。

（6）液体中加热淬火（埋液淬火）。在液体中加热淬火，即感应器与工件的加热表面均浸在淬火冷却介质中进行加热。由于加热表面得到的功率密度大于周围淬火冷却介质的冷却速度，因此表面很快升温；当感应器断电后，由于工件心部吸热及淬火冷却介质的冷却，工件表面得到淬火。这种方法一般适用于要求临界冷却速度较小的钢材制的工件。工件自冷淬

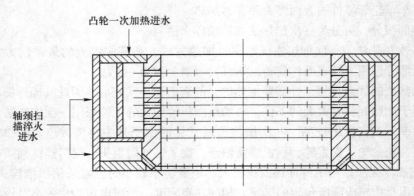

图 3-3　一次淬火与扫描合用的感应器

火，则是工件置在空气中，感应器断电后，由工件心部吸收表面的热量，当加热表面的冷速大于临界冷速时，得到淬硬，与液体中淬火的情况相似。

4. 感应淬火常用的淬火冷却介质

感应淬火最常用的淬火冷却介质是水，一般适用于碳的质量分数低于 0.47% 的碳钢，以及碳含量较高，但低 Mn、低合金元素 Cr、Cu、Ni 的低淬透性钢。

对含一定量 Cr、Ni、Mn 等元素的低合金钢，由于这些钢材要求淬火临界冷却速度较低，因此，可选用冷却速度较低的淬火冷却介质，如油或以聚合物作添加剂的淬火冷却介质。图 3-4 所示为常用感应淬火冷却介质的冷却性能，其中，试验用钢柱直径为 254mm，淬火冷却介质流速为 0.5m/s。

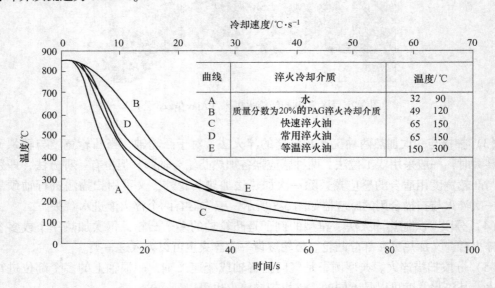

曲线	淬火冷却介质	温度/℃	
A	水	32	90
B	质量分数为20%的PAG淬火冷却介质	49	120
C	快速淬火油	65	150
D	常用淬火油	65	150
E	等温淬火油	150	300

图 3-4　常用感应淬火冷却介质的冷却性能

（1）感应淬火喷液时的冷却能力。由于感应淬火所用的冷却水常是喷液，喷液冷却与静止水或搅动水的淬冷烈度相差很大。表 3-1 列出了不同水温在不同喷射压力下的 600℃ 及 250℃ 区段的冷却速度。

表 3-1 液体在各种温度区域的冷却能力（喷射冷却）

序号	介质特性	冷却速度/℃·s⁻¹ 250℃区	冷却速度/℃·s⁻¹ 600℃区	备注	序号	介质特性	冷却速度/℃·s⁻¹ 250℃区	冷却速度/℃·s⁻¹ 600℃区	备注
1	水 15℃ $p=0.7$MPa	2270	1400	马氏体区域高冷却能力的介质	7	水 20℃ $p=0.4$MPa	410	1110	马氏体区域低冷却能力的介质
2	水 15℃ $p=0.5$MPa	2030	1600		8	水 30℃ $p=0.4$MPa	330	890	
3	水 15℃ $p=0.4$MPa	1900	1450		9	0.3%PVA 15℃ $p=0.4$MPa	320	900	
4	水 15℃ $p=0.3$MPa	1750	1270		10	水 40℃ $p=0.4$MPa	270	650	
5	水 15℃ $p=0.2$MPa	860	610		11	水 60℃ $p=0.4$MPa	210	510	
6	水 15℃ 浸淬	560	180		12	油浸淬	10	65	

（2）聚合物淬火冷却介质。近年来，感应淬火工艺上广泛应用以聚合物作添加剂的淬火冷却介质，其主要作用是减少淬火应力，防止淬裂与变形。20 世纪 50 年代广泛应用的乳化液淬火冷却介质被淘汰了，新型聚合物淬火冷却介质可以代替从油到盐水很广阔的淬火冷却介质范围。由于淬火冷却介质中含有防锈剂，因此除具防火的优点外，还能防锈；但是，聚合物淬火冷却介质价格较高，在使用与管理上有较严格的要求。

不同含量的聚合物淬火冷却介质具有不同的 300℃温度段的冷却速度，而 300℃温度段的冷却速度对淬火应力关系最大。一种优良的淬火冷却介质，最好是在 600℃温度段冷却快，而在 300℃温度段冷却慢。

为保证零件心部有良好的强韧性，并使淬火表面获得均匀的高硬度和耐磨性，通常表面淬火前进行正火或调质。为降低淬火应力和脆性，感应加热表面淬火后需要进行低温回火，但回火温度比普通低温回火温度稍低。生产中有时采用自回火法，即当工件淬火冷至 200℃左右时，停止喷水，利用工件中的余热达到回火的目的。

（二）火焰加热表面淬火

火焰加热表面淬火是利用氧-乙炔火焰（最高温度达 3000℃）或其他可燃气火焰使工件表层快速加热，随后喷水快速冷却的表面淬火方法，如图 3-5 所示。

火焰加热表面淬火的淬硬层深度一般为 2~6mm。若淬硬层过深，往往使工件表面严重过热，产生变形与裂纹。

火焰加热表面淬火操作简便，设备简单，成本低，灵活性大。但生产率低，加热温度不易控制，工件表面易过热，质量不稳定。适用于中碳钢及中碳合金钢，单件小批生产的大型工件和需要局部淬火的工具或零件，如大型齿轮、车轮、大轴轴颈、轨道等。

图 3-5 表面火焰淬火

（三）电接触加热表面淬火

电接触加热表面淬火，如图3-6所示，其原理是用滚轮电极与工件表面接触并通入低压（2～5V）大电流（400～750A）的交流电，电极与工件接触处被电阻热迅速加热到淬火温度，随着电极以一定的速度在工件表面移动，被加热的表面靠工件本身的导热而快速冷却实现淬火。

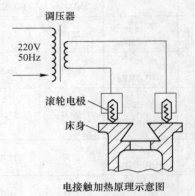

电接触加热原理示意图

图3-6　电接触加热原理图

此方法的优点是设备简单，操作方便，易于自动化，工件变形极小，不需要回火，能显著提高工件的耐磨性和抗擦伤能力。但淬硬层较薄（0.15～0.35mm），显微组织和硬度均匀性较差，主要用于铸铁做的机床导轨的表面淬火，应用范围不广。

二、表面淬火与常规淬火的区别

（1）适合表面淬火的金属有中碳调质钢和球墨铸铁，如表3-2所示。

表 3-2　表面淬火常用钢及铸铁牌号

类　别	钢　号	应　用
碳素钢	35，40，45，50	小模数、轻载齿轮及轴类零件
合金结构钢	40Cr，45MnB	中等模数、轻载齿轮和高强度传动轴
	30CrMo，42CrMo，42SiMn	模数较大、负载较大的齿轮与轴类
	5CrMnMo，5CrNiMo	负荷大的零件
铸铁	灰口铸铁	机床导轨、气缸套
	球墨铸铁，合金球墨铸铁	曲轴、机床主轴、凸轮轴

（2）加热速度越快，奥氏体晶粒越细、硬度越高，如图3-7、图3-8所示。

（3）提高加热速度将使A_{c3}与A_{ccm}线上移，可以防止过热。快速加热使奥氏体成分不均匀，易形成贫碳的奥氏体，合金元素也难实现成分均匀化，如图3-9所示。

（4）不均匀的奥氏体在冷却过程中对过冷奥氏体转变及转变产物产生很大影响。

1）奥氏体中未溶碳化物和高碳偏聚区的存在将促进过冷奥氏体分解，使奥氏体转变孕育期缩短，C曲线向左移动，如图3-10所示。

2）亚共析钢中原铁素体领域形成低碳奥氏体，原珠光体领域形成高碳奥氏体。两种奥氏体在淬火后分别得到低碳马氏体及高碳马氏体，如图3-11所示。

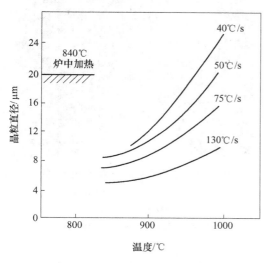

图 3-7 不同加热速度对 40 钢
奥氏体晶粒大小的影响

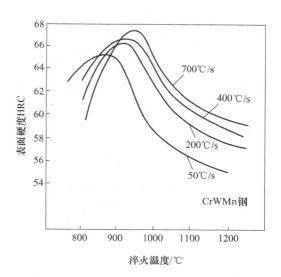

图 3-8 不同加热温度下硬度
与淬火温度关系

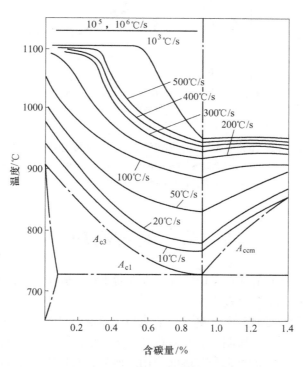

图 3-9 钢的非平衡加热状态图

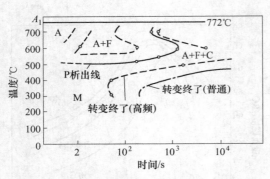

图 3-10　铬钼钢高频加热与炉中加热
奥氏体等温转变曲线比较

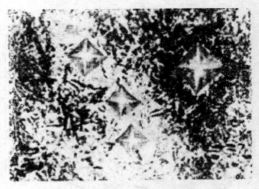

图 3-11　45 钢高频淬火后距表面处的
不均匀马氏体组织（×1000）
白区—高碳马氏体（M、C）；
黑区—低碳回火马氏体（M、S）

（5）快速加热淬火后的回火温度一般应比普通回火温度略低，如图 3-12 所示为高频淬火与炉中加热淬火后回火温度与硬度的关系。

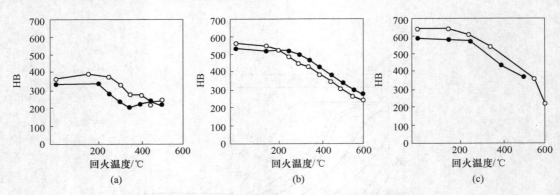

图 3-12　高频淬火与炉中加热淬火后回火温度与硬度的关系
（a）低碳钢；（b）中碳钢；（c）高碳钢
—●—快速淬火；—○—炉中加热淬火

第二节　真空热处理

所谓真空热处理是工件在 $10^{-1} \sim 10^{-2}$Pa 真空介质中加热到所需要的温度，然后在不同介质中以不同冷却速度冷却的热处理方法。

真空热处理被当代热处理界称为高效、节能和无污染的清洁热处理。真空热处理的零件具有无氧化，无脱碳、脱气、脱脂，表面质量好，变形小，综合力学性能高，可靠性好等一系列优点，受到国内外广泛的重视和普遍的应用。例如，机床零件中的 60%～70%，汽车零件中的 70%～80%，工具、模具和精密零件的几乎 100%需要热处理，而真空热处理是首选的工艺技术。因此，真空热处理普及程度被作为衡量一个国家热处理技术水平的重要标志。

一、真空热处理的特点

真空热处理有两个显著特点：一是空载时炉子的升温速度快，二是工件的加热速度慢。比如，在真空炉中加热至880℃需要2.5h，加热至1000℃需要3.5h，而盐浴加热从300℃升至1000℃，仅需25min，如图3-13所示。

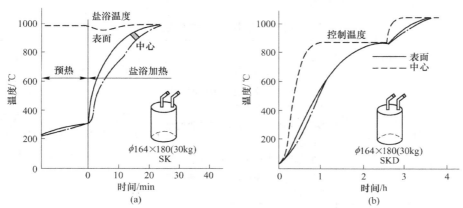

图3-13　在盐浴和真空中加热时零件的升温情况
(a) 盐浴加热；(b) 真空加热

可见在盐浴中加热工件，因供热能力强，表里温差大，薄壁部分升温速度更高，温度不均匀是必然。真空加热，尤其是升温和有预热的条件下，工件升温缓慢。再加上真空炉加热室的隔热效果好，加热器布置合理，空间温度场均匀，从而使工件表里和不同部位的温差小得多，这是真空热处理后的产品内应力低、变形小的重要原因。

真空热处理还有一个特点就是金属表面元素的蒸发。钢铁中常用元素如 Mn、Ni、Co、Cr 等，以及作为有色金属的 Zn、Pb 和 Cu 等元素，其蒸汽压较高，在真空加热时很容易产生真空蒸发而造成工件（或与工装）间相互粘连。比如在真空处理高铬冷作模具钢或铬不锈钢后，产生零件与零件之间，或零件与料筐（工装）之间的相互黏结，表面呈橘皮状，十分粗糙，同时抗腐蚀性能明显降低。但是因为蒸汽压与加热温度有一定的对应关系，只要真空度选择适宜，是可以防止合金元素的蒸发的。除此之外，在真空加热时，可考虑金属材料的种类，采用一定温度下通入高纯度的惰性气体（即反向充气如高纯氮气、高纯氩气等）来调节炉内的真空度，以低真空度加热的方法来防止工件表面合金元素的蒸发，这个措施对高速工具钢、高合金钢等工件比较有效。

真空热处理时，工件基本不氧化、不脱碳，可保持零件表面光亮的热处理效果；同时，还可使零件脱脂、脱气，无环境污染，且便于自动控制；采用通气对流加热方式还可使加热均匀，减少表面和心部的温差，从而也减少畸变。目前它已成为优质工模具不可或缺和首选的热处理工艺。

二、真空热处理工艺参数的确定

(一) 金属加热工艺参数的确定

(1) 金属在真空中的加热速度和加热时间的确定。工件在真空炉中的加热速度受到诸多方面因素的影响，除了工件的材质、尺寸、形状以及表面光洁度外，还与加热温度、加热方式、装炉量、装炉方式以及料筐形状等有关。因此在制定工件热处理工艺规范时，必须通盘考虑其加热速度，目的是实现加热速度的可控与满足工件的加热要求。

需要注意的是工件的加热时间，要包括真空加热滞后时间和组织均匀化的时间，要进行系列的工艺试验来确定正确的工艺时间。其常用的方法包括实测法、模拟法和经验法，其中经验法是比较切合实际的。三种测量方法的比较参见表 3-3。

表 3-3　测定加热时间的几种方法比较

类别	实测法	模 拟 法		经验法
		条件模拟法	数字模拟法	
测定方式	将热电偶装在工件上，三者同时进行加热，可以比较真实准确显示真空加热的滞后时间	实际测定几种具有代表性的工件厚度，加热温度，装炉量与装炉方式等加热曲线，测量出相应的加热滞后时间。 在随后的生产中，根据以上选用条件相近的实测加热时间，确定加热滞后时间	计算出工件在真空炉加热过程中各种场合信息，预测出工件加热滞后时间	在空气炉中加热时间的基础上延长50%~70%
适宜的炉型	室温下装、出炉的单室真空炉			各种真空炉型
适用工艺	真空退火、真空回火、真空正压气淬等工艺			各种真空热处理工艺
特点			利用计算机技术与有限元方法，成为合理制定和优化工艺参数的重要工具	

在实际生产过程中，影响工件真空加热的因素较多，而影响加热速度的因素变数较大，因此要准确的计算出加热时间是比较困难的，由于真空加热以辐射加热为主，一般认为真空加热时间为盐浴炉的 6 倍，空气炉的 2 倍。通常的保温时间 $\tau = KB + T$，其中 K 为保温时间系数，B 为工件有效厚度，T 为时间裕量，几种常见的真空淬火保温时间中的 K、T 值的加热时间的经验数据见表 3-4。

表 3-4　真空淬火加热保温时间的 K、T 值

材　质	淬火保温时间计算		备　注
	保温时间系数 K/mm	时间裕量 T/mm	
碳素钢	1.6	0	560℃预热一次
碳素工具钢	1.9	5~10	560℃预热一次
合金工具钢	2.0	10~20	560℃预热一次
高合金钢（模具钢）	0.48	20~40	800℃预热一次
高速钢	0.33	15~25	850℃预热一次

也可采用如下的加热时间经验公式：

$$t = \alpha D \qquad (3-1)$$

式中，t 为加热时间，min；α 为加热系数，min/mm，取值参见表3-5执行；D 为工件的有效厚度。

表 3-5　不同材质的工件真空淬火加热系数

材　　质	加 热 系 数		
	预热系数	不预热，炉子到温后计算 时间的加热系数	高温装炉的双室或连续式 真空热处理炉加热系数
碳钢及合金结构钢	—	1.3~1.6	1.1~1.5
	1.8~2.3	0.7~1.1	—
高合金钢及高速钢	一次预热 1.8~2.3 二次预热 0.8~1.3	0.45~0.7	—

（2）金属在真空中的加热温度和真空度的确定。需要注意的是，金属在真空中加热时，对炉内真空度的确定范围是非常重要的，考虑到高温下的真空度越高则越容易造成表面元素的蒸发，将影响工件的表面质量与性能，为防止工件表面合金元素的蒸发，应合理选用真空度，合金钢模具在真空加热时，其真空度与加热温度的关系见表3-6。

表 3-6　加热温度与真空度的关系

加热温度/℃	≤900	1000~1100	1100~1300
真空度/Pa	≥0.1	13.3~1.3	13.3~666.0

（3）淬火加热与预热温度的确定。高合金钢等真空热处理的一般加热温度为 1000~1200℃时，在 800℃左右进行一次预热；加热温度 ≥1200℃，形状简单的在 850℃进行一次预热；较大或形状复杂工件则在 500~600℃和 850℃左右进行两次预热，有的高速钢产品则 850℃和 1050℃各预热一次，同时在 1050℃进行分压处理。

（二）金属在真空淬火时的冷却

进行真空淬火的工件需要根据其形状、尺寸、技术要求和材质等确定冷却工艺，首先要了解该钢种在连续冷却条件下的过冷奥氏体分解曲线，然后根据其要求的冷却速度来选择合适的冷却方式，同时要考虑装炉方式等，目的是确保工件的均匀加热与冷却。目前的真空淬火的主要冷却方式有油冷与气冷等。

（1）真空油冷。选择真空油淬，是基于真空淬火油的特点：饱和气压低；不污染真空系统；临界压强低。因此在真空下真空油仍有一定的冷却速度；化学稳定性好，使用寿命长；杂质与残碳少；酸值低，淬火后表面光亮。

我国 1979 年研制成功的 ZZ-1、ZZ-2 真空油具有冷却能力高、饱和气压低和热稳定性良好、对工件无腐蚀及质量稳定等特点，适用于轴承钢、工模具钢、航空结构钢等的真空淬火。

（2）真空气冷。真空气淬的冷却速度与气体种类、气体压力、流速、炉子结构以及装炉方式等有直接的联系，目前在真空淬火中使用的冷却气体包括氩气、氮气、氢气与氮气等，其在 100℃ 温度下的某些物理特性如表 3-7 所示。

表 3-7　各种真空淬火冷却气体的物理特性（100℃时）

气体	密度/kg·m^{-3}	普朗特数	黏度系数/Pa·s	热导率/W·m^{-1}·K^{-1}
N$_2$	0.887	0.70	2.15×10^{-5}	0.0313
Ar	1.305	0.69	27.64	0.0206
He	0.172	0.72	22.1	0.166
H$_2$	0.0636	0.69	10.48	0.220

在任何压强下，氢气具有最大的热传导能力及最大的冷却速度，其多用于采用石墨元件加热的真空炉。冷却速度仅次于氢的为惰性气体氦气，该气体的制备成本太高，故仅用于极其特殊的场合。氩气的冷却能力比空气低，其在大气中体积分数为 0.93%，液化制造成本较高。

氮气是最廉价的，其资源丰富，成本低，在略低于大气压下可进行强制循环，冷却速度可上升约 20 倍，是一种使用安全、冶金损害小的中性气体。在 200~1200℃ 的温度范围内，对常用材料氮呈惰性状态，在某些特殊条件下，如对易吸气的且与气体反应的铁、锆及其合金，镍基合金，高强钢，不锈钢等则呈一定的活性，故应特别注意。

氮气中含氧（0.001%以上）可使高温下的钢轻微氧化、脱碳，故在真空淬火中使用的氮气纯度在 99.999% 以上，鉴于其价格较高，在无特殊要求的前提下，可采用 99.9% 的普通氮气，这对产品表面无明显损坏。

（3）真空水冷。根据要求，有色金属、耐热合金、钛合金及碳钢为了获得要求的力学性能等，需要在加热后于水中急冷。

（4）真空硝盐淬冷。采用硝盐进行等温或分级淬火，可减少工模具零件的畸变与开裂等，同时可防止高强度结构钢的脱碳，并可提高使用寿命。常用硝盐的成分为 50%NaNO$_2$ + 50%KNO$_3$、45%NaNO$_2$+55%KNO$_3$ 等，在大气压下于 137~145℃ 熔化，由于其没有发生物态变化，它的冷却能力主要与自身温度有密切的关系。需要注意的是，在大气中硝盐浴可使用到 550℃，而在真空下它将迅速蒸发，硝盐浴的温度越高，其饱和蒸汽压越高，蒸发越激烈，如在 133Pa 时和 320℃ 下的蒸发量为 4.673mg/(cm^2·h)，NaNO$_2$ 在 320℃ 开始分解，KNO$_3$ 在 550℃ 以上急剧分解，在 600℃ 左右发生剧烈爆炸。

图 3-14 为超高压气冷、油冷与盐浴冷却的时间比较，静止的硝盐浴总的冷却能力与油接近，因此为了提高尺寸大、淬透性差的低合金钢工件的淬透能力，真空淬火的加热温度一般比常规工艺高一些，在 M_s ~ (M_s+30℃) 等温冷却，可以获得具有满意的强度和韧性的组织，在盐浴中的冷却时间与常规工艺是一致的。

三、真空退火

真空退火是在工业上应用最早的真空热处理工艺之一，对于金属材料进行真空退火除了要达到改变晶体结构、细化组织、消除应力、软化材料等工艺目的外，还可发挥真空加热下防止金属氧化脱碳、除气除脂、使氧化物蒸发，提高表面光亮度和力学性能的作用。

在超高真空度中加热，成为使难熔金属表面氧化物产生蒸发、除气及提高塑性的有效

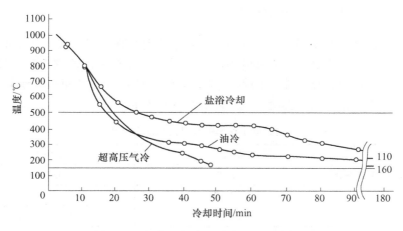

图 3-14　超高压气冷和油冷、盐浴冷却的比较

方法，通常将真空退火在工业上的应用归纳为以下几类：活性与难熔金属的退火与除气；电工钢及电磁合金、不锈钢及耐热合金、铜及其合金及钢铁材料的退火等。

（一）钢铁材料的真空退火

结构钢、工具钢的真空退火占退火总量的比例日益增大，各种钢丝普遍采用真空退火以消除加工硬化，薄板、钢丝等各工序间进行真空退火可使变形晶粒恢复与均匀化，同时，还可蒸发掉表面残存的润滑脂、氧化物，排掉溶解的气体。退火后的处理件可得到光亮的表面，故可省去脱脂和酸洗等工序，并可直接镀锌或镀锡等。

含氮高的钢在 600℃ 以上的温度退火，可降低氮和氢的含量，以减少其引起的脆性，对于精密工件和过共析钢，在一般保护气氛中退火，难以避免产生增碳或脱碳现象，但在真空中退火可获得高质量的表面质量。

真空退火的主要工艺参数是加热温度与真空度，真空度是根据对于表面状态的要求选定的，一般钢材的退火工艺参数如表 3-8 所示。

表 3-8　钢的真空退火工艺参数

材　料	真空度/Pa	退火温度/℃	冷却方式
45 钢	$1.3 \sim 1.3 \times 10^{-1}$	$850 \sim 870$	炉冷或气冷，约 300℃ 出炉
0.35~0.6 卷钢丝	1.3×10^{-1}	$750 \sim 800$	炉冷或气冷，约 200℃ 出炉
40Cr 钢	1.3×10^{-1}	$890 \sim 910$	缓冷，约 300℃ 出炉
Cr12Mo 钢	1.3×10^{-1} 以上	$850 \sim 870$	720~750℃，等温 4~5h 炉冷
W18Cr4V 钢	1.3×10^{-1}	$870 \sim 890$	720~750℃，等温 4~5h 炉冷
空冷低合金模具钢	1.3	$780 \sim 870$	缓冷
高碳铬冷作模具钢	1.3	$870 \sim 900$	缓冷
W9~18 热作模具钢	1.3	$815 \sim 900$	缓冷

（二）不锈钢、耐热合金的真空退火

不锈钢、耐热合金含有高温与氧亲和力强且化学稳定性高的铬、锰、钛等元素，在空气中加热时，由于表面的铬贫化，内部的铬向外扩散，因而在一定范围内产生贫铬现象，将这些合金在真空中退火，比在常用的低露点氢中更容易获得洁净和高质量并保持耐蚀性，适用于奥氏体不锈钢的退火温度与真空度如表 3-9 所示。

表 3-9　奥氏体不锈钢的真空退火工艺参数

热　处　理	温度/℃	真空度/Pa
热变形后去除氧化皮代替酸洗退火	9001050	13.3~1.3
退火	1100	$1.3 \times 10^{-1} \sim 6.7 \times 10^{-2}$
	1050~1150	$1.3 \sim 1.3 \times 10^{-1}$
电真空零件退火	950~1000	$1.3 \sim 4 \times 10^{-3}$
带料在电子束设备中退火	1050~1150	$1.3 \times 10^{-2} \sim 1.3 \times 10^{-3}$

18-8 型不锈钢缓冷时易产生晶间析出物而降低塑性，故应进行水淬或为防止氧化进行油淬，含钼铝不锈钢（PH15-7MD）、含镍高的 718（lnconel718）、A286 耐热合金等对于微量氧极为敏感，因而应在 6.7×10^{-2}Pa 以上的真空度下进行固溶处理才能防止表面变暗。为了防止合金碳化物和金属化合物的析出，还应以尽可能高的速度冷却，如 lnconel718 于冷轧变形后，即在 1050℃进行 1h 的固溶处理，然后在 720℃和 620℃时各进行 8h 的时效处理。一些不锈钢的退火工艺参数如表 3-10 所示。

表 3-10　一些不锈钢的退火工艺参数

钢种类型	主要化学成分（质量分数）分析结果/%	退火温度范围/℃	真空度/Pa
铁素体	Cr 12~14，C 0.08（最多）	630~830	$1.3 \sim 1.3 \times 10^{-1}$
马氏体	Cr 14，C 0.4，Cr 16~18，C 0.9	830~900	$1.3 \sim 1.3 \times 10^{-1}$
奥氏体类（未稳定化）	Cr 18，Ni 18	1010~1120	$1.3 \sim 1.3 \times 10^{-1}$
奥氏体类（稳定化）	Cr 18，Ni 18	950~1120	$1.3 \times 10^{-2} \sim 1.3 \times 10^{-3}$

（三）铜与铜合金的退火

铜与铜合金在低真空下退火即可获得光亮的表面，对于拔丝工序间的丝材进行真空退火可省去脱脂和酸洗工序并可直接涂漆，对于汽油管、制冷管进行真空退火可同时获得净化管内壁，因而可省去许多清理操作。纯铜材料的退火工艺温度如表 3-11 所示。

表 3-11　纯铜材料的退火工艺温度

参数	板　材		带　材			丝　材			
厚度、直径/mm	5~710	<1~5	75	0.5~5	<0.5	>3.5	1.5~3.5	0.5~1.5	<0.5
退火温度/℃	700~750	650~700	700	650~700	600~650	700~750	650~725	475~600	300~475

铜丝退火后应冷至 200℃以下出炉，一般铜丝应以具有同等膨胀系数的材料做成胎

具，绕成丝盘、丝卷等。对黄铜（Cu-Zn 合金）等含饱和蒸气压的合金而言，为防止锌蒸发，可在低温（280~430℃）及低真空下退火。锰铜合金丝材在氢中进行光亮处理后，残存于丝材内部的氢原子将随时间的延续扩散或逸出并导致丝材电阻值的变化，在真空中退火可提高其稳定性。青紫铜和黄铜的退火工艺参数分别见表 3-12 和表 3-13，表 3-14 为铍青铜时效的工艺参数。

表 3-12 青铜真空热处理参数

材料牌号	真空度/Pa	退火温度/℃	冷却方式
QSn4-3	13.3~1.33	600	炉冷
QSn4-4-2.5			
QSn6.5-0.4		600~650	
QSn4-0.3			
QAl9-2	13.3~1.33	600~750	
QAl9-4		700~750	
QAl10-3-1.5		650~750	
QAl10-4-4		650~750	
QAl10-5		600~700	
QAl10-7		650~750	

表 3-13 紫铜和黄铜真空热处理参数

材料牌号	消除应力退火温度/℃	再结晶退火温度/℃	真空度/Pa	冷却方式
紫铜				
T1、T2		600~700	133~13.3	
T3、T4		600~700		
黄铜				
H96		540~600		
H90	200	650~720		
H80	260	600~700	13.3~1.33	
H70	260~270	520~650		
H68	269~270	520~650		
H62	270~300	600~700		炉冷或惰性气体冷
H59-1		600~670		
HSn70-1		560~580	133~13.3	
HSn62-1		550~650		
HAl77-2	300~350	600~650		
HAl59-3-2	350~370	600~650		
HMn58-2	300~350	600~650	13.3~1.33	
HFe59-1-1	350~400	600~650		
HPb74-3		600~650		
HPb64-3		620~670		
HPb63-3		620~650		
HPb60-1		600~650		

表 3-14　铍青铜时效工艺参数

材料牌号	时效温度/℃	真空度/Pa	时间/h
QBe2 QBe2.5	300 285 320	$1 \sim 10^{-2}$	$3 \sim 5$ $3 \sim 4$ 2

四、真空淬火

真空淬火后工件表面光亮、不增碳、不脱碳、畸变小，可成倍提高其使用寿命，故受到热处理工作者的高度关注。进行真空淬火的工件需要根据其形状、尺寸、技术要求和材质等确定冷却工艺，首先要了解该钢种在连续冷却条件下的过冷奥氏体分解曲线，然后根据其要求的冷却速度来选择合适的冷却方式，同时要考虑装炉方式等，目的是确保工件的均匀加热与冷却。

需要注意的是，制定真空热处理淬火工艺与回火工艺的主要内容包括：加热温度（温度、时间及方式）、真空度与气压调节、冷却方式及介质等，真空淬火的加热温度可参考常规工艺确定。

目前的真空淬火的冷却方式有油冷淬火、气冷淬火、水冷淬火与硝盐浴淬火等，而应用最为广泛的为油冷淬火与气冷淬火，具体工艺见本节前述内容。

（一）真空油淬需要注意的事项

真空淬火时，维持淬火油液面压力为临界压强，可获得接近大气压下的冷速；提高气压可提高油的挥发与凝结温度，可避免油本身瞬时升温造成的挥发损失和对设备的污染等，为此在工艺设计上采用向冷却室内充填纯氮气至 40~73kPa 的操作流程，增压油淬进一步发展为油淬气冷淬火，为减少大型与特殊结构的精密零件的变形提供了多种工艺手段。真空淬火油在使用过程中应注意以下几个方面。

（1）保持油槽内足够的油量。设计中要考虑工件、料筐或料盘、卡具，因油的搅拌、局部激烈升温造成油的膨胀、沸腾等，以及安全油量等，一般取工件重量与油重量之比为 1:10~1:15，油池比油与工件体积之和大 15%~20%。

（2）真空淬火油要定期进行化验，如淬火油的酸值、残碳、水分、离子量等都有可能使工件严重着色，故对油的黏度、闪点、冷却性能和水分等要定期检查，根据检测结果更换或补充新油。使用中严禁混入其他油种和水分。当油中水分达到 0.03% 时，工件变暗；当达到 0.3% 时，冷速明显变化，所以工件入油前应充分脱气。

（3）油温控制在 40~80℃ 范围。温度过低时造成油的黏度大，冷却速度低，淬火后硬度不均匀，表面不光亮；油温过高将使油迅速蒸发，从而造成污染并加速油的老化。

（4）油槽内加搅拌装置，可迅速调节油温并使油温均匀，加强油的循环与对流，静止油冷却强度为 0.25~0.30；激烈搅拌油冷却强度为 0.8~1.1。

（5）真空油淬火时，可能出现高温瞬时渗碳现象，即工件表层出现一个由残余奥氏体和大量复合碳化物组成的白亮层，其内部交界处有粗晶马氏体，导致硬度降低。针对这种情况，可根据工件的具体要求，考虑是加工处理掉还是保留。

（二）真空气淬时提高气体冷却速度的措施

（1）提高冷却气体的压力。图 3-15 给出了冷却气体的压力与冷却时间（可理解为冷却速度）的关系，冷却速度随气压上升明显提高，但并非气压越高越好。对于尺寸较大，相比表面积小的工件，决定冷却速度的主导因素是钢的内部热传导，这时对流传热加热冷却的效果难以达到中心。此种情况下提高气压对增大冷却速度的作用并不十分明显，同时考虑到一般真空炉只能在低于大气压时密封效果较好，以及为了节约高纯气体，真空气淬时的常用压力为 $0.5 \times 10^5 \sim 0.8 \times 10^5$ Pa，最高取 $0.92 \times 10^5 \sim 0.99 \times 10^5$ Pa。需要关注的是，加压气体淬火尽管扩大了高合金工模具钢的气淬材料的品种与尺寸范围，但因随之带来的动力和气体消耗成比例的增长，另外加上设备需要严格的防护措施等，故经济效益不再明显。

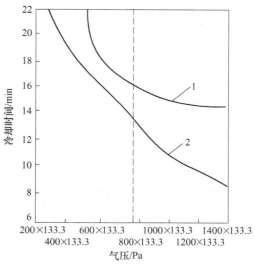

图 3-15　气体压力对冷却速度的影响
1—0.66m³/s；2—0.566m³/s

（2）提高气体的流速可以提高其冷却速度。当气体流速从 10.2m/s 提高到 50.8m/s 时，氮、氢、氦的对流传热系数将提高 3 倍。

（3）提高冷却速度的另外一个措施为采用合适的装炉量、保持适当的间隔、均匀地摆放或悬挂，可有效地改善冷却时的热交换条件，也是常采用的方法。

（三）真空淬火工件的变形

影响淬火工件变形的因素包括组织应力、热应力以及前期工序形成的残余应力等，再加上加热与冷却过程中，当工件处于塑性高的状态时，工件的自重、相互挤压、振动等也将导致变形并使真空淬火的变形规律复杂化。但在真空加热与淬火过程中，其影响变形的因素是前期组织应力、热应力以及残余加工应力等，这是与一般的热处理存在差异的地方。

目前应用的真空淬火炉多为周期式作业炉，在进行工件的加热时，普遍采用了阶梯性预热，工件的温度是缓慢上升的，故其截面上的温差很小。真空炉的隔热系统完善，内部加热元件的布置合理，可确保工件受热均匀。另外进行真空气淬时，工件没有激烈的转移动作，故不改变工件的装炉状态与冷却方式的情况下，部分炉型中的工件可在原装炉位置处进行冷却。而进行真空油淬或其他介质冷却时，可采用产生平稳的机械转移动作进入冷却介质。由于以上原因，真空淬火工件的变形平均小于常规的其他热处理设备（如井式淬火炉、箱式电阻炉、燃气炉、网带炉、推杆炉、流动粒子炉、多用炉、盐浴炉等），真空淬火工件的变形量为盐浴炉加热淬火的 1/10～1/2。

需要指出的是，为了进一步减少热处理变形，真空加热应采用预热与缓慢性加热的方式，特别要注意在辐射热效率低的低温阶段（≤600℃）进行缓慢升温或阶梯升温，在钢的相变点（800~850℃）附近进行充分预热，在冷却过程中，在不产生奥氏体转变和合金碳化物析出的前提下，应采取低的冷却速度，对于减少变形有较好的效果。

应采用不妨碍均匀加热、冷却，和高温强度大、热容量小的料盘与工装夹具，并防止由它们的变形而造成工件的附加变形，在生产中应根据工件的材质、大小、形状、装炉方式、装炉量等采用不同的操作方法。气体淬火时，装炉方式应有利于气体的流动，在油冷淬火时，要控制搅拌油的开始时间及搅拌的剧烈程度，防止因此原因造成工件变形的增大。

（四）真空淬火需要注意的几个问题

（1）工件的摆放方式。真空热处理变形小，但其摆放方式不同，将导致变形差异很大，另外工件的摆放在一定程度上对于硬度均匀性有重要的影响。真空热处理是以辐射加热的，故零件的摆放方式不当，会阻碍加热，加热效果受到影响，因此其摆放的基本要求为：气流的通路和油的循环要通畅；零件之间留有一定的间隙，满足料筐中各部位的硬度均匀一致；细长零件有夹具或进行悬挂等。

（2）真空淬火工艺的选择。根据零件的材质、导热性、装炉量、技术要求等，真空加热的二次预热后工件的硬度均匀性比一次好，回火后二次硬化效果好。同时多次预热淬火处理的零件变形小，碳化物组织均匀细小，原因在于多次预热缩小了零件表面与心部的温度梯度，奥氏体化程度高，使奥氏体成分均匀，随之淬火硬度均匀，回火时碳化物弥散析出效果明显。而且因内外温度梯度减小，热应力减小，减少了热处理的变形。对于Cr12MoV和GCr15钢而言，适当提高加热温度，可提高加热速度，缩短加热时间并不致使晶粒粗大，降低了生产成本。

（3）合适的油温与搅拌速度。另外真空淬火时，对于需要油冷的零件而言，合适的油搅拌速度也有利于减小零件的变形，但需要注意零件的形状与结构特点，进行试验后确定搅拌的速度。

（4）合适的充氮压力。充氮压力对零件的变形有一定的影响，高速钢气淬时，为了提高其淬透性可以提高充氮压力；其他材料在油淬时随充氮压力的降低，零件大的变形减小，但在淬火时，随压力的降低，油沸腾阶段降低，淬火油的特性温度下降，冷却能力降低，将影响到淬火温度，故合理地选择充氮压力可以调节冷却速度，应在保证足够硬度的前提下，尽量减小变形，节约氮气，降低生产成本。

五、真空回火

（一）真空回火的作用

淬火后的零件有的采用低温井式炉、硝盐浴炉、油炉等进行低温或高温回火，这样则失去了真空淬火的优越性，因此部分零件为了将真空淬火后的优势（不氧化、不脱碳、表面光泽、无腐蚀污染等）保持下来，尤其是不再加工的多次高温回火的精密零件，通常采用真空回火。

高速钢W6Mo5Cr4V2和SKH55钢制的 ϕ8mm×130mm 的试样进行1210℃高温淬火，于560℃三次真空高温回火后，与同工艺参数的盐浴淬火、回火的硬度水平相当，但真空回火后的静弯曲破断功（破断载荷与形变量乘积）却明显提高了，具体如表3-15所示。

表 3-15　淬火回火方法对高速钢零件的性能影响

处理条件 性能 材料	真空淬火				盐浴淬火			
	真空回火		盐浴回火		真空回火		盐浴回火	
	硬度 HRC	静弯曲 破断功/J	硬度 HRC	静弯曲 破断功/J	硬度 HRC	静弯曲 破断功/J	硬度 HRC	静弯曲 破断功/J
W6Mo5Cr4V2	64	6210×10^4	64.4	5910×10^4	64.1	6810×10^4	64.4	4590×10^4
SKH55	64.8	4650×10^4	65	4780×10^4	65	5400×10^4	65.5	3170×10^4

对批量生产，高温回火后还需要进行磨削加工的高速钢工件而言，采用普通的回火方式对于产品质量无任何影响，此时可节省大量的高纯氮气，降低了热处理成本，对于只进行低温回火的产品，真空回火与常规回火在质量上无多少差别，从经济角度出发，应优先采用普通回火方式。

进行真空回火操作时，需要将淬火后（油淬火）的工件清洗干净后均匀摆放在回火料架上，抽真空到 1.3Pa 后，再回充氮气至 $5.32\times10^4\sim9.31\times10^4$Pa，在循环风扇驱动的气流中将工件加热至设定温度，经充分保温后进行强制风冷冷却。具体工艺曲线如图 3-16 所示，一种是在真空回火炉内或真空淬火炉充氮气进行回火，一种是在 1.3Pa 下进行回火，需要注意的是，要确保零件的回火充分，必须延长零件的回火时间（为空气炉的 2~3 倍）。

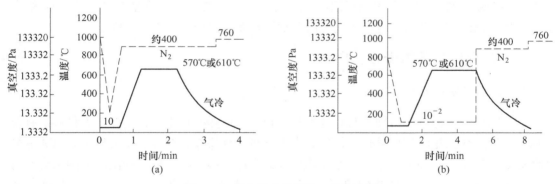

图 3-16　真空回火的两种工艺的比较
（a）充氮真空回火；（b）1.33Pa 真空回火

在工模具进行二次、三次回火时，有时可与 560~570℃ 的软氮化、离子渗氮工艺处理结合起来，可使工件表面形成几微米到十几微米的氮碳化合物层，赋予表面高的抗蚀能力、高的硬度和高的耐磨性，铝挤压模在真空淬火后进行软氮化回火，则比常规工艺淬火及盐浴软氮化处理的寿命提高 3 倍。

（二）真空回火的光亮度

真空淬火后工件在进行真空回火时，回火光亮度是一个主要的技术指标，解决回火光亮度不稳定甚至低下的问题，乃是真空回火技术研究的关键与重点。资料表明，钢在真空退火时，其真空度和加热温度对工件处理后的光亮度影响很大，真空回火处理的影响和趋势与真空退火大致相同。提高真空回火的光亮度的措施如下：

（1）提高工件的真空度。将真空回火的真空度从 $1 \sim 10Pa$ 提高到 $1.3 \times 10^{-2}Pa$，目的是减少真空炉中氧的含量，消除氧气对于工件氧化的影响。

（2）充氮气中加入 10% 的氢气，使循环加热与冷却的气流的混合气体呈还原性气氛，使炉内的氧化性气氛与氢气中和，形成弱还原性气氛。

（3）减少真空炉隔热屏吸收与排放水汽的影响。隔热屏吸气、排气造成真空回火光亮度不高是长期困扰真空热处理技术人员的问题之一，可通过采用全金属隔热屏设计，或采用外层为石墨毡，里面 4 层为金属隔热屏结构，以排除耐火纤维隔热屏吸水性大的弊端。

（4）快速冷却，使工件出炉温度低，提高回火光亮度。

（5）提高温度的均匀性，有利于回火光亮度的一致。

第三节　形变热处理

形变热处理工艺首先应用于钢铁材料，始于 20 世纪 50 年代，而 20 世纪 60 年代科学家们才开始研究铝合金的形变热处理。实质是相变与形变综合作用相互影响的一种工艺，增加了金属中的位错密度与分布规律，促进了热处理相变时新相形核并影响了分布，与此同时形成的新相对位错运动产生钉扎和阻滞作用，加之变形过程中晶粒细化，从而提高合金强度和韧性。2002 年，美国采用固溶-淬火-冷变形-人工时效的处理工艺，对 2519 铝合金进行形变热处理，并成功应用于先进的两栖突击车（AAAV）装甲材料。

一、形变热处理的概念、特点

（一）形变热处理概述

形变热处理工艺是压力加工与热处理相结合的金属热处理工艺，是在金属材料上有效地综合利用形变强化和相变强化、将压力加工与热处理操作相结合、使成形工艺同获得最终性能统一起来的一种工艺方法。形变热处理的类型很多，根据形变的温度范围和形变与相变的相互顺序，常用的形变热处理工艺可分为以下几类：高温形变热处理工艺（HTMT）、低温形变热处理工艺（LTMT）、中间形变热处理（ITMT）工艺以及最终形变热处理工艺；根据热处理方法分，有高温形变淬火和高温形变正火等。

形变热处理已广泛应用于生产金属与合金的板材、带材、管材、丝材，和各种零件如板簧、连杆、叶片、工具、模具等。

（二）形变热处理的特点

（1）将金属材料的成形与获得材料的最终性能结合起来，简化了生产过程，节约能源消耗及设备投资；

（2）与普通热处理比较，形变热处理后金属材料能达到更好的强度与韧性相配合的力学性能；

（3）有些钢特别是微合金化钢，唯有采用形变热处理才能充分发挥钢中合金元素的作用，得到强度高、塑性好的性能。

二、形变热处理方法

（1）高温形变热处理（HTMT）。HTMT 是将变形与热处理合而为一的工艺，固溶处理与高温变形作为同一阶段，加工后的产品迅速淬火。

HTMT 工艺可以改善合金力学性能，不但能提高合金强度而且有助于塑性的改善。HTMT 工艺需要合金材料拥有较高的堆垛层错能，铝合金难以实现，容易产生多边形化。

（2）低温形变热处理（LTMT）。低温形变热处理（LTMT）又称形变时效，它具有低温时效硬化效应，是将形变强化与析出强化相结合的一种工艺。LTMT 处理工艺的主要目标是提高合金的强度性能，经过处理的合金拥有较高的强度极限和屈服应力，但塑性指标较低。

LTMT 处理最常用的处理方式有：1）淬火—自然时效—冷变形—人工时效；2）淬火—冷（温）变形—人工时效；3）淬火—人工时效—冷变形—人工时效。

（3）最终形变热处理工艺（FIMT）。FIMT 最大的特点是将形变和时效强化工艺相结合，目前使用最普遍的工艺流程有两种：1）淬火—自然时效—变形—再时效处理；2）淬火—变形—时效。

（4）中间形变热处理工艺（ITMT）。在机械热处理工艺的基础上，将变形和热处理结合的工艺技术，其目的是为了提升铝合金的性能。适用于 T6、7451 等系列的铝合金处理。

通过该工艺技术，可使 7075 系列的铝合金晶粒细化到 $10\mu m$ 之下，可以将厚度为 25.4mm 板材的延伸率提高 52.3%，提升了该系列铝合金的超塑性、延伸率。

三、高温形变淬火工艺

高温形变淬火工艺经常与热锻、热轧工序结合在一起。在锻、轧之后立即淬火，工业上又常称之为锻（轧）后余热淬火。这种工艺，除简化工序与节约能源外，还能提高材料的性能。

（一）性能变化

和一般淬回火后性能相比，在强度相同时，有较高的塑性和韧性；在塑性相同时，有较高的强度。一般在强度提高 10%~30% 的情况下，塑性可提高 40%~50%。冲击韧性成倍增长，并具有高的抗脆断能力。

如对含有微量 Nb、V 元素的低碳建筑钢，屈服强度比正常淬火回火提高 $20kg/mm^2$，可以达到 $70kg/mm^2$，而且有较好的塑性。这是由于正常淬火的温度不能太高，一般都在 950℃以下，钢中 Nb、V 的碳氮化物较少溶于奥氏体，回火时沉淀硬化作用小。提高淬火温度，增加 Nb、V 的溶解度，可以发挥沉淀硬化作用。但奥氏体晶粒粗大，对性能自然不利。

但如提高轧制温度，保证了 Nb、V 的溶解，又通过多道轧制奥氏体晶粒得到细化，轧后淬火马氏体也细化，故最后综合性能优于正常淬火回火。

（二）高温形变淬火工艺参数

（1）形变量。形变量小，奥氏体组织结构变化不大，淬火马氏体的强度与塑性改善都不明显；形变量太大，再结晶速度太快，淬火后塑性好，强度并不是最高，所以最适宜的形变量大多在 20%~40% 之间（与形变温度有关）。

（2）形变后到淬火前的停留时间。碳钢在 A_{c3} 以上再结晶速度很快，短的停留时间也难防止再结晶，延长停留时间，可使淬火后的强度下降。因此，碳钢及低合金钢应尽可能缩短停留时间。对合金含量较高的钢种，再结晶与回复速度都慢，甚至要有意延长停留时间，才能得到强韧性很好的配合。

（3）形变温度。形变温度高，静态再结晶的临界变形量 ε_S 小，很难防止再结晶发生。降低形变温度，对所有钢种都提高强度。形变温度对塑性的影响，将因钢种而不同。一般最终形变温度都在 900℃ 以上。如将形变温度降到两相区，即加热到 A_{c3} 以上，再冷却到两相区，进行形变，铁素体与奥氏体都被形变。淬火后得到纤维状马氏体与纤维状铁素体的复合组织。相比正常的两相区加热淬火，其强度与韧性均很好。这是由于细小的纤维状铁素体存在于纤维状马氏体基体中，增加了裂纹的扩展功。

（三）高温形变淬火的应用

高温形变淬火，形变温度高，奥氏体易变形，不需要复杂的设备。这是它最有利的一点，适用的钢种也比较广泛。

高温形变淬火在冶金厂主要用于形状简单，用户不再需要进行机械加工的小型材、管材以及某些板材等。最有成效的是用高温淬火生产建筑钢筋，可使其强度级别提高二级，相应地节约了钢材消耗，降低成本。机械厂生产的某些零件采用高温形变淬火也取得好的效果，如汽车弹簧，经高温形变淬火可提高寿命几倍。

四、高温形变正火（控制轧制）

（1）适用材料。高温形变正火主要适用于非调质的热轧材，如建筑用低合金高强度钢的热轧钢板，钢带，钢筋（C-Mn-Nb、C-Mn-V、C-Mn-Nb-V 等）等。

（2）正火效果。经过高温形变正火可以提高材料强度、改善韧性、降低脆变温度。此方法对含微量 Nb、V 等强碳化物形成元素的低碳钢，可以提高强韧性，降低脆变温度的效果更好。

（3）工艺特点。

1）控制加热温度。为控制原始奥氏体晶粒尺寸，有时要控制加热温度，不能太高。

2）控制终轧温度。比一般轧制的终轧温度低。一般轧制的终轧温度都高于 900℃，甚至在 950℃～1000℃。而控制轧制的终轧温度一般都在 A_{r3} 附近，有的在（$\gamma+\alpha$）两相区，即 800~650 ℃。

3）控制形变量。要求在低温范围要有大的形变量。如低合金高强度钢，规定在 900~950 ℃以下要有大于 50% 的总变形量。

4）控制轧后的冷却速度。为细化铁素体组织及第二相质点，要求在一定温度范围内控制冷却速度。

第四节　其他表面热处理

一、可控气氛热处理

在无氧化热处理技术的发展趋势中，首推可控气氛热处理。在目前少品种、大批量生产中，尤其是碳素钢和一般合金结构钢件的光亮淬火、光亮退火、渗碳淬火、碳氮共渗淬火、气体氮碳共渗等，仍以可控气氛为主要手段，所以可控气氛热处理仍是先进热处理技术的主要组成部分。

（一）可控气氛热处理方法

根据可控气氛气源的制备方法，可控气氛热处理分为以下几种：

（1）吸热式气氛热处理。用煤气、天然气或丙烷等与空气按一定比例混合后，通入发生器进行吸热反应（外界加热）而形成气氛。可通过调节原料气与空气的混合比来控制气氛的碳势，应用非常广泛。主要用于防止加热时的氧化和脱碳，如光亮退火、光亮淬火等；也用于渗碳及碳氮共渗等化学热处理。

（2）放热式气氛热处理。用煤气、煤油或丙烷等与空气按一定比例混合后，进行放热反应而形成气氛。其对原料的要求不高，操作简单，成本低，但未经净化的气氛含 CO_2 高，直接用于热处理会造成氧化和脱碳，应用受到一定限制。主要用于低、中碳钢的光亮退火、光亮淬火等。

（3）滴注式气氛热处理。用液体有机化合物（如甲醇、乙醇、丙醇、三乙醇胺等）混合滴入炉内而得到的气氛。其原料易制取，装置简单，成分和碳势可自动控制，在原有井式炉或箱式炉上稍加改造即可，应用很广。主要用于渗碳、碳氮共渗、保护气氛退火和淬火等。

（4）氮基可控气氛热处理。除了采用氨加热分解的氮和氢作为气氛外，还可以在纯氮气中加入 2%～5% 的氢气（或丙烷）作为保护气氛。它不需要反应发生器，设备投资少，适应性广，用于光亮退火和淬火，渗碳及碳氮共渗等。

（二）可控气氛热处理工艺

（1）渗碳。渗碳是轻纺行业中应用最广泛的工艺方法之一。滴注式可控气氛渗碳在国内已经达到相当普遍的程度，尤其是在氧探头的气氛微量氧测量、控制技术和配备微机可编程序控制器的碳势控制仪问世以来，在密封井式炉和箱式多用炉中进行可控气氛渗碳已成为一种趋势。

（2）碳氮共渗。钢件碳氮共渗时，渗层小，碳氮含量不当，容易出现反常组织，造成硬度下降。因此，应针对不同钢种及不同的使用性能要求，确定渗层中的最佳碳氮含量，并通过调节共渗气氛的活性浓度及含碳氮介质的比例，以保证得到性能优良的碳氮共渗层。碳氮共渗能够提高接触疲劳强度，20Cr 制轴承套圈热处理工艺可由渗碳+淬火+回火改为碳氮共渗+淬火+回火，GCrl5 钢制轴承热处理工艺可由淬火+回火改为碳氮共渗+淬火+回火，以提高表面硬度和接触疲劳强度，从而提高轴承寿命。

（3）光亮退火、淬火、复碳。在保护性可控气氛中进行退火、淬火可防止氧化和脱碳并得到光亮如新的表面，提高零件的表面质量。

常规热处理的零件表面常因脱碳而造成硬度不合格，可以采用在保护气氛中先进行复碳处理，然后再进行保护气氛的淬火+回火，使常规热处理的废品零件表面得到复碳，重新达到性能要求。

二、钢铁材料组织超细化处理

钢铁材料的强度和韧性是相互矛盾的两个性能，一般地，要提高强度必然降低其韧性，要提高韧性必然降低其强度。但材料组织的细化处理是同时提高其强度和韧性的最有效途径。通常认为小于 $4\mu m$ 的细晶属于超细晶组织，$4\sim0.1\mu m$ 的为微米级超细晶，$100\sim0.1nm$ 的为纳米级超细晶。

（一）微米级晶粒细化技术

微米级晶粒细化技术主要有形变诱导铁素体相变、循环热处理、形变热处理、磁场或电场处理和合金化细化技术等。

1. 形变诱导相变细化

形变诱导相变是将低碳钢加热到稍高于奥氏体相变（A_{c3}）温度以上，对奥氏体施加连续快速大压下量变形，从而可获得超细的铁素体晶粒。在变形过程中，形变能的积聚使奥氏体向铁素体转变的相变温度上升，在变形的同时发生铁素体相变，变形后进行快速冷却，以保持在形变过程中形成的超细铁素体晶粒。

在形变诱导相变细化技术中，变形温度和变形量很重要，随变形温度的降低及形变量的增加，应变诱发铁素体相变的转变量增加，同时铁素体晶粒变细。

通过低温轧制变形和应变诱导铁素体相变，可在碳素结构钢中获得晶粒尺寸小于 $5\mu m$ 的超细晶粒。对微合金钢，应用应变诱导相变技术可得到晶粒尺寸为 $1\mu m$ 左右的 $2mm$ 厚超细晶粒钢带。如 Q235 钢在 A_{r3} 以上 80℃ 和 A_{r3} 以下 10℃ 范围内，经 80% 大变形量的多次变形，可获得 $2\mu m$ 的超细晶铁素体。

2. 循环加热淬火细化

多次循环加热淬火是将钢由室温加热至稍高于 A_{c3} 的温度，在较低的奥氏体化温度下短时保温，然后快速淬火冷却至室温，再重复此过程。每循环一次，奥氏体晶粒就获得一定程度的细化，从而获得细小的奥氏体晶粒组织。一般循环 $3\sim4$ 次细化效果最佳。如利用快速循环淬火方法在 65Mn 钢中获得 $4\mu m$ 的奥氏体晶粒。

3. 形变热处理细化

形变热处理大致可分两种：第一种工艺是将钢加热到稍高于 A_{c3} 温度，保持一段时间，达到完全奥氏体化，然后以较大的压下量使奥氏体发生强烈变形，之后等温保持一段时间，使奥氏体进行起始再结晶，并于晶粒尚未开始长大之前淬火，从而获得较细小（$5\mu m$ 左右）的淬火组织。第二种工艺是将淬火以后的钢，加热到相变点以下的低温进行大压下量的变形，然后加热到 A_{c3} 以上温度短时保温，奥氏体化后迅速淬火，由于变形是在低温、马氏体组织状态下进行，材料的变形抗力较大。如把低、中碳钢的回火马氏体经过 80% 压缩变形，再奥氏体化可得到 $0.91\mu m$ 的奥氏体晶粒，淬火后可获得非常细小的马氏体组织。

4. 合金化细化

通过对钢铁材料合金化也可有效细化晶粒。其原因是有些固溶强化合金元素（如 W、Mo 等）可提高钢的再结晶温度，同时降低在一定温度下晶粒长大的速度；而有些强碳化物形成元素（如 Nb、V、Ti 等）可与钢中的碳或氮形成尺寸为纳米级的化合物，强烈阻碍晶粒的长大。

（二）纳米级晶粒细化技术

纳米级晶粒细化技术主要有大塑性变形细化、机械合金化研磨等。

1. 大塑性变形细化

利用特殊方法使金属材料在室温产生严重变形，晶粒可得到明显细化。如对纯 Ti、纯 Cu 等合金利用等径角挤压，当应变量达到 5%～7% 时，可获得纳米晶组织。如利用喷丸或深度轧制方法对 304 不锈钢进行处理，在试样表面可获得一层纳米晶组织。因为喷丸处理在材料表面反复施加多方向的高速机械载荷粒子，在局部接触的材料内部引起很大的塑性变形，改变了近表面的微观组织，使其产生局部切变，该切变又使更深层和其周围产生塑性变形，从而在表面形成一层纳米晶。

2. 机械合金研磨

它是一种用来制备具有微结构的金属基或陶瓷基复合粉末的高能球磨技术。即在干燥的球形装料机内，在高真空 Ar 气保护下，通过机械研磨过程中高速运行的硬质钢球与研磨体之间相件碰撞，对粉末粒子反复进行熔结、断裂，在熔结过程中使晶粒不断细化达到纳米尺寸；然后，纳米粉再采用热挤压等技术加压制得块状纳米材料。此法在研磨过程中易产生杂质污染、氧化及应力，难以得到洁净的纳米晶界面。

三、计算机控制热处理

随着计算机技术的不断进步，计算机控制的热处理技术在生产中得到了较广泛的应用。主要用于温度控制、气氛控制、淬火介质特征曲线的测定等。

（1）炉温控制。如单片机炉温控制系统具有以下功能：人工设定不同的温度参数，实现可变速率、可变时间的升温、保温、降温控制；显示实时炉温、时间；实现超温声光报警、超限切除控制加热电源；用 LED 实时显示加热过程曲线规律。

（2）计算机气氛控制。如计算机控制气体渗氮，可实现渗氮工艺全过程的温度、氮势与渗氮时间的自动控制、测量和定期打印，并具有氨气、冷却水压力、温度和氮势超限报警自动断电功能。

微机可控气体渗氮工艺可以改善渗氮层的组织和性能；可保持高的渗氮速度，缩短工艺周期，具有明显节电效果，大大降低生产成本；与常规渗氮设备相比，微机控制渗氮设备功能齐全，控制精度高，操作简便，可使渗氮工艺很快达到动态稳定。

（3）通过计算机模拟确定最佳热处理工艺。例如采用计算机模拟技术可以对渗碳的工艺过程进行模拟。根据待处理零件的信号（钢的化学成分、设计要求的表面硬度、有效硬化层深度等），计算机选择一个初始的渗碳工艺进行模拟计算，根据计算的浓度分布曲线与期望的优化浓度分布曲线的偏差修正工艺参数（如果深度偏大则缩短渗碳时间，反之则延长渗碳时间；如果浓度分布曲线呈凸起状则提前降碳势，反之则推迟降碳势等），经反复迭代自动寻找到符合待处理零件技术要求的最优化工艺。

四、高能束表面淬火

高能束表面热处理主要有激光加热表面淬火、等离子弧加热表面淬火、电子束加热表面淬火等。

（1）激光加热表面淬火。激光加热表面淬火是利用高能量（功率密度为 $10^3 \sim 10^5 \text{W/cm}^2$）的激光束使工件照射处在很短时间（$10^{-7} \sim 10^{-9} \text{s}$）内加热到正常淬火加热温度以上，而工件其他部位仍保持常温状态。当激光束照射点转移后，通过工件本身的热传导而快速冷却（$10^3 \sim 10^{6} \text{℃/s}$），使工件表面得到马氏体组织。

与高频加热表面淬火相比，激光表面热处理的硬化层组织为更细小的马氏体，表面的硬度、耐磨性、疲劳强度高，变形小。为充分发挥激光高能密度热处理的特点，激光硬化层的深度一般为 1mm 以下。另外，激光表面淬火可对拐角、沟槽、盲孔底部、深孔内壁等一般热处理难以处理的部位进行表面淬火。

目前，激光表面热处理已用于碳钢、合金钢、铸铁等制作的活塞、汽缸套、轧辊等工件。

（2）等离子弧加热表面淬火。直流等离子弧是一种经过压缩了的高温、高能量密度电弧，利用等离子弧的高温射流束可以快速对金属表面进行加热，达到奥氏体化温度后随着等离子弧的移动，通过工件自身的快速导热而自冷，得到表面马氏体，实现表面淬火硬化。

与激光表面淬火技术相比，等离子弧金属表面硬化处理技术具有硬化层厚、质量好、处理速度快、设备简单、成本低等优点，用于机械设备中承受较大摩擦、需要表面耐磨的零件（如轴类、齿轮、模具、机床导轨等）的硬化处理，可提高其使用性能，延长使用寿命。

（3）电子束加热表面淬火。电子束加热表面淬火是将零件放置在高能密度的电子枪下，保持一定真空度，用电子束流轰击零件表面，在与金属原子碰撞时，电子释放能量，被撞击表面在极短时间（$10^{-1} \sim 10^{-3} \text{s}$）内被加热到钢的相变温度以上，靠自身快速冷却进行淬火。

电子束加热表面淬火加热速度和冷却速度都很快，在相变过程中，奥氏体化时间很短，故能获得超细晶粒组织；零件热变形极小，不需要再精加工，可以直接装配使用；电子束加热表面淬火在真空中进行，无氧化无脱碳，不影响零件表面粗糙度，表面呈白色；由于电子束的射程长，零件局部淬火部分的形状不受限制，即使是深孔底部和狭小的沟槽内部也能进行淬火。但电子束加热表面淬火装置比较复杂，要配以真空系统、电子束发生机构、计算机控制电子束定位系统等，设备的成本高，且不能用于重负荷零件和大型零件。

第五节　表面处理的常用方法及特点

一、电镀

（1）定义：电镀（Electroplating）就是利用电解原理在某些金属表面上镀上一薄层其他金属或合金的过程，是利用电解作用使金属或其他材料制件的表面附着一层金属膜的工艺从而起到防止金属氧化（如锈蚀），提高耐磨性、导电性、反光性、抗腐蚀性（硫酸铜等）及增进美观等作用。

（2）特点：电镀时，镀层金属或其他不溶性材料做阳极，待镀的工件做阴极，镀层金属的阳离子在待镀工件表面被还原形成镀层。为排除其他阳离子的干扰，且使镀层均匀、牢固，需用含镀层金属阳离子的溶液做电镀液，以保持镀层金属阳离子的浓度不变。电镀层比热浸层均匀，一般都较薄，从几个微米到几十微米不等。通过电镀，可以在机械制品上获得装饰保护性和各种功能性的表面层，还可以修复磨损和加工失误的工件。

此外，依各种电镀需求还有不同的作用。举例如下：

（1）镀铜：打底用，增进电镀层附着能力，及抗蚀能力（铜容易氧化，氧化后，铜绿不再导电，所以镀铜产品一定要做铜保护）。

（2）镀镍：打底用或做外观，增进抗蚀能力及耐磨能力（注意，现在许多电子产品，比如 DIN 头，N 头，不再使用镍打底，主要是由于镍有磁性，会影响到电性能里面的无源互调）。

（3）镀金：改善导电接触阻抗，增进信号传输（金最稳定，也最贵）。

（4）镀钯镍：改善导电接触阻抗，增进信号传输，耐磨性高于金。

（5）镀锡铅：增进焊接能力。因含铅现大部分改为镀亮锡及雾锡。

（6）镀银：改善导电接触阻抗，增进信号传输（银性能最好，容易氧化，氧化后也导电）。

电镀是利用电解的原理将导电体铺上一层金属的方法。除了导电体以外，电镀亦可用于经过特殊处理的塑胶上。电镀的过程基本如下：　（1）把镀上去的金属接在阳极；（2）要被电镀的物件接在阴极；（3）阴阳极以镀上去的金属的正离子组成的电解质溶液相连；（4）通以直流电的电源后，阳极的金属会氧化（失去电子），溶液中的正离子则在阴极还原（得到电子）成原子并积聚在阴极表层。

电镀后被电镀物件的美观性和电流大小有关系，电流越小，被电镀的物件便会越美观；反之则会出现一些不平整的形状。

电镀的主要用途包括防止金属氧化（如锈蚀）以及进行装饰，不少硬币的外层亦为电镀。

二、化学镀

（1）定义：化学镀（electroless plating）也称无电解镀或者自催化镀，是在无外加电流的情况下借助合适的还原剂，使镀液中金属离子还原成金属，并沉积到零件表面的一种镀覆方法。

（2）特点：化学镀不用外加电源，利用还原剂将镀液中的金属离子还原并沉积在有催化性的工件表面形成镀层。

化学镀层厚度均匀且不受工件形状复杂程度的影响，无明显边缘效应。镀层晶粒细小、致密、孔缝少、外观光亮、耐蚀性好。

化学镀有镍、铜、银、钯、金、铂、钴等金属或合金及复合镀层。其中，常用的是化学镀镍和化学镀铜，不仅可以使金属表面获得镀层，而且可以使经特殊镀前处理的非金属（如塑料、玻璃、陶瓷等）直接获得镀层。

化学镀镍特点：当化学镀层是含磷 3%～15% 的镍磷合金层，硬度和耐磨性较好。当磷含量大于 8% 时具有优异的抗蚀性和抗氧化性。化学镀镍层与其他镀层结合较好，具有较高的热稳定性。能作为锡镀或铜镀的底层、钢铁零件的中温保护层、磨损件的尺寸修复镀层、铜与钢铁制件防护装饰等。在石油（如管道）、电子（如印刷电路、磁屏蔽罩）和汽车等工业上有广泛应用。

化学镀铜：化学镀铜层一般很薄（$0.5 \sim 1 \mu m$），外观呈红铜色，具有优良的导电性和焊接性，主要用于非金属材料的表面金属化，特别是印刷电路的金属化。在电子工业中应用广泛，例如通孔的双面或多层印刷电路板制作。

三、热浸镀

（1）定义：热浸镀简称热镀。热镀是把被镀件浸入熔融的金属液体中使其表面形成金属镀层的一种工艺方法。镀层金属的熔点必须比被镀金属的熔点低得多，故热镀层金属都采用低熔点金属及其合金，如锡（231.9℃）、铅（327.4℃）、锌（419.5℃）、铝（658.7℃）及其合金，钢是最常用的基体金属。热浸镀可以单槽进行，也可以连续自动化生产。

热浸镀一般只适于形状简单的板材、带材、管材、丝材等，热浸镀锌主要用于钢管、钢板、钢带和钢丝。

（2）热浸镀工艺：预镀件→前处理→热浸镀→后处理→制品

根据热浸镀的前处理方法不同，热浸镀工艺可以分为熔剂法和保护气体还原法。

熔剂法是利用熔剂的化学作用对已经除油、除锈的钢材在浸入镀液前保护其表面不再氧化并对其进一步活化，保证镀液与洁净的钢基体表面浸润，并通过化学反应和扩散形成合金层。该法设备简单、成本低、操作简便易学、生产灵活，可进行批量生产也可进行单件浸镀，可根据产品批量随时调控连续浸镀或间断浸镀，且浸镀产品范围广，适应多种品种规格的产品。因此，在我国极具推广价值，有必要进行深入研究。

保护气体还原法又称森吉米尔法，是现代带钢连续热浸镀采用的最普遍和最广泛的一种工艺。该法生产速度快、效率高、镀层结合力好、无污染。另外，还原性生产线高温辐射加热的温度高，退火时间长，可以生产加工性能良好的产品；但设备比较复杂，投资大，技术难度大，适合单一产品的批量生产。

四、真空镀膜

（1）定义：真空镀膜是一种由物理方法产生薄膜材料的技术。此项技术最先用于生产光学镜片，如航海望远镜镜片等，后延伸到其他功能薄膜，唱片镀铝，装饰镀膜和材料表面改性等，如手表外壳镀仿金色，改变加工红硬性的机械刀具镀膜。

（2）特点：通过真空镀膜技术的应用，使塑料表面金属化，将有机材料和无机材料结合起来，大大提高了它的物理、化学性能。其优点主要表现在：

1）表面光滑，金属光泽彩色化，使装饰性大大提高。

2）改善表面硬度。如原塑胶表面比金属软而易受损害，通过真空镀膜，硬度及耐磨性大大增加。

3）提高耐候性。一般塑料在室外老化很快，主要原因是紫外线照射所致，而镀铝后，铝对紫外线反射最强，因此，耐候性大大提高。

4）减少吸水率，镀膜次数愈多，针孔愈少，吸水率越低，制品不易变形，提高耐热性。

5）使塑料表面有导电性。

6）容易清洗，不吸尘。

（3）真空蒸镀。基体可以是金属或非金属。涂层有铝、银、锌、镍和铬等金属及 ZrO_2、SiO_2 等高熔点化合物。膜层平滑光亮，反射性好。耐蚀性优于电镀层，但覆盖能力不如电镀层。

主要用于制作各种薄膜电子元件；沉积各种光学薄膜，如车灯反光罩等；以及用在某些非金属工艺品上作装饰膜层。

（4）离子镀。具有真空蒸镀和阴极溅射镀的综合优点。基体是金属或非金属均可，膜层材料可以是金属、合金化合物及陶瓷等。膜层与基体结合力很好，可镀铝、锌、镉、等抗蚀膜层；铝、钨、钛、钽耐热膜层；铬、碳化钛耐磨膜层；金、银氮化钛装饰膜层；塑料上镀镍、铜铬用于汽车及电器零件及制作印刷线路板、磁带等。

五、金属的氧化处理

（1）定义：金属的氧化处理是金属表面与氧或氧化剂作用而形成保护性的氧化膜，防止金属腐蚀。氧化方法有热氧化法、碱性氧化法、酸性氧化法（黑色金属）以及化学氧化法、阳极氧化法（有色金属）等。

黑色金属的氧化是将工件置于含硝酸钠或亚硝酸钠的氢氧化钠浓溶液中处理，使工件表面生成一层很薄的氧化膜的过程，也称发蓝或发黑。

（2）特点：钢铁的氧化膜主要由磁性氧化铁（Fe_3O_4）组成，厚度约 $0.5 \sim 15 \mu m$，一般呈蓝黑色（铸铁和硅钢呈金黄至浅棕色），有一定的防护能力。膜层很薄，不影响工件的尺寸精度。氧化没有氢脆现象，但有时会产生碱脆。为提高膜的抗蚀性，耐磨性和润滑性，可利用其良好的吸附性，进行浸热肥皂水及浸油（锭子油、机油或变压器油）处理。

六、喷砂

（1）定义：利用高速砂流的冲击作用清理和粗化基体表面的过程。采用压缩空气为动力，以形成高速喷射束将喷料（铜矿砂、石英砂、金刚砂、铁砂、海南砂）高速喷射到需要处理的工件表面，使工件表面的外表面的外表或形状发生变化，由于磨料对工件表面的冲击和切削作用，使工件的表面获得一定的清洁度和不同的粗糙度，使工件表面的力学性能得到改善，因此提高了工件的抗疲劳性，增加了它和涂层之间的附着力，延长了涂膜的耐久性，也有利于涂料的流平和装饰。

（2）特点：

1）喷砂处理是最彻底、最通用、最迅速、效率最高的清理方法。

2）喷砂处理可以在不同粗糙度之间任意选择，而其他工艺是没办法实现这一点的。手工打磨可以打出毛面但速度太慢，化学溶剂清理则清理表面过于光滑不利于涂层黏结。

七、滚光

（1）定义：滚光即用滚筒打光，用于小型零件清理。其工作原理是使小型零件和磨料通过旋转的滚筒作用，互相磨削、平整，去除零件上的毛刺及锈垢，得到光泽的表面。

（2）特点：可以代替机械磨光，抛光，费用低，并能提高劳动效率。目前一般小件镀前处理仍广泛使用。

八、磨光

磨光指利用磨光轮上磨料的尖锐棱角切割零件表面，以达到去锈皮和整平零件表面的目的。

磨光的目的是保证打磨后，使基体金属达到规定的粗糙度标准。如标准规定电镀后表面粗糙度标准为 $R_a > 0.02 \sim 0.04 \mu m$，因此打磨后的基体金属表面粗糙度必须保证 R_a 在 $0.08 \sim 0.32 \mu m$ 之间，才能达到要求。采用先粗后细步骤对零件进行磨光，后一次磨光应与前一次磨光的纹路呈交错或垂直。在磨光的最后一道工序，常在磨轮上涂上抛光膏进行研磨，以提高金属表面平滑程度。磨光适用于加工一切金属材料和部分非金属材料。

磨光效果主要取决于磨料的特性、磨料的质量，磨光轮的刚性、韧性和轮轴的旋转速度。

九、抛光

（1）定义：抛光是指利用机械、化学或电化学的作用，使工件表面粗糙度降低，以获得光亮、平整表面的加工方法。属于利用抛光工具和磨料颗粒或其他抛光介质对工件表面进行的修饰加工。抛光不能提高工件的尺寸精度或几何形状精度，而是以得到光滑表面或镜面光泽为目的，有时也用以消除光泽（消光）。通常以抛光轮作为抛光工具。抛光轮一般用多层帆布、毛毡或皮革叠制而成，两侧用金属圆板夹紧，其轮缘涂敷由微粉磨料和油脂等均匀混合而成的抛光剂。

（2）分类及特点：

1）机械抛光。机械抛光是靠切削、材料表面塑性变形去掉被抛光后的凸部而得到平滑面的抛光方法，一般使用油石条、羊毛轮、砂纸等，以手工操作为主，特殊零件如回转体表面，可使用转台等辅助工具，表面质量要求高的可采用超精研抛的方法。超精研抛是采用特制的磨具，在含有磨料的研抛液中，紧压于工件被加工表面上，作高速旋转运动。利用该技术可以达到 $0.008 \mu m$ 的表面粗糙度，是各种抛光方法中最高的。光学镜片模具常采用这种方法。

2）化学抛光。化学抛光是让材料在化学介质中表面微观凸出的部分优先溶解，从而得到平滑面。这种方法的主要优点是不需复杂设备，可以抛光形状复杂的工件，可以同时抛光很多工件，效率高。化学抛光的核心问题是抛光液的配制。化学抛光得到的表面粗糙度一般为数十微米。

3）电解抛光。电解抛光基本原理与化学抛光相同，即靠选择性的溶解材料表面微小凸出部分，使表面光滑。与化学抛光相比，可以消除阴极反应的影响，效果较好。

4）超声波抛光。将工件放入磨料悬浮液中并一起置于超声波场中，依靠超声波的振荡作用，使磨料在工件表面磨削抛光。超声波加工宏观力小，不会引起工件变形，但工装制作和安装较困难。超声波加工可以与化学或电化学方法结合。在溶液腐蚀、电解的基础上，再施加超声波振动搅拌溶液，使工件表面溶解产物脱离，表面附近的腐蚀或电解质均匀；超声波在液体中的空化作用还能够抑制腐蚀过程，利于表面光亮化。

5）流体抛光。流体抛光是依高速流动的液体及其携带的磨粒冲刷工件表面达到抛光的目的。常用方法有：磨料喷射加工、液体喷射加工、流体动力研磨等。流体动力研磨是由液压驱动，使携带磨粒的液体介质高速往复流过工件表面。介质主要采用在较低压力下流动性好的特殊化合物并掺上磨料制成，磨料可采用碳化硅粉末。

6）磁研磨抛光。磁研磨抛光是利用磁性磨料在磁场作用下形成磨料刷，对工件磨削加工。这种方法加工效率高，质量好，加工条件容易控制，工作条件好。采用合适的磨料，表面粗糙度 R_a 可以达到 0.1μm。

 思考题

3-1 什么是表面淬火，常见表面淬火有哪些，表面淬火与常规淬火的区别是什么？

3-2 什么是真空热处理？简述真空热处理工艺过程。

3-3 其他表面热处理有哪些，工艺特点是什么？

3-4 简述电镀的概念和特点。

3-5 简述真空镀膜的特点。

第四章　铸铁热处理

案例导入：我国是世界上最早发明和使用生铁的国家。早在春秋（公元前770~前476年）、战国（公元前475~前221年）时代，我们的祖先就用生铁铸造生产工具和生活用具了，这种生铁跟现代的白口铸铁差不多，在生铁中，碳全部以 Fe_3C 的形式存在，导致生铁硬脆不能使用。为了改变其性能，古人发明了铸铁的柔化处理技术，其中包括石墨化退火和脱碳退火等，在战国时期开始实施，到南北朝已很成熟。在国外，白心可锻铸铁是1722年法国人发明的，黑心可锻铸铁是1862年美国人发明的，我们的祖先拥有这项技术比国外早约1800年。

在二元铁碳合金系中，$w_{(C)} > 2.11\%$ 的合金称为铸铁。工业中常用铸铁中还含有 Si、Mn 等元素以及 S、P 等杂质，其成分范围是 $w(C) = 2.5\% \sim 4.0\%$、$w(Si) = 1.0\% \sim 3.0\%$、$w(Mn) = 0.5\% \sim 1.4\%$、$w(P) = 0.01\% \sim 0.5\%$、$w(S) = 0.02\% \sim 0.2\%$。除此之外，为了更进一步提高铸铁的性能，还可以提高 Si、Mn、P 等元素的质量分数或加入 Cr、Mo、V、Cu、Al 等合金元素，从而得到合金铸铁。铸铁按断口颜色可分为：灰铸铁、白口铸铁、麻口铸铁。按化学成分可分为：普通铸铁、合金铸铁。按生产方法和组织性能可分为：普通灰铸铁、孕育铸铁、可锻铸铁、球墨铸铁、特殊性能铸铁。

铸铁的生产工艺和设备简单、成本低、性能良好，与钢相比，其力学性能尤其是抗拉强度、塑性、韧性较低，但它具有优良的减震性、耐磨性、耐蚀性、铸造性能与切削加工性能。因此，被广泛地应用于机械制造、冶金矿山、石油化工、交通运输、基本建设及国防工业等。在各类机械中，铸铁件约占机器重量的 45%~90%。由于铸铁性能的不断提高，不少原来采用锻钢、铸钢及有色金属制造的零件，现已用铸铁来代替。

第一节　铸铁热处理工艺概述

一、铸铁热处理与钢的热处理的差异性

铸铁的热处理工艺方法与钢的热处理工艺基本相似。但由于铸铁中石墨的存在以及化学成分等方面的差异，使其热处理又具有一定的特殊性，表现在以下几个方面：

（1）共析转变发生在一个相当宽的温度范围内。在这个温度范围内，存在着铁素体+奥氏体+石墨的稳定平衡及铁素体+奥氏体+渗碳体的准稳定平衡。因此，只要在共析温度范围内，控制不同的加热温度和保温时间，就可获得不同比例的铁素体和珠光体的基体组织。

（2）尽管铸铁的含碳量很高，但通过不同程度的石墨化过程，可使碳全部或部分以

石墨形态析出，从而可获得不同组织的钢基体，如铁素体的钢基体或铁素体+珠光体的钢基体。

（3）控制奥氏体化温度和加热、保温、冷却条件，可以在相当大的范围内调整和控制奥氏体及其转变产物的碳含量，从而导致铸铁性能的改变。

（4）铸铁中的碳主要存在于石墨中。为此，在相变过程中，碳常需进行远距离的扩散。其扩散速度受温度及化学成分的影响，进而影响到相变过程及相变产物的碳含量。

（5）铸铁热处理不能改变石墨的形态和分布特性，只对钢的基体起作用。但铸铁组织中的石墨形态，却对热处理后的效果产生很大影响。灰铸铁由于石墨呈片状，对基体的割裂作用很大，因而热处理后的效果就会受到限制；而球墨铸铁，由于石墨呈球状，对基体的破坏作用较小，因而钢能进行的各种热处理方法，球墨铸铁均能进行。

二、铸铁热处理分类

用于铸铁热处理的工艺方法有退火、正火、淬火、回火等整体热处理，感应淬火、火焰淬火以及接触电阻加热淬火等表面淬火，以及氮碳共渗、硫氮碳共渗等表面化学热处理等。不同类型的铸铁，其可实行的热处理工艺也有所不同。球墨铸铁由于石墨呈球状，对基体的破坏最小，因而上述热处理工艺都能进行。

三、铸铁热处理基础知识

（一）铁碳合金双重相图

在铸铁中存在大量的碳，且全部或大部分为游离态石墨；而石墨的大小、形状、数量及分布形式，都对铸铁的性能产生重大影响。为此，有必要对铁和石墨之间的关系进行了解。

液态合金在冷却过程中，在不同的冷却条件下，可以按照 Fe-Fe$_3$C 相图形成渗碳体，也可以不按照 Fe-Fe$_3$C 相图结晶而直接析出石墨。在一定的条件下，已经形成的渗碳体也可以分解为铁素体和石墨，即 Fe$_3$C→3Fe+C（石墨）。将描述石墨形成的规律用相图来表示，就是 Fe-C（石墨）相图。将 Fe-Fe$_3$C 相图与 Fe-C（石墨）相图重合在一起，即成为铁碳双重相图，如图 4-1 所示。图中实线表示 Fe-Fe$_3$C 相图，虚线表示 Fe-C（石墨）相图。凡是不涉及渗碳体或石墨的那些线，虚实线二者重合。两图的主要点、线的成分与温度，在图上已标明。C 和 C' 为共晶点，ECF 和 $E'C'F'$ 为共晶线，S 和 S' 为共析点，PSK 和 $P'S'K'$ 为共析线。铁碳合金双重相图便于比较和应用，是制定铸铁的热处理工艺的重要依据。

（二）铸铁的石墨化

铸铁中碳以石墨形式析出的现象，称为石墨化。铸铁在冷却过程中，石墨从液态或固态中析出。石墨的形态、大小、数量和基体组织决定了铸铁的组织和力学性能。片状石墨数量越多，尺寸越大，分布越不均匀，对力学性能的不利影响越大。

铸铁的石墨化过程包括三个阶段：第一阶段：在 1154℃发生的共晶转变阶段，由液

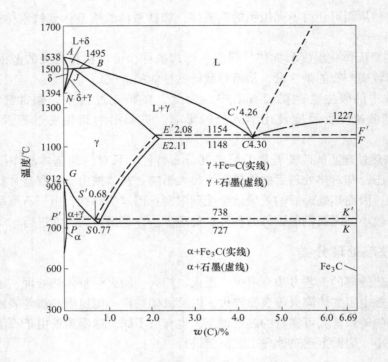

图 4-1　铁碳合金双重相图

相结晶出奥氏体加石墨。第二阶段：在 1154～738℃温度区间，奥氏体析出二次石墨。第三阶段：在 738℃发生的共析转变阶段，由奥氏体转变为铁素体加石墨。

一般说来，第一阶段石墨化温度较高，进行得比较完全，这时，就可以得到灰铸铁。如果冷却太快，石墨化完全被抑制，则得到白口铸铁。如果进行得不完全，就得到麻口铁。第二阶段石墨化温度较低，扩散条件也差，由于化学成分及冷却条件的不同，石墨化不能完全进行。

（三）加热冷却时的组织转变

1. 加热时的组织转变

（1）在临界温度（A_{c1}下限）以下加热时，共析渗碳体开始球化和石墨化。加热速度越慢，加热温度越高，过程进行得越强烈。

（2）在临界温度范围内加热时，从超过临界温度 A_{c1} 下限开始，铁素体将向奥氏体转变，此过程一直加热到超过 A_{c1} 上限温度，铁素体完全溶入奥氏体。

（3）加热温度超过临界温度 A_{c1} 上限时，铁素体和珠光体完全奥氏体化，温度升高，石墨化过程加速，并导致奥氏体晶粒长大和石墨的聚集。

2. 冷却时的组织转变

（1）在临界温度以上冷却，随着温度的降低，过饱和的碳从奥氏体中析出。缓慢冷却时，碳以石墨形态析出；冷速加快，也可能析出渗碳体。

（2）冷却到共析转变临界温度范围内，奥氏体开始转变成铁素体和石墨，形成奥氏体、铁素体和石墨三相共存，随着温度降低，时间延长，铁素体数量增多。直至低于A_{r1}下限温度时，奥氏体全部分解为铁素体和石墨。

（3）冷却到共析转变临界温度以下慢冷时，奥氏体转变成铁素体和石墨；快冷时，将产生过冷奥氏体，在不同的温度和冷却速度下转变成不同的组织。

3. 等温冷却转变

与钢相似，铸铁的过冷奥氏体等温转变可分为三个温度区域：

（1）高温转变区（A_{r1}到550℃左右）。奥氏体发生扩散型分解，形成珠光体组织。

（2）中温转变区（500℃左右至M_s点）。转变产物为贝氏体。

（3）低温转变区（M_s点以下）。转变产物为马氏体。

铸铁的过冷奥氏体等温转变图如图4-2、图4-3和图4-4所示。

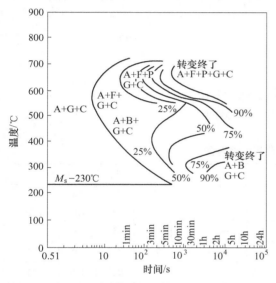

图 4-2　Cu-Mo 合金球墨铸铁奥氏体等温转变图
（图中的百分数为转变产物的体积分数，其试件的化学成分
（质量分数）为：$w(C) = 3.95\%$，$w(Si) = 2.6\%$，
$w(Mn) = 0.71\%$，$w(Mo) = 0.41\%$，
$w(Ca) = 0.92\%$，$w(S) = 0.018\%$，
$w(P) = 0.08\%$；原始状态：铸态；
奥氏体化810℃保温30min，加热冷却速度2~3℃/min；
加热时共析转变临界温度：A_{c1}下限770℃，
A_{c1}上限880℃，冷却时共析转变临界温度：A_{r1}下限670℃）
A—奥氏体；B—贝氏体；C—渗碳体；
F—铁素体；P—珠光体；G—石墨；
M_s—马氏体转变起始温度

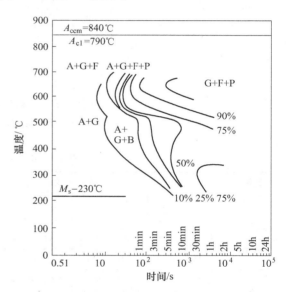

图 4-3　低 Cu-Mn-Mo 球墨铸铁奥氏体等温转变图
（图中的百分数为转变产物的体积分数，
其试件的化学成分（质量分数）为：
$w(C) = 3.5\%$；$w(Si) = 2.9\%$；
$w(Mn) = 0.265\%$；$w(P) = 0.08\%$；
$w(Mo) = 0.194\%$，$w(Cu) = 0.62\%$，
奥氏体化880℃保温20min）
A—奥氏体；B—贝氏体；F—铁素体；
P—珠光体；G—石墨；M_s—马氏体转变开始温度；
C—渗碳体

4. 铸铁共析转变的临界温度

铸铁共析转变温度与化学成分、原始组织、石墨形态以及加热和冷却速度有关。表4-1所列为各种铸铁的共析转变温度。

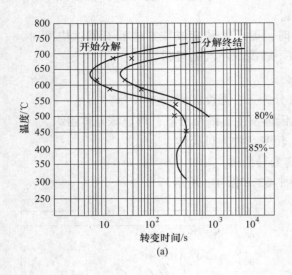
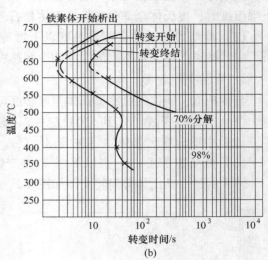

图 4-4　灰铸铁奥氏体等温转变图

（a）亚共晶铸铁；（b）过共晶铸铁

表 4-1　各种铸铁临界温度范围

铸铁共析转变温度	化学成分（质量分数）/（%）									临界温度/℃			
	C	Si	Mn	P	S	Cu	Mn	Mg	Ce	A_{c1} 下限	A_{c1} 上限	A_{r1} 上限	A_{r1} 下限
灰铸铁	3.15	2.2	0.67	0.24	0.11	—	—	—	—	770	830	—	—
	2.83	2.17	0.50	0.13	0.09	—	—	—	—	775	830	765	723
合金灰铸铁	2.86	2.27	0.50	0.14	0.09	0.7%Cr	1.7%Ni	—	—	770	825	750	700
	2.85	2.24	0.45	0.13	0.10	2.3%Ni	0.09	—	—	780	830	725	625
	2.85	2.25	0.55	0.13	0.09	3.00	—	—	—	770	825	725	680
可锻铸铁	2.60	1.13	0.43	0.178	0.163	—	—	—	—	—	—	768	721
	2.35	1.31	0.43	0.134	0.170	—	—	—	—	—	—	785	732
球墨铸铁	3.80	2.42	0.62	0.08	0.033	—	—	0.041	0.035	765	820	785	720
	3.80	3.84	0.62	0.08	0.033	—	—	0.041	0.035	795	920	860	750
	3.86	2.66	0.92	0.073	0.036	—	—	0.05	0.04	755	815	765	675
合金球墨铸铁	3.50	2.90	0.265	0.08	—	0.62	0.194	0.039	0.038	790	840	—	—
	3.40	2.65	0.63	0.063	0.0124	1.70	0.2	0.037	0.053	785	835	—	—

应该指出，表 4-1 所列的铸铁共析转变温度是在一定的试验条件下获得的，在实际生产条件下会有出入（如原始组织、加热和冷却条件，都会对共析转变温度产生影响）。例如，加热速度快，共析临界温度升高。盐浴炉加热比空气炉加热临界温度提高 10～15℃；冷却速度每增加 1℃/h，A_{r1} 上限和 A_{r1} 下限分别降低 0.5℃。

（四）常温组织

（1）基体。碳硅含量高、合金含量少、冷却慢时可得到铁素体基体组织。但在大多数情况下，获得珠光体、渗碳体和铁素体混合组织。

当铝、镍、铜等合金元素含量较高，且冷速较大时，可获得贝氏体组织。

合金元素多、冷速大时可获得马氏体和残留奥氏体（一些高合金铸铁还会出现马氏体、奥氏体、珠光体共存组织）。镍、锰含量达到 $w(Ni) = 20\%$、$w(Mn) = 13\%$ 以上时，铸件组织在常温呈奥氏体状态。

（2）磷共晶及其他化合物。磷以 $Fe_3P+a\text{-}Fe$ 二元共晶、$Fe_3P+Fe_3C+a\text{-}Fe$ 三元共晶或二者复合形式在基体上呈网状分布。硫、氮、氧等元素分别以硫化物、氮化物、氧化物形式存在，但因数量少，加之石墨存在，对性能影响不大。

（3）石墨。石墨为碳的同素异构体，呈六方层状结构，其强度、塑性、硬度极低，因而会削弱铸铁的基体强度，削弱的程度取决于它的形状、分布和数量。为此，灰铸铁因石墨呈片状，削弱的程度最大，以致灰铸铁强度最低、塑性最差。而球墨铸铁则因石墨呈球状，削弱的程度最小，所以强度最高，可通过热处理更好地发挥其基体的作用。此外，石墨在铸铁中的存在不仅使铸铁件的缺口敏感性降低，而且可提高其减摩、减振、抗蚀性能。

（4）碳化物。当铸铁中的合金含量高、碳硅含量低、冷速快时会形成较多的碳化物，碳化物呈 M_3C 型，合金元素多时呈 M_7C_3、$M_{23}C_6$、MC 型。一般铸铁件不希望有较多的碳化物，而对于白口铸铁，其碳化物可多达 30% 以上。

四、铸铁热处理关键工艺控制

（一）温度控制

在铸铁件的热处理中，准确和有效地进行温度控制是极为重要的。如热处理时的过热，会使优质铸件产生不可逆转的损坏，如热处理产生欠热，在服役中会因性能指标不达要求而失效。与钢进行相同的热处理，铸铁件的热处理温度控制通常需要更加准确。因此，温度控制系统的设计、适当的维护和操作是极为重要的事情。实际上热处理温度控制涉及两个紧密相关的因素。第一个因素是达到并保持在所需的温度范围，必须保证温度调节的准确性。第二个因素是在热处理温度下，铸件自身温度的均匀性。

因为存在的众多变量会改变炉内传热和热分布，因此在商业热处理中，第二个因素比第一个因素更加难以控制。例如，采用强制循环和常规控制仪表，可以保证空载炉达到满意的温度精度和温度分布。而在该炉中装载大型铸件，这会改变炉内传热模式，干扰空气循环，则难以保证温度分布的均匀度。即使炉内控制的热电偶达到所需的温度，但会出现实际温度分布不均匀问题。热电偶附近的铸件将达到或接近控制温度，而炉内偏远区域的其他铸件，可能高于或低于这个温度几百摄氏度。

如果不采取适当的措施，保证相对均匀的温度分布，有些铸件可能无法达到所需的温度，或可能产生严重过热。经这种热处理的铸件显然无法满足使用要求。有许多铸件性能达不到要求，将原因归咎于冶金或铸件成分不合格，但实际上是炉内温度分布不均匀所造成的后果。

连续生产线上的热处理炉也可能产生不规则的温度变化。在工件通过热处理炉时，应加强对温度均匀度的监测。在铸件热处理炉的正常负载条件下，为保证达到满意的温度分布，通常要求以下几点：

（1）不超载。保证铸件之间有足够的空间，以确保炉内气氛自由流通。

（2）保证铸件间的空气流通通道大体相同，保证炉内所有工件间空气流通均匀。

（3）不将厚壁和薄壁铸件在同炉混装。理想状态是同炉所有工件重量和截面都相同，或铸件有类似的重量与面积比。

（4）在装载后的炉中各关键点安装热电偶，记录炉内工作时温度分布。通过记录的温度分布，调整炉内燃烧喷嘴或重新安排炉内载荷，保证温度均匀。

（二）气氛控制

在热处理温度下，铸铁件可与炉内气氛迅速发生反应，如不对炉内气氛进行控制，热处理炉内气氛为氧化性气氛，会在铸铁件表面形成氧化铁，与接触的石墨发生反应，形成一氧化碳。通过扩散和碳氧反应，在金属表面逐渐形成氧化物和脱碳层。随氧化进一步发展，金属表层的硅会发生氧化，形成氧化硅，这对机加工中的刀具极为有害。如果表层的硅含量降低，铸件表面会形成高硬度的珠光体层，退火后形成铁素体。在扩散过程中，石墨片或石墨球会逐步消失，消失后的孔隙处形成氧化铁。因此，为减少出现这类问题，应尽可能选择低的热处理温度和缩短热处理时间。

虽然通过砂轮和喷丸清理，很容易去除表面氧化膜和氧化皮，但很难去除铸铁中形成的内层氧化和次表层氧化，这会对机械加工造成严重危害。需采用酸洗或使用熔盐浴去除不通孔中的氧化物。

铸件热处理后采用砂轮和喷丸清理，可能会再次在表面造成残余应力。当铸件表面状况要求很高时，并且热处理后，还要进行表面机加工，则应该采用保护气氛进行热处理。对有过多氧化物表面的铸件进行机加工，会降低刀具寿命。

铸铁件含有多余的碳，因此对气氛控制不必要像钢淬火要求的那么严格。装载有合理铸铁件数量的密封炉内，铸铁件可以产生高达 60%CO 的气氛，即自身能生成部分保护气氛。该方法不能防止在铸件表面形成薄的氧化膜，但能避免在表面形成厚的氧化皮和表层出现铁素体脱碳层。

采用盐浴炉加热铸件是精确温度控制与防止氧化的有效方法。通常在热处理温度下，铸铁饱和含碳量非常高，因此，还原或渗碳气氛对铸铁件的影响甚微。如铸铁不含有特殊合金元素，对大多数热处理工艺来说，氮的渗入速度太慢。在未达到平衡的还原性气氛中，可能表层会出现脱碳层，但不会形成铁的氧化物。采用氮气作为中性气氛，已成功用于连续退火电炉对可锻铸铁进行退火。必须保持氮气的低露点，以避免出现工艺困难。

第二节　灰铸铁的热处理

灰铸铁中的石墨是以片状分布在基体上的，其显微组织如图 4-5 所示。由于强度低，它的存在犹如连续材料中的片状孔洞，对铸铁的基体组织起着分割作用，所以片状石墨的大小、数量和分布是影响铸铁力学性能的主要因素。热处理的方法不能明显改变灰口铸铁石墨的状态，因而也不能显著提高其强度和韧性。因此灰铸铁的热处理主要用来消除铸件的内应力，改善加工性能，消除白口和麻口，提高硬度和耐磨性。

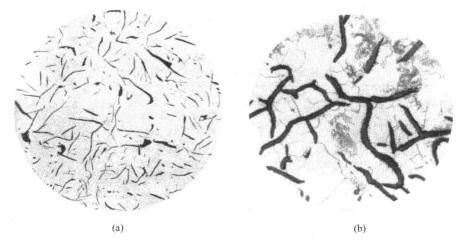

(a)   (b)

图 4-5　灰铸铁显微组织+片状石墨
(a) 灰口铸铁（×100）；(b) 灰口铸铁（×250）

　　灰铸铁热处理基本工艺与钢大致相同，主要是退火、正火、淬火和回火，此外，还包括感应加热淬火和火焰加热表面淬火，以及一些化学热处理工艺（渗氮、碳氮共渗等）。

一、退火

　　灰铸铁的退火分为消除应力退火和石墨化退火两大类，石墨化退火又分为低温石墨化退火和高温石墨化退火两类。

（一）去应力退火

　　铸件在冷却过程中，由于壁厚不均匀，各部分冷却速度不同造成组织转变不同，故铸件存在较大应力，使铸件易开裂或变形。

　　(1) 目的。消除铸件内的残余应力、稳定几何尺寸、减少或消除切削加工后的畸变。

　　(2) 适用牌号。铁素体灰铸铁 HT100，铁素体-珠光体灰铸铁 HT150，珠光体灰铸铁 HT200、HT250，孕育灰铸铁 HT300、HT350。

　　(3) 设备。有气流循环的箱式、井式、台车式电阻炉，一般在空气介质中加热炉温均匀度应保持在±15℃内，也可用燃气或反射炉，视铸件批量大小，质量要求而定。

　　(4) 装炉。小件最好用料筐分层装炉；中等件可堆放装炉，需要码齐、中间留空隙；大件应放置平稳。

　　(5) 工艺。

　　1) 退火温度。普通灰铸铁 500~550 ℃；低合金灰铸铁 550~570 ℃；高合金灰铸铁 650℃。退火温度取决于化学成分。普通灰铸铁不宜超过 550℃，以免部分渗碳体石墨化和粒状化，使强度、硬度降低。

2）加热速度。60~120℃/h，加热速度大小取决于铸件的形状复杂程度、壁厚差别、尺寸大小、装炉量和炉子功率。

3）保温时间。一般在2~8h范围内，视加热温度、尺寸大小、装炉量、铸件结构复杂程度以及要求应力消除程度而定。

4）冷却速度。一般控制在20~40℃/h，冷到200~150℃以下即可出炉空冷。

具体工艺规范可参考表4-2。

表4-2　灰铸铁消除应力退火工艺规范

| 铸件种类 | 铸件质量/kg | 壁铸件厚/mm | 装炉温度/℃ | 升温速度/℃·h⁻¹ | 加热速度/℃ | | 保温时间/h | 缓冷速度/℃·h⁻¹ | 出炉温度/℃ |
					普通铸铁	低合金铸铁			
一般铸铁	<200		≤200	≤100	500~550	550~570	4~6	30	≤200
	200~2500		≤200	≤80	500~550	550~570	6~8	30	≤200
	>2500		≤200	≤60	500~550	550~570	8	30	≤200
精密铸铁	<200		≤200	≤100	500~550	550~570	4~6	20	≤200
	200~3500		≤200	≤80	500~550	550~570	6~8	20	≤200
简单或圆筒状铸件、一般精度铸件	<300	10~40	100~300	100~150	500~600		2~3	40~50	<200
	100~1000	15~60	100~200	<75	500		8~10	40	<200
结构复杂较高精度铸件	1500	<40	<150	<60	420~450		5~6	30~40	<200
	1500	40~70	<200	<70	450~550		8~9	20~30	<200
	1500	>70	<200	<75	500~550		9~10	20~30	<200
纺织机械小铸件、机床小铸件、机床大铸件	<50	<15	<150	50~70	500~550		1.5	30~40	150
	<1000	<60	≤200	<100	500~550		3~5	20~30	150~200
	>2000	20~80	<150	30~60	500~550		8~10	30~40	150~200

（二）石墨化退火

（1）目的。灰口铸铁件铸后冷却过快会促使形成局部白口、麻口或淬火组织，由于硬度过高会造成机械加工的困难，影响力学性能。所以石墨化退火的目的是使共晶渗碳体和共析渗碳体中的碳析出成为石墨，以降低铸件硬度，提高塑性和韧性，改善切削加工性能。

（2）适用牌号。各种牌号的普通灰铸铁。

（3）设备。箱式、井式、台车式电阻炉、燃气式反射炉。一般不需气氛保护。

（4）工艺。一般分为低温石墨化退火和高温石墨化退火两类。

1）低温石墨化退火。用于铸件中无共晶渗碳体或其量很少时。将铸件加热到稍低于A_{c1}下限温度（650~700℃），保温1~4h后，随炉冷却。通过低温石墨化退火，使共析渗碳体石墨化和粒状化，硬度降低、塑性增加。普通铸铁的低温石墨化退火典型工艺曲线列于图4-6。退火后可获得珠光体+铁素体+石墨的组织，其显微组织如图4-7所示。

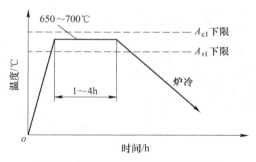

图 4-6　铸铁低温石墨化退火工艺图

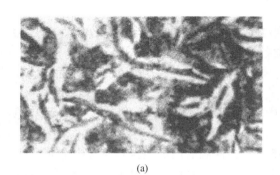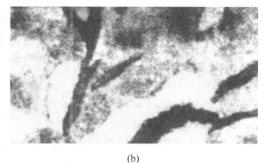

(a)　　　　　　　　　　　　　　　　　　　　　(b)

图 4-7　铸铁低温石墨化退火显微组织（珠光体基体组织+铁素体+片状石墨）

(a) ×100；(b) ×500

2）高温石墨化退火。用于铸件中有较多共晶渗碳体（碳含量较高、硅含量较低）时。将铸件加热到高于 A_{c1} 上限以上温度保温，然后按要求的基体组织施行不同方式的冷却。

①要求得到高塑性、韧性的铁素体基体组织时，加热温度为 900~600℃；加热速度为 70~100℃/h；保温时间为 1~4h；冷却一般炉冷至小于 300℃ 出炉空冷，或等温冷却，等温温度为 720~760℃ ，等温后出炉空冷。

②要求得到强度高、耐磨性好的珠光体基体组织时，加热温度为 900~960℃；加热速度为 70~100℃/h；保温时间为 1~4h；冷却一般采用空冷或空冷至 600℃ 时，转入炉中控制冷却（冷速 50~100℃/h），冷至 300℃时出炉空冷。高温石墨化退火工艺如图 4-8 所示，显微组织图如图 4-9 所示。

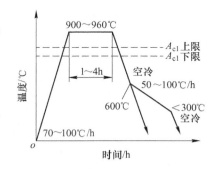

图 4-8　铸铁的高温石墨化退火工艺

二、正火

（1）目的。提高铸件强度、硬度和耐磨性，此外，为了改善基体组织和性能，作为表面淬火的预备热处理。

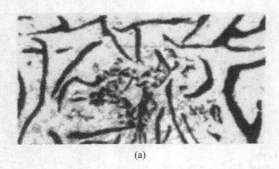 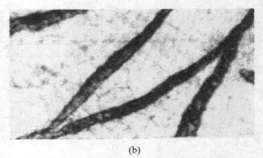

(a)　　　　　　　　　　　　　　　　　(b)

图 4-9　铸铁高温石墨化退火显微组织（铁素体基体+片状石墨）

(a) ×100；(b) ×500

（2）适用牌号。铁素体-珠光体灰铸铁件 HT150，珠光体灰铸铁件 HT200、HT250，孕育铸铁件 HT300、HT350 的表面淬火时的预备热处理。

（3）设备。箱式、井式、台车式电阻炉、燃气式反射炉，一般不用气体保护。炉温均匀度应保持在±15℃内。

（4）装炉。小件最好用料筐分层装炉；中等件可堆放装炉、需码齐，中间留空隙；大件应放置平稳。

（5）工艺。将铸件加热到 A_{c1} 上限+(30~50)℃，保温后出炉在自然空气中冷却。

对于普通灰铸铁形状简单铸件：加热温度为 850~900℃，保温 1-3h 后空冷，如图 4-10（a）所示。

对于形状复杂的重要铸件，正火后尚需进行去应力退火。

对于铸件组织中有较多自由渗碳体时，先在 900~960℃保温 1~3h（即 A_{c1} 上限+(50~100)℃）进行高温石墨化，然后再在 850~900℃保温 1~3h 进行正常的正火处理，如图 4-10（b）所示。

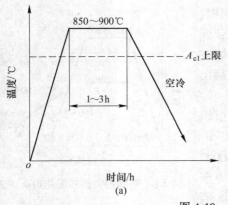 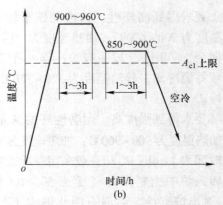

(a)　　　　　　　　　　　　　　　　　(b)

图 4-10　铸铁正火工艺曲线

（6）组织与性能。灰铸铁正火时冷却速度较大，组织中铁素体少，所以硬度较高。正火后可选择空冷、风冷或喷雾冷却方式，以调整铸件的组织与性能。

在规定的正火温度范围内，加热温度越高，奥氏体的碳含量和合金元素越多，正火后的珠光体越多，硬度也越高。所以改变加热温度和冷却方式是调节铸铁正火后硬度和组织的有效方式。图 4-11 所示为正火加热温度与珠光体量的关系。图 4-12 正火温度对灰铸铁硬度的影响，图 4-13 所示为正火前后的灰口铸铁组织。

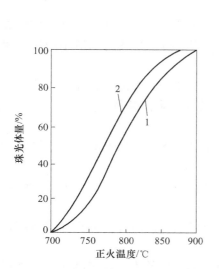

图 4-11 正火加热温度与珠光体量的关系

1—含硅 3.0%；2—含硅 2.1%

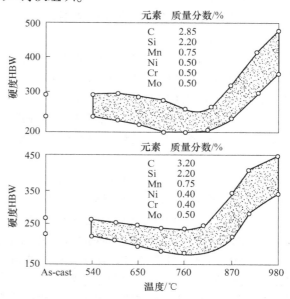

图 4-12 正火温度对灰铸铁硬度的影响

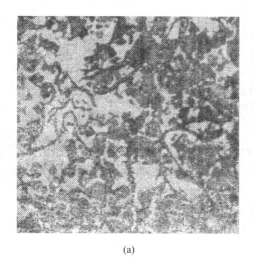

(a)

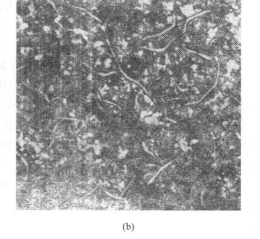

(b)

图 4-13 正火前后的铸铁组织（×200）

（a）正火前；（b）正火后

三、淬火与回火

（一）普通淬火

（1）目的。使基体获得马氏体或贝氏体等高硬度组织，以提高铸件强度和耐磨性。

但是由于基体中片状石墨的作用，靠淬火回火提高强度的效果很小，因为其主要作用是提高硬度和耐磨性。

（2）适用牌号。珠光体灰铸铁件 HT200、HT250，孕育铸铁件 HT300、HT350 在粗加工后进行的淬火。

（3）设备。箱式、井式、台车式电阻炉、盐浴炉、流动粒子炉、燃气式反射炉等加热设备，炉温均匀度应保持在 ±100℃。冷却一般在油槽中进行。加热时一般不用气氛保护，精密件可用中性或还原性气体保护。

（4）装炉。小件用料筐分层装炉，中等件在井式炉中分层装入吊具，在台车式炉中分层码放。在盐浴炉和流动粒子炉中小件可用料筐，中等件单个捆绑吊装。

（5）工艺。

1）加热温度。一般加热到 A_{c1} 上限+（30~50）℃，通常取 850~900℃。温度过高将增加畸变和开裂危险，并增加残留奥氏体量使淬火后硬度降低。

2）加热速度。形状复杂或大型铸件应随炉缓慢加热，有时尚需在 500~650℃ 保温，以减少表面和心部温差，避免加热和冷却时开裂。

3）保温时间。铁素体基体比珠光体基体铸件需要较长的保温时间。回火保温时间也可按 $t(h)$ = 铸件厚度（mm）/25+1 计算。

4）冷却。可用普通或快速淬火油。油槽的容积应足够大，并设有油搅拌器，使油保持 0.5m/s 以上的搅拌速度。油槽中还应设有加热器及冷油器，使油温保持在 60~80℃ 范围内。此外，也可采用 PVA 或 PAG 等聚合物溶液作淬火剂。

5）回火。淬火后应立即施行适当的回火。

（二）等温淬火

（1）目的。减少铸件畸变，避免淬火开裂，提高其综合力学性能。

（2）适用牌号。珠光体灰铸铁 HT200、HT250，孕育铸铁 HT300、HT350。如汽车凸轮、齿轮、气缸套等中小型铸铁件。

（3）设备。箱式炉、盐浴炉或流动粒子炉等加热设备进行加热，盐浴炉进行等温。炉子的炉温均匀度应保持在 ±10℃ 范围内。等温盐浴炉应具备加热、冷却和搅拌等设施，并具备严格控温条件。

（4）装炉。小件在箱式、盐浴和流动粒子炉中加热奥氏体化时应置于筐中；中等零件应捆绑吊装。

（5）工艺。图 4-14 所示为普通灰铸铁的等温淬火工艺图。

1）加热温度。与普通淬火工艺相同，即 A_{c1} 上限+（30~50）℃。

2）加热速度。一般采取热炉装料，随炉升温。

3）保温时间。在箱式电阻炉中按 1min/mm 计算；在盐浴炉和流态炉中按 1min/3mm 计算。

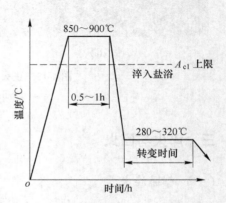

图 4-14　灰口铸铁等温淬火的工艺曲线

4）等温温度。按铸铁的化学成分和力学性能要求而定。

5）等温时间。取决于铸铁的过冷奥氏体等温转变曲线和铸件尺寸。

6）回火。淬火后应施以适当回火。

（三）表面淬火

（1）目的。提高铸件表面硬度和耐磨性。

（2）适用牌号。珠光体灰铸铁 HT200、HT250 和孕育铸铁 HT300、HT350 等制造的机床导轨、大模数齿轮、发动机汽缸套等铸件。

（3）设备。高、中频感应加热设备、氧-乙炔、氧-丙烷火焰加热器、电接触加热器，电解液加热装置，输出功率 2kW 以上激光器、10kW 以上的电子束加热装置等。此外，相应的配套装置有淬火机床和感应器等。

（4）预加工和前处理为半精加工和正火处理。

（5）工艺。

1）加热温度。由于加热的能量密度高，加热迅速，加热温度可达到 900～1000℃。温度过低，铁素体组织不能充分溶解；温度过高，晶粒会急剧长大。

2）加热速度。通常在 100～1000℃/s 范围内。快速加热条件下奥氏体很难达到均匀，提高加热温度能使情况得到改善。因此，加热温度经常要根据加热速度来选定。

3）保温时间。表面快速加热到奥氏体化温度后，几乎无需保温即可进行喷液淬火冷却。

4）淬火冷却。感应和火焰加热后，铸件用水、聚二醇（PAG）或聚乙烯醇（PVA）水溶液喷冷淬火。聚二醇水溶液的浓度为 4%，聚乙烯醇水溶液的浓度为 0.3%～0.5%。

电解液淬火冷却是在停止加热后的电解液中进行。

电接触、激光和电子束加热后的冷却完全依赖铸件心部未加热部分的传热，其表面淬硬部分呈网状分布。

5）回火。感应、火焰、电解液加热淬火后应立即施行回火。

感应加热后的铸件淬火时可以靠时间控制，不冷到室温、依赖内层热量的随后返出，实现"自回火"。图 4-15 所示为灰铸铁表面淬火工艺曲线。表 4-3 所示为常用灰铸铁表面淬火工艺。

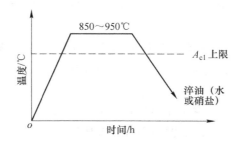

图 4-15 灰铸铁表面淬火工艺曲线

表 4-3　灰铸铁常用表面淬火工艺

方　法	工　艺　特　点
火焰加热淬火	用氧乙炔焰加热表面到淬火温度（约 900~1000℃），喷水冷却，或将零件投入淬火槽。淬硬层深 2~6mm，硬度为 40~48HRC。如床身，长 2.5~3m，淬硬深 3~5mm 时，变形 0.3~0.4mm，磨消后可消除。简便，但温度难控制，过热淬火后变形大。适于单件或小批生产的大工件
感应加热淬火	（1）中频感应加热淬火。常用频率为 2500~8000Hz。工件表面被快速加热到淬火温度后，喷水或浸液，淬硬层较深。淬硬层约 3~5mm，硬度>50HRC。调节阳极电流，频率和加热时间，可以控制淬火温度和深度。淬火质量稳定，工件变形较小。适用于大件、中件、小件。 （2）高频感应淬火。常用频率为 200~300kHz，加热速度为 200~1000℃/s。淬硬层浅。淬硬层约 1~2mm。淬火温度为 850℃，表面硬度可达 50HRC 以上；淬火温度为 900~1000℃，表面硬度可达 60HRC。淬火质量稳定，氧化脱碳少，工件变形小，适用于套筒类工件、齿轮、机床导轨等
接触电阻加热自冷淬火	（1）碳棒电极手工操作。二次开路电压为 2~3V，短路电流为 80~160A，电极接触端为 1~2mm²，移动速度为 2~3 圈/s，每圈直径为 3~5mm。淬硬层深度为 0.07~0.13mm，硬度为 54HRC 以上。 （2）铜滚轮机动操作。二次开路电压<5V，短路电流为 500~600A，滚轮与导轮面接触压力为 20~30N，滚轮线速度为 2~3m/min。淬硬层深度为 0.2~0.25mm，硬度为 54HRC 以上

电接触、激光、电子束表面淬火后可不进行回火。

（6）组织与性能。表面淬硬层是由不均匀奥氏体组织转变形成，自由渗碳体大部分保留下来，马氏体碳含量极不均匀，因而淬硬层硬度高于普通淬火。

高频和火焰加热表面淬火铸件，其耐磨性显著高于普通淬火件，且能一定程度地改善缺口弯曲疲劳性能。

（四）回火

（1）目的。淬火后的铸件均应进行及时的回火，以减少淬火时形成的残余应力，在稍许降低硬度的前提下，明显提高铸件的韧性。

（2）适用牌号。珠光体灰铸铁 HT200、HT250，孕育铸铁件 HT300、HT350 的普通淬火、等温淬火和表面淬火的后处理。

（3）设备。气流循环的箱式、井式电阻炉、燃气式反射炉、热风循环炉。炉温均匀度应为±10℃。

（4）工艺。回火温度取决于淬火铸件的强度与硬度要求，为避免铸件的石墨化，回火温度一般不超过 550℃；保温时间 $t(h)$ = 铸件厚度(mm)/25+1。

（5）组织与性能。

1）灰铸铁件在 900~930℃ 保温 1~4h 后淬油，然后经 400~500℃ 回火 2~3h，空冷，可获得回火索氏体+石墨的组织，硬度为 200~300HBS。

2）灰铸铁件在 900~930℃ 保温 1~4h 后淬油，然后经 400~500℃ 回火 2~3h，空冷，可获得回火托氏体+回火索氏体+石墨的组织，硬度为 300~400HBS。

3）灰铸铁件在 900~930℃保温 1~4h 后淬油，然后经 350~400℃回火 2~3h，空冷，可获得回火托氏体+石墨的组织，硬度为 350~400HBS，且抗拉强度 R_m 最大。

第三节 白口铸铁的热处理

一、退火

白口铸铁的铸态组织为莱氏体和自由渗碳体，间或有少量珠光体。大部分白口铸铁是作为可锻铸铁退火前的坯料，只有小部分用作机器零件。这部分工件有时需要施行消除应力退火和提高韧性、耐磨性的热处理。

（1）目的。高合金白口铸铁，特别是高硅、高铬白口铸铁在铸造过程中产生较大的铸造应力，铸造后应及时退火，以避免在受到震动和环境发生变化时产生裂纹或发生断裂。

（2）适用范围。如颚式破碎机破碎板和底板，抛丸机叶片、犁镜等不切削加工的耐磨件，特别是高硅、高铬白口铸铁件。

（3）设备。箱式、井式、台车式电阻炉，燃气式反射炉。一般不需要保护气氛。

（4）装炉。小铸件散装于料筐；中等件在料筐中码装；大件在炉内底朝下平稳放置。

（5）工艺。

1）加热温度。高合金白口铸铁去应力退火温度通常为 800~900℃。

2）加热速度。形状简单的中小高硅铸件的加热速度应不大于 100℃/h。形状复杂的铸件浇注凝固后于 700℃打箱装入退火炉。高铬白口铸铁件 500℃以下的加热速度为 20~30℃/h；500℃以上为 50℃/h。

3）保温时间。按每 25mm 铸件壁厚保温 1h 计算。

4）冷却速度。高硅耐蚀铸件以 30~50℃/h 的速度随炉缓慢冷却。高铬铸铁件以 25~40℃/h 速度随炉冷却至 100~150℃出炉空冷。

二、淬火与回火

（1）目的。使珠光体加热奥氏体化后淬冷成马氏体以提高硬度和耐磨性。

（2）适用范围。低碳、低硅、低硫、低磷的合金白口铸铁制作的抛丸机叶片、护板及混砂刮板。

（3）设备。箱式、井式、台车式电阻炉、燃气反射炉、盐浴和流动粒子炉等，用于铸件的奥氏体化加热，淬火冷却用油槽，回火采用有风扇的箱式、井式炉或热风循环炉。一般无需用保护气氛。炉温均匀度应在±10℃范围。

（4）装炉。小件散装于料筐中；中等件在料筐中码放整齐，然后装炉。

（5）工艺。

1）加热温度。一般取 850~880℃。

2）加热速度。普通白口铸铁和形状简单的高硅耐蚀铸铁件的加热速度可取不大于100℃/h；形状复杂高硅铸铁件和高铬铸铁件在 500℃以下的加热速度为 20~30℃/h；500℃以上为 50℃/h。

3）保温时间。在奥氏体化温度保持 0.5~1h。

4）淬火冷却。一般淬火在普通淬火油和快速淬火油中冷 40~50s；等温淬火则在 180~240℃硝盐浴中冷 40~60s，然后取出空冷。

5）回火。普通淬火和等温淬火后，铸件在 180~200℃进行 90~120min 回火，然后出炉空冷。表 4-4 和表 4-5 所列为抛丸机上叶片及护板和混砂机扩板合金白口铸铁件的化学成分、淬火回火热处理工艺以及热处理后的力学性能。

表 4-4　合金白口铸铁件的化学成分（质量分数）　　　　　　（%）

铸件号	C	Si	Mn	S	P	Cr	V	Ti	Cu	Mo	FeSiRe 合金加入量
1	2.5~3.0	1.5~2.0	2.5~3.5	<0.025	<0.09	2.5~3.5	0.3	0.1	0.2	0.1	1.5~2
2	2.4~2.7	<1.0	0.4~0.6	<0.04	<0.04	3.5~4.2	—				1.5
3	2.4~2.6	0.8~1.2	0.5~0.8	<0.05	<0.1		0.5~0.7	—	0.8~1.0	0.5~0.7	—

表 4-5　合金白口铸铁件的淬火回火工艺和力学性能

铸件号	淬火工艺			回火工艺		回火后力学性能				铸态硬度 HRC
	温度 /℃	时间 /min	冷却工艺	温度 /℃	时间 /min	R_m /MPa	σ_{bb} /MPa	A_k /J·cm^{-2}	硬度 HRC	
1	850~860	30	在室温变压器油中冷 40~50s	180~200	90	441	608~736	—	61~63	43.5~55
2	850~880	20	在 180~240℃硝盐中冷 40~60s	180~200	120	—	—	4.4~6.7	64~68	47~50
3	880	60	油冷	180	120				62~65	

注：σ_{bb}为抗弯强度。

三、等温淬火

（1）目的。白口铸铁价廉而易得，具有高的抗磨料磨损性能，但冲击韧性低，不适宜制作机耕犁铧等承受冲击载荷的零件。采取等温淬火可使脆的莱氏体+渗碳体组织转变为综合力学性能较好的贝氏体，以满足部分耕作农具的性能要求。

（2）适用范围。化学成分（质量分数）在以下范围内的白口铸铁：$w(C) = 2.2\%$ ~ 2.5%，$w(Si) < 1.0\%$，$w(Mn) = 0.5\% ~ 1.0\%$，$w(P) < 0.1\%$，$w(S) < 0.1\%$，用其制成的犁铧、饲料粉碎机锤头、抛丸机叶片及衬板等铸件。

（3）设备。箱式、井式、台车式电阻炉、盐浴炉和流动粒子炉用于奥氏体化加热。淬火冷却用硝盐等温槽，加热炉和等温槽温度均匀度应保持在±10℃范围。

（4）装炉。小件散装于料筐；中等件在料筐中码放整齐；在盐浴中加热时，铸件需单个捆绑吊装。

（5）工艺。加热温度是（900±10）℃；保温时间为 1h；等温温度是（290±10）℃；等温时间为 1.5h。图 4-16 所示为白口铸铁等温淬火工艺曲线。

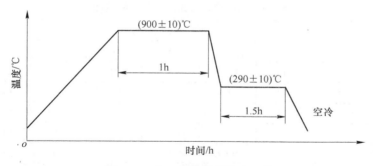

图 4-16　白口铸铁等温淬火工艺

第四节　球墨铸铁的热处理

在液态铸铁中添加铜镁合金、镍镁合金、硅铁镁合金和纯镁等球化剂，可使冷却后的铸铁组织中出现圆球状的石墨，故此铸铁称为球墨铸铁。球状石墨对铸铁力学性能的影响没有片状石墨那样显著，因而球墨铸铁的综合力学性能也显著优于灰口铸铁，通过热处理改善性能的效果比较明显。我国用稀土族元素和镁的合金作为球化剂，对改善球墨铸铁的质量和铸造工艺性能显示出很大的优越性。

一、球墨铸铁的共析临界温度

球铁中的镁在不同含硅量作用下对 A'_{c1} 的影响示于图 4-17。为了对比，图中亦列入了无镁灰口铸铁的含硅量对 A'_{c1} 的影响规律。因为影响球铁临界温度的元素主要是镁和硅，而在固定加镁量的前提下，主要的影响元素是硅。图 4-18 所示为硅对铸铁共析临界温度的影响规律。表 4-6 中所列为几种球墨铸铁的共析临界温度。

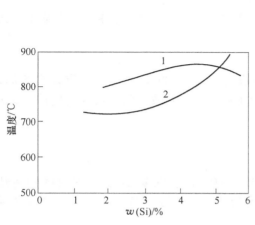

图 4-17　在含镁和无镁铸铁中硅对 A'_{c1} 的影响

1—含镁 0.12%；2—含镁 0%

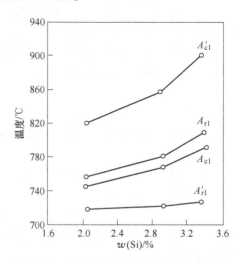

图 4-18　硅对铸铁各共析临界温度的影响

表 4-6　几种球墨铸铁的共析临界温度

编号	化学成分（质量分数）/%								
	C	Si	Mn	P	S	Mo	Cu	Mg	REO
1	3.42	2.96	0.78	0.058	0.019	0.17	—	0.036	0.028
2	3.42	2.96	0.78	0.058	0.019	0.17	—	0.036	0.028
3	3.28	2.58	0.71	0.08	0.018	0.41	0.92	0.035	0.01
4	3.42	2.33	1.14	0.07	0.016	—	1.08	0.013	0.017
5	3.42	2.33	1.14	0.07	0.016	—	1.08	0.013	0.017

编号	试样原始状态	临界温度/℃			
		A_{c1}	A'_{c1}	A'_{r1}	A_{r1}
1	铸态珠光体 70%~80%	800~805	850	771	710
2	退火态，铁素体	790	845	785	695~700
3	铸态	780	835	710	675
4	退火态，珠光体 40%	800~805	830~835	725~720	690
5	铁素体 60%	783~785	820~825	735~730	700

注：共析临界温度检测方法为膨胀法。

二、退火

（一）高温石墨化退火

（1）目的。铸态组织中自由渗碳体过多（体积分数>1%）时，施行高温石墨化退火，可提高韧性、塑性和改善切削加工性。

（2）适用范围。各种球墨铸铁。

（3）设备。箱式、井式、台车式电阻炉、燃气反射炉。一般不用保护气氛，必要时可装箱埋在石英砂铸铁屑中退火。加热炉炉温均匀度±10℃。

（4）装炉。小件散装于料筐中；中等件在料筐中码放整齐；大件底朝下垫平；形状复杂要求高的小铸件可装箱埋砂装炉。

（5）工艺。

1）加热温度。A_{c1} 上限+（30~50）℃，一般为 900~960℃。当游离渗碳体在 5%以上时，特别是有碳化物形成元素时，应选择温度上限；如存在较多的复合磷共晶时，退火温度应选在 1000~1020℃。

2）加热速度。冷装炉，随炉升温。

3）保温时间。1~4h。

4）冷却速度。以 40℃/h 速度冷却至 720~760℃后，保温 2~3h，然后随炉冷却至 600℃后，出炉空冷；或直接随炉冷却至 600℃后，出炉空冷。图 4-19 所示为球墨铸铁高温石墨化退火工艺曲线。

（6）退火后组织。石墨+（铁素体+珠光体）基体，图 4-20 所示为稀土镁球墨铸铁石墨化退火组织图。图 4-20（a）的组织为球状及团状石墨，基体为铁素体及少量片状珠光体（约占 5%（体积分数）），珠光体分布于共晶团晶界处。其中珠光体的存在是由于球墨铸铁中硅量偏高，渗碳体退火时容易石墨化，因此在退火后有残留的少量珠光体。图 4-20（b）的组织是呈灰色的球状石墨，基体组织为铁素体和珠光体。

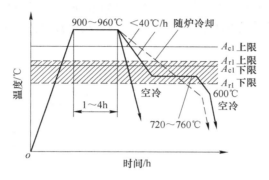

图 4-19　高温石墨化退火工艺曲线

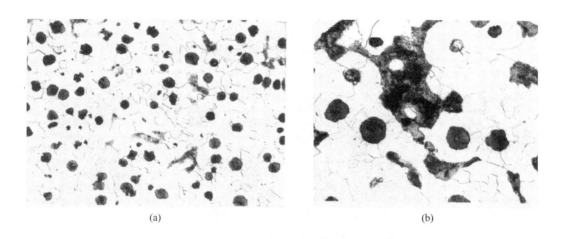

(a)　　　　　　　　　　　　　　　　(b)

图 4-20　稀土镁球墨铸铁石墨化退火组织图

（a）QT400-18，$w(Si)=2.8\%$，920℃保温 1h→600℃空冷，100×；
（b）QT400-18，920℃保温 1h→740℃保温 30min→600℃空冷，200×

（二）低温石墨化退火

（1）目的。当球墨铸铁的铸态组织中自由渗碳体少于 3%（体积分数）时，用低温退火方法可使其中的共析渗碳体石墨化和粒状化以改善其韧性。

（2）适用范围。各种球墨铸铁件。

（3）设备。箱式、井式、台车式电阻炉，燃气反射炉。一般不用保护气氛，炉温控制精度应小于±5℃，炉温均匀度应在±10℃范围内。

（4）装炉。小件散装于料筐；中等件在料筐中码放整齐；大件底朝下垫平。

（5）工艺。

1）退火温度。在 A_{r1} 下限和 A_{c1} 下限之间，一般为 720～760℃。

2）加热速度。冷炉装料，随炉加热升温。

3）保温时间。2~8h，退火保温时间 t 可按下式计算：$t(h) =$ 铸件厚度(mm)/25 + 2。

4）冷却方式。①保温后随炉冷到 600℃ 出炉空冷；②保温后随炉冷到 680~700℃ 保温 1~3h，随炉冷到 600℃ 出炉空冷；③保温后随炉冷至 630℃ 出炉空冷。图 4-21 所示为工厂常见的两种低温石墨化退火工艺。图 4-22 所示为低温石墨化退火后的金相组织图。

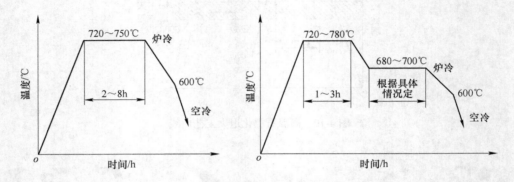

图 4-21　工厂常见的两种低温石墨化退火工艺

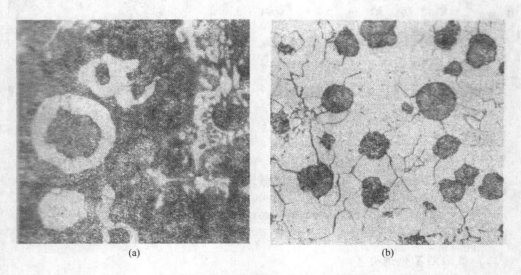

图 4-22　低温石墨化退火后的金相组织图
(a) 退火前；(b) 退火后

三、正火

（一）高温完全奥氏体化正火

（1）目的。消除铸件中的自由渗碳体，获得珠光体或索氏体加少量牛眼状铁素体组织，以提高强度、硬度和耐磨性，改善切削加工性能。

（2）适用范围。

1）$w(C) = 3.8\% \sim 4.05\%$，$w(Si) = 2.0\% \sim 2.3\%$，$w(Mn) = 0.6\% \sim 0.8\%$ 的球墨铸铁，用于制造汽车曲轴、凸轮轴、变速杆等。

2）$w(C) = 3.6\% \sim 3.7\%$，$w(Si) = 2.4\% \sim 2.8\%$，$w(Mn) = 0.7\% \sim 0.9\%$ 的球墨铸铁，用于制造汽车曲轴等。

3）$w(C) = 3.1\% \sim 3.6\%$，$w(Si) = 2.6\% \sim 2.9\%$，$w(Mn) = 0.6\% \sim 0.8\%$ 的球墨铸铁，用于制造压缩机大型曲轴等。

上述三种球墨铸铁的其他成分为：$w(P) < 0.1\%$，$w(S) = 0.02\% \sim 0.03\%$，$w(Mg) = 0.025\% \sim 0.045\%$，$w(RE) = 0.020\% \sim 0.035\%$。

（3）设备。箱式、井式、台车式电炉或燃气反射炉。控温精度一般小于±5℃，炉温均匀度小于±10℃。

（4）装炉。小件散装于料筐；中等件在料筐中码放整齐，大件底朝下垫平。

（5）工艺。

1）加热温度。A_{c1} 上限+（30~50）℃。一般 900~940℃。为消除铸态组织中过量的自由渗碳体或复合磷共晶可将正火温度提高到 920~980℃，但需采取在 860~880℃ 进行阶段保温。

2）加热速度。冷炉装料，随炉升温。

3）保温时间。一般正火（900~940℃）保温 1~3h；阶段正火除在 920~980℃ 进行 1~3h 保温外，尚需在 860~880℃ 保温 1~2h。

4）冷却。出炉在静止空气、吹风或喷雾条件下冷却。

5）回火。正火后必须进行回火以改善韧性，消除内应力。回火工艺：550~650℃ 保温 2~4h。

图 4-23 所示为球墨铸铁高温完全奥氏体化正火工艺曲线。图 4-24 所示为球墨铸铁正火前后金相组织图。没有正火前金相组织为铁素体+少量珠光体基体+球状石墨（腐蚀剂为 4%硝酸酒精），如图 4-24（a）所示。900 ℃正火处理后，球墨铸铁组织为珠光体+少量铁素体基体+球状石墨，如图 4-24（b）所示。与原来相比，大部分铁素体转变为珠光体，基体中的珠光体数量大大增加并且珠光体的分布更加均匀，由于珠光体比铁素体含碳量高，所以提高了球墨铸铁的强度、硬度和耐磨性。正火处理获得以珠光体为基体并分布一定数量铁素体的球墨铸铁，在获得较高强度的同时，保持较好的塑性。这与组织中剩余的铁素体是分不开的。因而正火后得到的球墨铸铁综合力学性能较好。

但是正火处理后表面会出现脱碳层，如图 4-24（c）所示，即加热时由于气体介质和钢铁表层中碳的作用，使表层含碳量降低，这一现象的产生会导致零件尺寸减小，材料损耗增加，并且降低零件表面的强度、硬度，使得零件疲劳强度和使用寿命下降。所以应尽量避免脱碳层的形成。工件加热时，在能得到规定组织的前提下尽可能地降低加热温度及保温时间；合理地选择加热速度以缩短加热的总时间；尽量选用中性或保护性气体加热；钢的表面利用覆盖物及涂料保护以防止氧化和脱碳。

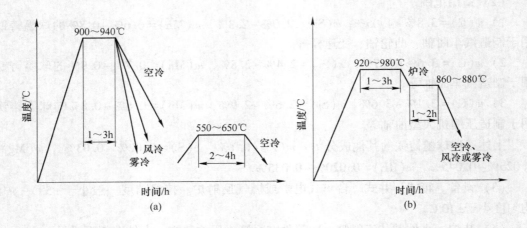

图 4-23　球墨铸铁高温完全奥氏体化正火

（a）完全奥氏体正火及回火工艺曲线；（b）高温阶段正火工艺

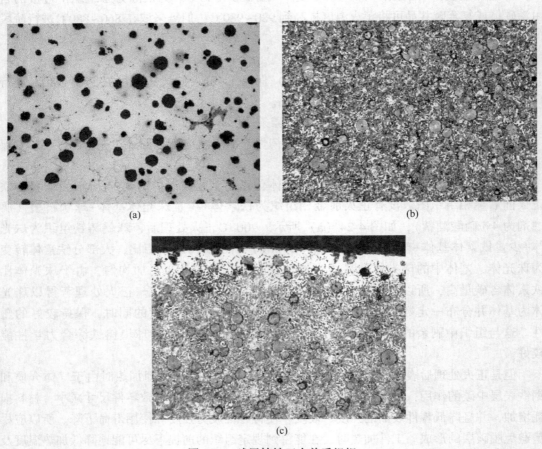

图 4-24　球墨铸铁正火前后组织

（a）未经热处理的 QT300（×100）；（b）QT300 经 900℃正火处理（×100）；

（c）QT300 经 900℃正火处理后表面脱碳现象（×100）

（二）中温部分奥氏体化正火

（1）目的。仅使共析渗碳体转变为奥氏体，冷却后转变为细珠光体，而保留下来的铁素体冷却后呈碎块状或条块状分布。具有如此组织的球铁，综合力学性能好，塑性，韧性高。

（2）适用范围。

1） $w(C) = 3.0\% \sim 3.2\%$， $w(Si) = 2.2\% \sim 3.1\%$， $w(Mn) = 0.6\% \sim 0.8\%$的球墨铸铁，用于制造柴油机曲轴等零件。

2） $w(C) = 3.8\% \sim 3.9\%$， $w(Si) = 2.2\% \sim 2.4\%$， $w(Mn) = 0.6\% \sim 0.8\%$的球墨铸铁，用于制造大型船用曲轴等零件。

其中，以上1）、2）的其他成分为 $w(P) = 0.06\% \sim 0.07\%$， $w(S) = 0.02\% \sim 0.03\%$。

3） $w(C) = 3.7\% \sim 3.9\%$， $w(Si) = 2.2\% \sim 2.4\%$， $w(Mn) = 0.6\% \sim 0.8\%$， $w(P) < 0.1\%$， $w(S) < 0.04\%$的球墨铸铁用于制造曲轴、连杆、齿轮等零件。

（3）设备。箱式、井式、台车式电阻炉或燃气反射炉。控温精度一般为±5℃，炉温均匀度小于±100℃。加热时一般无需通保护气氛。当铸件形状复杂、精度要求较高时，可装箱并埋在铸铁屑和石英砂中加热，正火保温后出炉打开箱子在空气中冷却。

（4）装炉。小件散装于料筐；中等件在料筐中码放整齐；大件底朝下垫平；要求高的中小件可埋砂于铁箱中装炉加热。

（5）工艺。

1）加热温度。 A_{c1}上限+$(30 \sim 50)$℃，一般取800~860℃。

2）加热速度。冷炉装料，随炉升温。

3）保温时间。0.5~4h，时间长短取决于正火温度的高低和欲获得的珠光体量。

4）冷却。依球墨铸铁的化学成分和要求的力学性能分别采取炉冷、风冷、喷雾或在静止空气中冷却。

四、淬火与回火

（一）淬火

（1）目的。通过加热奥氏体化，保温和随后较剧烈的冷却，使珠光体基体组织转变为马氏体，以提高耐磨性，再经回火后得到良好的综合力学性能。

（2）适用范围：

1） $w(C) = 3.8\% \sim 3.9\%$， $w(Si) = 2.2\% \sim 2.4\%$， $w(Mn) = 0.6\% \sim 0.8\%$， $w(Mo) = 0.2\%$， $w(Mg) = 0.04\% \sim 0.06\%$， $w(Cu) = 0.4\%$， $w(RE) = 0.02 \sim 0.04\%$的球墨铸铁，用于制造大型船用柴油机曲轴等零件。

2） $w(C) = 3.4\% \sim 3.8\%$， $w(Si) = 2.4\% \sim 2.8\%$， $w(Mn) = 0.5\% \sim 0.7\%$， $w(P) = 0.06\%$， $w(S) = 0.03$， $w(Mg) = 0.04\% \sim 0.06\%$， $w(RE) = 0.015 \sim 0.030\%$的球墨铸铁，用于制造柴油机连杆等零件。

3） $w(C) = 3.67\%$， $w(Si) = 2.70\%$； $w(Mn) = 0.83\%$， $w(P) = 0.065\%$， $w(S) = 0.025\%$， $w(Mg) = 0.40\%$， $w(S) = 0.025\%$， $w(Mo) = 0.40\%$， $w(Mg) = 0.035\%$， $w(RE) = $

0.03%的球墨铸铁，用于制造卷管机胎管等零件。

（3）设备。箱式、井式、台车式电阻炉或燃气反射炉。控温精度一般为±5℃，炉温均匀度小于±10℃。小批量铸件亦可在盐浴或流动粒子炉中加热。设备的有效加热区应足够容纳整个铸件或整炉炉料。淬火用油槽应有足够容积，并设循环和冷却热交换系统。淬火油温度保持在60~90℃范围。

（4）装炉。小件散装于料筐；中等件在料筐中码放整齐；大件底朝下垫平；形状复杂，要求高的中小铸件应垂直悬挂吊装。

（5）工艺。

1）加热温度。A_{c1}上限+（30~50）℃，一般为860~900℃。为保证力学性能，应尽量选择较低的加热温度。

2）加热速度。热炉装料，随炉升温，形状复杂和各部分壁厚相差悬殊的零件，需施行500~600℃的预热。

3）保温时间。达到860~900℃后，保温1~4h进行淬火。

4）淬火冷却。一般在60~90℃的淬火油中冷却，淬火后应及时进行回火。

（二）回火

（1）目的。减少淬火应力，降低马氏体组织脆性，获得要求的强度、塑性和韧性。

（2）适用范围。所有球墨铸铁件在淬火后都必须进行低温回火或高温回火（调质）。低温回火（140~250℃）适用于主要要求保证硬度和耐磨性的零件；高温回火（500~600℃）适用于要求较高强韧性综合性能的零件。

（3）设备。带风扇的井式炉或箱式炉。控温精度±5℃，炉温均匀度±10℃（球墨铸铁最好不在硝盐浴中回火）。

（4）装炉。小件散装于料筐；中等件在料筐中码齐排放；大件垫平。

（5）工艺。

1）加热温度。根据工件性能要求选择低温回火（140~250℃）或高温回火（500~600℃）。中温回火（350~400℃）较少采用。

2）加热速度。热炉装料，随炉升温。

3）保温时间。按$t(h)$=铸件厚度(mm)/25+1计算。

4）冷却。保温完毕后，出炉在静止空气中冷却或吹风冷却。

五、等温淬火

（1）目的。球墨铸铁奥氏体化后在贝氏体转变区进行等温淬火可以获得良好的力学性能和小的畸变。

（2）适用范围。形状复杂、壁厚相差悬殊、性能要求高的中、小球墨铸铁件。

（3）设备。奥氏体化加热宜采用中性盐浴或Al_2O_3流态炉。等温淬冷设备使用硝盐等温槽，一般以外热式电阻方式加热，等温槽采用金属坩埚。硝盐槽需有搅拌和冷却设备，以保证温度稳定和均匀，盐槽温度均匀度应保持在±10℃范围。

（4）装炉。小件宜用料筐吊装；中等件用钢丝捆绑吊装。

（5）工艺。

1）加热温度。与常规淬火相同，一般为 860~900℃。硅含量较多或铸态基体中铁素体量较多时取上限。要求得到上贝氏体组织时，可采用 900~950℃。

2）加热速度。热炉装料，随炉升温。形状复杂、精度高的零件需预热。

3）保温时间。在奥氏体化温度保持 0.3~3h。

4）等温温度。下贝氏体等温淬火的等温温度为 260~300℃；上贝氏体等温淬火的等温温度为 350~400℃。

5）等温时间。一般为 60~120min。

6）等温后的冷却。一般进行空冷。有特殊性能要求的零件有时需水冷。

7）回火。等温淬火后一般不进行回火。有特殊要求的零件才回火，回火后甚至要求水冷。

图 4-25 所示为球墨铸铁等温淬火工艺曲线。

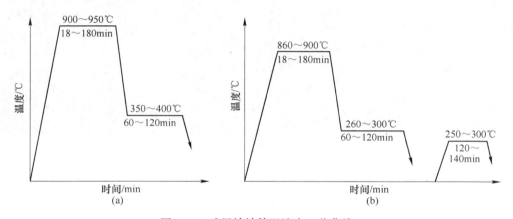

图 4-25　球墨铸铁等温淬火工艺曲线
（a）球墨铸铁上贝氏体等温淬火工艺曲线；（b）球墨铸铁下贝氏体等温淬火工艺曲线

图 4-26 所示为球墨铸铁等温淬火前后及不同等温温度的金相组织。从图可以看出，同一等温时间下不同温度等温淬火后，金相组织都是上贝氏体、下贝氏体和残余奥氏体的混合组织，只是三者的相对量不同。随等温温度的升高，贝氏体组织变得粗大，贝氏体的形态由针状的下贝氏体过渡到羽毛状的上贝氏体，上贝氏体的量增加，下贝氏体的量减少。340℃以下，下贝氏体相对于上贝氏体占多数，组织细小，而 360℃以上，上贝氏体占多数，下贝氏体是微量的，组织变得粗大。随等温温度的升高，组织中奥氏体的量先增多后减少，在 340℃、360℃时组织中有较多的奥氏体，在 400℃时，组织中的奥氏体含量下降。这是由于温度升高使过冷奥氏体转变的孕育期缩短，转变速度加快，碳原子的扩散速度加快，同时碳原子可以越过铁素体和奥氏体界面，由铁素体内扩散到奥氏体内，结果使奥氏体富碳，形成高碳奥氏体，趋于稳定，使奥氏体的比例增加，奥氏体的存在有利于等温淬火球墨铸铁的伸长率和冲击韧度的提高，但抗拉强度和硬度有所下降；温度过高，碳的扩散能力明显提高，缩短高碳奥氏体的时间，易形成碳化物，减少了奥氏体的量，碳化物的析出会使力学性能下降，特别是冲击韧度急剧下降。同一等温温度下，随等温时间延长，残余奥氏体不断减少，贝氏体增多，且组织均匀。等温温度低且等温时间短时，组织中甚至出现细针状马氏体，对等温淬火球铁的塑性和冲击韧度的提高均有反作用。

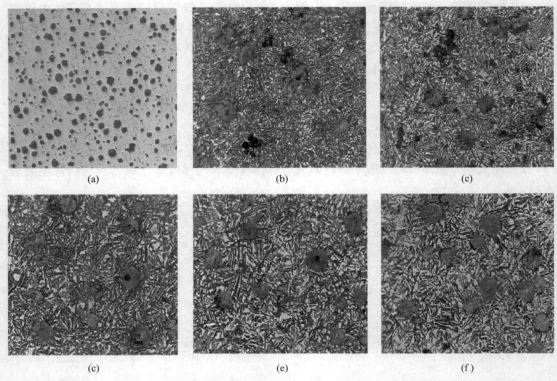

图 4-26　球铁等温淬火前后及不同等温温度的金相组织

（a）铸态组织，×100；（b）320℃，60min，×500；（c）340℃，60min，×500；

（d）360℃，60min，×100；（e）380℃，60min，×500；（f）400℃，60min，×500

　　典型案例：农用车后桥齿圈（模数 ≥ 3mm），采用贝氏体球墨铸铁代替 20CrMnTi 钢。采用中温箱式炉，加热温度为 880~900℃，保温 80min，使之完全奥氏体化后放入 260~290℃ 的硝盐槽中冷却 90min，取出空冷。球墨铸铁齿圈经等温淬火后，石墨形态为球化 1~3 级；球径 5~7 级；基体为 1~3 级的下贝氏体和等量残留奥氏体。力学性能：$R_m = 1100~1200MPa$；$A = 1\% ~ 1.5\%$；$K = 20~25J/cm^2$；硬度为 40~45HRC。通过装车 2 万余辆的使用情况看，产品满足要求，无一出现问题。

第五节　可锻铸铁的热处理

一、白心可锻铸铁的脱碳退火

　　（1）目的。在氧化性介质中长时间退火使白口铸铁件脱碳，表层组织变为铁素体，心部组织为铁素体，存在少量珠光体和团絮状石墨，厚壁铸件心部残留有自由渗碳体。

　　和灰口铸铁相比，白心可锻铸铁具有较高的塑性和韧性，但白心可锻铸铁实际上并不可锻。

（2）适用范围。要求有较高韧性的铸铁件，先浇注成白口铸铁然后再经脱碳退火变成白心可锻铸铁。

（3）设备。箱式、井式、台车式、罩式电阻炉或燃气炉，通以放热式脱碳气氛，或燃气炉采取较大的燃烧系数，或装箱埋入固态脱碳剂中加热。

（4）装炉。小件在筐中散装；中等件在筐中码齐。若埋入固态脱碳剂装于铸铁箱或低碳钢箱中加热时，则应将箱子在炉中单层或双层叠放，箱间应留有空隙。

（5）工艺。

1）退火温度。一般为 950~1000℃。

2）加热速度。冷炉装料，随炉升温。

3）保温时间。40~70h。

4）脱碳介质。

气体介质：其成分（体积分数）为 $\varphi(CO_2) \approx 4\%$，$\varphi(CO) \approx 11\%$，$\varphi(H_2) \approx 8\%$，$\varphi(H_2O) \approx 5.5\%$，其余为 N_2。

固体脱碳剂（质量分数）：① 8~15mm 粒度铁矿石或氧化铁屑+大砂粒，在退火箱中的填入量为铸件质量的 10%~20%；②赤铁矿 70%，建筑砂 30%。脱碳反应如表 4-7 所示。

表 4-7　生产白心可锻铸铁的脱碳剂

脱 碳 剂	脱 碳 反 应	说 明
8~15mm 铁矿石或氧化铁屑+大粒沙与铸件一起装箱密封，添加量为铸件重量的 10%~20%	$CO+FeO = CO_2+Fe$ $CO+Fe_3O_4 = CO_2+3FeO$ $CO_2+C = 2CO$	加热至 950~1000℃，保温后炉冷至 650~550℃ 出炉
$\varphi(CO_2) \approx 4\%$，$\varphi(CO) \approx 11\%$，$\varphi(H_2) \approx 8\%$，$\varphi(H_2O) \approx 5.5\%$，其余为 N_2 的气体、通入 O_2 或水调节	$CO_2+C = 2CO$ $H_2O+C = H_2+CO$ $2CO+O_2 = 2CO_2$ $CO+H_2O = CO_2+H$	加热至 1050℃，保温后炉冷至 550℃ 出炉

5）冷却。随炉冷约 20h，约为 650℃ 时出炉空冷。

生产白心可锻铸铁的退火工艺如表 4-8 所示。

表 4-8　生产白心可锻铸铁的退火工艺实例

化学成分（质量分数）	脱碳剂（质量分数）	退火工艺	R_m/MPa	$A/\%$
$w(C)=3.2\%~3.5\%$，$w(Si)=0.4\%~0.5\%$，$w(Mn)=0.4\%~0.5\%$，$w(P)=0.25\%$，$w(S)=0.25\%$	赤铁矿 70% 建筑砂 30%	加热至 1080℃ 需 24h，保温 70h 炉冷 20h 至 650℃ 出炉空冷	>300	>3

化学成分（质量分数）	脱碳剂（质量分数）	退火工艺	R_m/MPa	A/%
$w(C)=2.8\%\sim3.2\%$， $w(Si)=0.4\%\sim0.6\%$， $w(Mn)=0.4\%\sim0.6\%$， $w(P)<0.2\%$， $w(S)<0.2\%$	赤铁矿 60% 建筑沙 40%	加热至 960~980℃需 24h，保温 40~50h 炉冷 20h 至 650℃出炉空冷	>350	>3
$w(C)=2.6\%\sim2.8\%$， $w(Si)=0.6\%\sim0.8\%$， $w(Mn)=0.6\%\sim0.8\%$， $w(P)<0.15\%$，$w(S)<0.15\%$	赤铁矿 50% 建筑砂 50%	加热至 930~950℃需 24h， 保温 40h 炉冷 20h 至 650℃出炉空冷	>450	>5

二、黑心可锻铸铁的石墨化退火

（1）目的。白口锻坯经石墨化退火使其中的自由渗碳体和共析渗碳体通过脱碳和石墨化转变成为具有铁素体和团絮状石墨组织的黑心可锻铸铁，从而显著改善铸件的塑性和韧性。

（2）适用范围。用于要求具有较好塑、韧性的铸件。

（3）设备。箱式、井式、台车式、罩式电阻炉或燃气炉。控温精度应保证在±10℃范围内，炉温均匀度保证在±15℃范围内。

（4）装炉。小件在筐中散装；中等件在筐中码齐，用装料铲车平稳装炉。

（5）工艺。

1）加热温度。A_{c1} 上限以上，通常为 910~960℃。

2）加热速度。冷炉装料，随炉升温时，加热速度应控制在 40~90℃/h。亦可采取阶梯加热方式。在 300~400℃保持 3~5h，或在 300~400℃间以 30~40℃/h 速度升温，以促进石墨形核，缩短退火时间。

3）保温时间。一般为 2~12h。视对铸件的组织和塑性要求以及铸件壁厚和装炉量大小而定。

4）冷却。按退火后的组织和性能要求可采取多种冷却方式：冷却至稍高于 A_{c1} 下限温度；冷却至稍低于 A_{r1} 下限温度；冷到远低于 A_{r1} 下限温度（如 650℃）。

如铸件要求高塑性，可缓冷至 A_{r1} 下限温度以下或在 A_{c1} 下限以下温度保温，使珠光体中的渗碳体分解和石墨化。最终冷却到 650℃出炉空冷。

图 4-27 所示为生产中常用的黑心可锻铸铁退火工艺曲线。

三、珠光体可锻铸铁的热处理

（一）自由渗碳体石墨化后正火和回火

（1）目的。提高强度、硬度和耐磨性。回火的目的是使可能出现的淬火组织转变为珠光体，并消除正火应力。

（2）适用范围。用于要求高强度、硬度和耐磨性的铸件。

（3）设备。箱式、井式、台车式、罩式炉，可用电或燃气加热。正火加热炉温控制

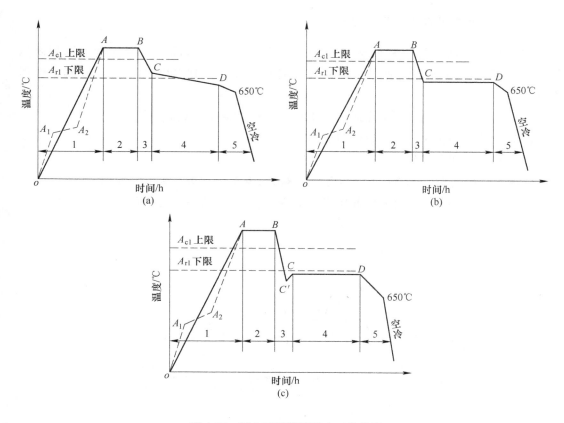

图 4-27　黑心可锻铸铁退火工艺曲线

精度为±5℃，炉温均匀度为±10℃。

回火可在具有风扇的井式或箱式炉中进行，炉温均匀度应在±10℃范围内。

（4）正火和回火工艺。可采用下述两种工艺之一：

1）加热到 910~960℃保温后出炉强制风冷，然后于 720~680℃保温后出炉空冷。当铸件奥氏体中碳浓度高时，采用此法冷却易产生二次渗碳体网。

2）加热到 910~960℃保温后转入 840~880℃，保温 1h 后强制风冷，然后于 720~680℃保温 2h 后出炉空冷。此法对于二次渗碳体网的产生有所改善。工艺曲线如图 4-28 所示。

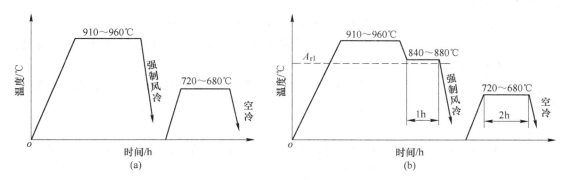

图 4-28　共晶渗碳体石墨化后正火加回火

（二）自由渗碳体石墨化后淬火和回火

（1）目的。通过淬火和回火（调质）获得珠光体、索氏体、少量铁素体和团絮状石墨组织，提高强度和硬度，并保证一定的塑性，达到 KTZ700-02 可锻铸铁性能指标。

（2）适用范围。用于要求高强度、硬度和一定塑性的可锻铸铁件。

（3）设备。和正火、回火设备相同。

（4）淬火和回火工艺。

淬火：加热到 910~960℃，保温后冷至 840~880℃，保温后水淬或油淬。

回火：加热到 650℃，保温 2h 后出炉空冷。工艺曲线如图 4-29 所示。

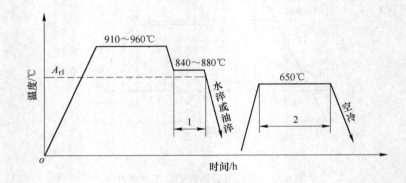

图 4-29　共晶渗碳体石墨化后淬火加回火

上述工艺适用于不同厚度铸件，回火温度按性能要求选择，一般在 600℃ 以上。650℃ 回火后的组织为珠光体+索氏体+少量铁素体+团絮状石墨。

（三）自由渗碳体石墨化后珠光体球化退火

（1）目的。获得粒状珠光体基体组织，提高韧性，使铸铁力学性能达到 KTZ450-06 或 KTZ550-04 指标。

（2）适用范围。用于要求具有一定塑性、韧性和高强度的铸件。

（3）设备。井式、箱式、台车式、罩式电阻炉或燃气炉。炉子控温精度为 ±5℃；温度均匀度为 ±10℃。

（4）装炉。小件在筐中散装；中等件在筐中码齐。筐子在台车炉和罩式炉中整齐排列。

（5）球化退火工艺。

加热到 940~960℃ 保温后取出风冷，冷至 600~650℃ 时转入 620~720℃ 炉中保温 20~30h 后出炉空冷。工艺曲线如图 4-30 所示。

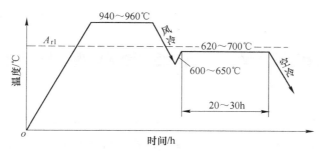

图 4-30 共晶渗碳体石墨化后珠光体球化退火工艺曲线

 思考题

4-1 铸铁在固态下其相变有何特征？

4-2 简述制定白口铸铁犁桦的等温淬火工艺。

4-3 为获得强度高、耐磨性好的珠光体基体组织的灰口铸铁，应采用什么退火工艺及其主要的工艺参数？

4-4 制定球墨铸铁要获得下贝氏体组织的等温淬火工艺。

4-5 制定黑心可锻铸铁的石墨化退火工艺。

4-6 简述冷作模具钢（CrWMn 钢）的微细化热处理工艺。

4-7 简述 T10A 钢冲裁凹模（组合模具）控制变形的热处理工艺。

4-8 简述 QT500-7 球墨铸铁大型拉伸凹模的热处理工艺。

4-9 制作塑料、胶木、陶土等制品的精密模具选用什么模具材料更好？

第五章　有色金属热处理

　　案例导入：2017 年 5 月 5 日，举世瞩目的国产大飞机 C919 在上海浦东机场起飞，成功冲上云霄！为了这一刻，中国人足足等了半个世纪！激情澎湃的 78min 首飞，给蔚蓝的天空划出了中国航空工业发展历程中最绚烂的一笔。在 C919 的研制过程中，也有热处理专业人的贡献。洪都公司 C919 项目工艺负责人，同时也是热表处理专业副总冶金师吴宁就主抓 C919 项目热处理和表面处理。生产程序复杂、事务繁多是这两个专业的特点，冶金、装配、检查等所有工作都由吴宁总负责，在千头万绪中，吴宁总能理出思路，指导下一步工作。C919 项目研制难度和跨度非常大，热处理专业出身的她，还需要对机械加工、机械装配深入了解，"跑现场"和"挑灯夜读"成为她的主要学习方式，凭着自己的坚毅和勤奋，她将 C919 项目工艺干得有声有色。

　　C919 成功首飞也离不开铝锂合金的贡献。铝锂合金具有密度低、强度高且损伤容限性优良等特点，用它替代常规铝合金材料，能够使飞机构件的密度降低 3%，重量减少 10%~15%，刚度提高 15%~20%，因此被认为是新一代飞机较为理想的结构材料。C919 大型客机采用的是第三代铝锂合金，该材料解决了第二代铝锂合金的各向异性问题，材料的屈服强度也提高了 40%。C919 飞机的机身蒙皮、长桁、地板梁、座椅滑轨、边界梁、客舱地板支撑立柱等部件都使用了第三代铝锂合金，其机体结构重量占比达到 7.4%，获得综合减重 7% 的收益。

　　钢铁以外的金属材料被称为有色金属材料或非铁金属材料，包括铝及铝合金、镁及镁合金、铜及铜合金、锌及锌合金、钛及钛合金、镍及镍合金、稀土金属及其合金、稀有金属及其合金、贵金属及其合金、有色金属复合材料，另外还包括有色合金粉末、半金属等。当前，全世界金属材料的总产量约 8 亿吨，其中钢铁材料约占 95%，是金属材料的主体；有色金属材料约占 5%，但它的作用却是钢铁材料无法代替的。本章主要介绍铝及铝合金、镁及镁合金、铜及铜合金的热处理工艺等。

第一节　铝及铝合金的热处理

一、铝及铝合金概述

　　铝具有面心立方晶体结构，无同素异构转变。它的密度小（2.72g/cm³），熔点低（660.4℃），具有优良的导电性和导热性。铝的化学性质活泼，在大气中其表面极易氧化生成牢固的氧化膜，能防止内部继续氧化，所以纯铝在大气和淡水中具有良好的耐蚀性。纯铝具有良好的工艺性能，如塑性成形性能好，易于加工成各种类型规格的半成品，铸造和切削性能好。纯铝还具有优良的低温力学性能，随温度下降，强度和塑性升高。

纯铝不能热处理强化，冷变形是提高其强度的唯一手段，因此某些工业纯铝可以按冷作硬化或半冷作硬化状态提供使用。纯铝的机械强度不高，不宜做承力结构材料使用。为此，常在纯铝中添加一些有益的合金元素提高其力学性能，扩大其使用范围，这就形成了铝合金。

铝合金中常用的添加元素有 Cu、Zn、Mg、Si、Cr 等以及稀土元素。这些元素与铝形成的二元合金大都按共晶相图结晶，如图 5-1 所示。加入的合金元素不同，在铝基固溶体中的极限溶解度也不同。铝合金可分为变形铝合金和铸造铝合金。变形铝合金的添加元素一般小于图 5-1 所示的状态图中 B 点，加热至固溶线以上时，可得到均匀的 α 单相固溶体，塑性好，易于加工。变形铝合金又可分为：

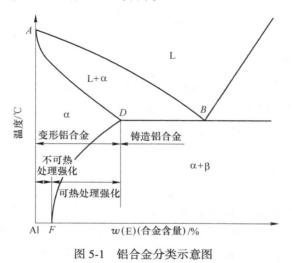

图 5-1　铝合金分类示意图

（1）不可热处理强化铝合金，即合金元素含量小于状态图中 D 点成分的合金，因为合金加热后冷却时，α 固溶体不能析出第二相以使合金强化。这类合金抗蚀性能好，又称防锈铝。

（2）可热处理强化铝合金，成分位于状态图中 B 与 D 点之间的合金，加热至固溶线以上温度保温并快速冷却至室温，可获得过饱和固溶体，在随后的时效过程中析出第二相，使合金强化。这类合金有硬铝、超硬铝和锻铝。

二、铸造铝合金热处理

铸造铝合金热处理的主要目的是消除铸件的内应力，消除铸造偏析，改善合金组织中针状组成物的形状，提高合金的性能；稳定在高温下工作的铸件尺寸、组织与性能；改善铸件的切削性能。

铸铝合金的热处理可分为：T1（人工时效）、T2（退火）、T4（淬火+自然时效）、T5（淬火+不完全人工时效）、T6（淬火+完全人工时效）、T7（淬火+稳定化回火）和 T8（淬火+软化回火），详情见表 5-1。

表 5-1　铸造铝合金热处理类型及代号

代号	热处理类型	工艺特点	目的和应用
T1	不固溶处理,人工时效	铸造后快冷(金属型铸造,压铸或精密铸造)后直接进行人工时效	改善切削加工性能,提高工件表面质量
T2	退火		消除内应力,提高合金塑性
T4	固溶处理,自然时效		提高零件强度和耐蚀性
T5	固溶处理,不完全时效	淬火后进行短时间时效或温度较低的时效	得到一定强度,保持一定塑性
T6	固溶处理,充分时效		得到高强度
T7	淬火,稳定化回火(时效)	时效温度比 T5、T6 高,接近零件的工作温度	保持较高的组织稳定性和尺寸温度性
T8	淬火,稳定化回火	时效温度比 T7 高些	降低铸件硬度,提高塑性

（一）铸造铝合金的退火

退火的目的在于消除残余应力和稳定铸件尺寸,所以,退火温度不必太高,一般在 250~300℃ 范围内,实际生产中多采用（290±10）℃。退火在空气循环电炉中进行,退火保温时间一般为 3~5h,然后在空气中冷却。

（二）铝合金铸件的淬火

（1）淬火温度。淬火温度首先决定于合金的化学成分。由于铸铝合金中所含杂质较多,易于出现低熔点的共晶组织;铸造时,铸件各处的冷却速度不同,其组织差别较大;铸件的强度塑性较低。因此,淬火温度不能像变形铝合金那样确定在最大溶解度的温度范围内,一般比最大溶解度温度略低一些,以免过烧或产生裂纹。ZL301、ZL305 为（435±5）℃;ZL109 为（500±5）℃;ZL103、ZL107、ZL108、ZL202、ZL203 为（515±5）℃;ZL105 为（525±5）℃;ZL114A、ZL104、ZL116 为（535±5）℃;ZL115 为（540±5）℃;ZL205A 为（538±5）℃;ZL115、ZL204A 为（540±5）℃;ZL201 为（545±5）℃。

（2）淬火加热。铸铝合金铸件的淬火加热,通常在空气循环电炉中进行,以满足铸件缓慢加热的要求。为防止铸件过热与变形,最好采用 350℃ 以下的低温入炉,然后随炉缓慢加热到淬火温度。若采用硝盐槽加热,应先在 350℃ 左右的电炉中预热约 2h。含镁量很高的铸造铝合金,如 ZL301 与 ZL302 合金,不允许在一般硝盐槽中加热,以免镁燃烧发生爆炸事故。为了防止铝合金铸件在高温下的剧烈氧化,可将其放在盛有干燥氧化铝粉、耐火黏土或石墨粉的铁箱内加热,绝不允许用湿的耐火黏土,以免与铸件表面发生反应。

（3）保温时间。铸铝合金的组织粗大,过剩相的溶解困难,因此淬火时所需保温时间较长,一般为 3~20h。保温时间与铸件厚度的关系不大。

（4）冷却方式。因铸件形状复杂,内部缺陷较多,强度与塑性较低,冷却速度过大将使铸件发生严重变形,甚至可能引起裂纹。所以淬火冷却速度不能像变形铝合金那样大，一般应在热水中冷却。由于不要求固体达到最大的过饱和度，因此，淬火转移时间可以比变形铝合金的较长些，但要控制在30s以内。

（三）铸铝合金铸件的时效

众所周知，固溶热处理过的材料，加热并保温足够长的时间，过饱和固溶体中的溶质原子会以一定的速度扩散而发生沉淀，形成沉淀相析出的不同状态，从而使合金得到强化，这种现象称为时效现象。一般在室温下引起的时效叫作自然时效，在高温下引起的时效叫作人工时效。前者也称为低温时效，后者也称为高温时效。

材料热处理小故事：时效强化的发现

20世纪前，由于对铝合金的强化方法认识不清，铝合金的大规模应用受到了限制。1906年，德国科学家威尔姆（A. Welmer）打算观察热处理对一种 $w(Cu) = 3.5\%$，$w(Mg) = 0.5\%$ 的铝合金的影响。但热处理后的合金并不如所希望的那样硬化，于是他便把合金随手扔在了一边。几天后，由于他怀疑自己的试验结果，于是决定重做一遍。结果却吃惊地发现，几天前处理过的合金的强度和硬度已经大大增强。他因此而发现了时效强化现象，制得了硬铝并获了专利。

铸铝合金自然时效，需经很长时间（1~2个月），才能使其强度接近最大值。因此，通常都采用人工时效。视时效目的和时效温度与时间的不同，可以把人工时效分为三种：

（1）完全人工时效。这种时效的温度与时间，应从能否获得最大强化效果来考虑确定。时效温度一般在170~190℃之间，或者更低一些。保温时间较长，一般为4~12h。ZL104铝合金为在（175±5）℃条件下保温4~15h；ZL105为在（180±5）℃条件下保温5~10h；ZL107及ZL202均为在（155±5）℃条件下保温8~10h；ZL108为在（205±5）℃条件下保温6~8h；ZL109为在（185±5）℃条件下保温10~12h。

（2）不完全人工时效。这种时效不要求使合金达到最高强度，而要求具有较高塑性，因此，只需使合金有一定程度的强化。时效温度可以与完全时效一样，时效时间比完全时效短得多。例如，ZL105铝合金，完全时效的温度为（180±5）℃，保温时间为12h；而在不完全时效时，在与完全时效相同的时效温度下，保温时间仅为4~5h，而ZL101A、ZL115、ZL203为在（150±5）℃条件下保温4~12h；ZL103、ZL116、ZL201、ZL204A为在（175±5）℃条件下保温4~8h；ZL201A、ZL105、ZL114A为在（160±5）℃条件下保温3~10h；ZL205为在（155±5）℃条件下保温8~10h。

（3）稳定化时效。这种时效又称稳定化回火。这种时效的温度与时间，应从能否获得良好的稳定组织与性能的效果来考虑确定，而不考虑能否达到最大强化效果。这种人工时效的温度，应与零件的工作温度相近或者略高于这个温度。例如，用ZL103合金制的气缸头，因其工作温度为200~250℃，所以，人工时效温度不采用（180±5）℃，而采用（230±5）℃，时效3~5h。ZL105时效工艺为在（240±5）℃条件下保温5~6h；ZL205为在（190±50）℃条件下保温2~5h。

铸铝合金的热处理规范和用途可参见表5-2。

表 5-2　铸铝合金的热处理规范和用途

合金代号	热处理状态	淬　火			时　效			用　途
		加热温度/℃	保温时间/h	冷却	加热温度/℃	保温时间/h	冷却	
ZL101	T6	500±5	5	80℃水	185±5	16	空冷	高温高速大马力活塞
ZL102	T2	—	—		290±10	2~4	空冷	轻载荷零件
ZL103	T1	—	—		180±5	3~5	空冷	小负荷零件
	T2	—	—		290±10	2~4	空冷	要求尺寸稳定并消除残余应力的零件
	T5	515±5	3~6	60~100℃水	175±5	3~5	空冷	在低于175℃工作、负荷大的零件
	T7	515±5	3~6	60~100℃水	230±5	3~5	空冷	在175~250℃范围工作的零件
	T8	510±5	5~6	60~100℃水	330±5	3	空冷	要求塑性较高的零件
ZL104	T1	—	—		175±5	5~7	空冷	受中等负荷的零件
	T6	535±5	2~6	60~100℃水	175±5	10~15	空冷	大型零件、受很大负荷的零件
ZL105	T1	—	—		180±5	5~10	空冷	受中等负荷的零件
	T5	525±5	3~5	100℃水	160±5	3~5	空冷	中等负荷的零件
	T6	525±5	3~5	60~100℃水	180±5	5~10	空冷	负荷很大的零件
	T7	525±5	3~5	60~100℃水	240±10	3~5	空冷	在较高温度下工作的零件，如汽缸头
ZL107	T6	515±5	10	60~100℃水	155±5	10	空冷	
ZL108	T1	—	—		190~210	10~14	空冷	—
	T6	515±5	3~8	60~80	205±5	6~10	空冷	高温下工作的大负荷零件，如大马力柴油机活塞
ZL109	T1	—	—		230±5	7~9	空冷	改善切削加工性，负荷不大的零件
	T4	535±5	2~6	60~100℃水	—	—	—	要求高塑性的零件
	T5	535±5	2~6	60~100℃水	155±5	2~7	空冷	要求屈服强度较高，硬度较高的零件
	T6	535±5	2~6	60~100℃水	255±5	7~9	空冷	高强度、高硬度的零件
	T7	535±5	2~6	60~100℃水	250±5	2~4	空冷	—

续表 5-2

合金代号	热处理状态	淬火			时效			用途
		加热温度/℃	保温时间/h	冷却	加热温度/℃	保温时间/h	冷却	
ZL110	T1	—	—	—	210±10	10~16	空冷	在高温下工作的活塞及其他零件
ZL111	T5	515±5 525±5	4~8	60~100℃水	160±5	8~15	空冷	分级加热,此规程用于金属型铸造
ZL201	T4	535±5 545±5	5~9	60~100℃水	—	—	空冷	分级加热
	T5	535±5 545±5	5~9	60~100℃水	175±5	3~5	空冷	分级加热,高强度高温工作的零件
ZL202	T6	510±5	12	80~100℃水	155±5① 175±5②	10~14① 7~14②	空冷	高强度高硬度的零件
ZL202	T2	—	—	—	290±10	3	空冷	消除残余应力,要求尺寸稳定的零件
	T7	515±5	3~5	80~100℃水	200~250	3	空冷	高温度下工作的零件如活塞
ZL203	T4	515±5	10~15	60~100℃水	—	—	—	要求高强度高塑性零件
	T5	515±5	10~15	60~100℃水	150±5	2~4	空冷	高屈服零件和高硬度零件
ZL301	T4	435±5	8~20	80~100℃水或60℃油	—	—	—	要求耐蚀和承受冲击载荷的零件
ZL302	T1	—	—	—	170	4~6	空冷	—
ZL401	T2	—	—	—	290±10	3	空冷	消除应力,稳定尺寸的零件
ZL204	T1	—	—	—	180	10或自然时效21d	空冷	—

①砂型铸造;②金属型铸造。

三、变形铝合金热处理

变形铝合金的热处理,包括均匀化(扩散)退火、再结晶退火、去应力退火、回归处理和淬火时效。

(一)均匀化退火工艺

均匀化退火的目的在于消除合金铸锭中晶内偏析(即晶粒内部的成分不均与组织不均)的现象,使合金具有良好的压力加工性能,以得到品质优良的半成品。均匀退火工艺如表5-3所示。

表 5-3　变形铝合金均匀化退火工艺

合金牌号	退火温度/℃	保温时间/h	冷却方式
5A02	440	24	空冷
5A03、5A05、5A06	460~475	12~24	空冷
3A21	510~520	4~6	空冷
2A11、2A12	480~495	12~24	炉冷
2A16	525±5	12~16	炉冷
2A50、2B50	515~530	12	炉冷
2A14	475~490	12	炉冷
7A04	450~465	12~24	炉冷

（二）再结晶退火工艺

再结晶退火的目的在于消除各种加工应力、提高塑性。变形铝合金再结晶退火温度一般在 310~450℃（再结晶温度以上）之间，保温后水冷或空冷。铝合金再结晶退火工艺如表 5-4 所示。

表 5-4　变形铝合金再结晶退火工艺

合金牌号	退火温度/℃	厚度/mm	时间/min	冷却方式	备注
8A01~8A07	350~410	0.3~3.0	30~45	空冷或炉冷	
		2.0~5.0	40~60		
		5.0~10.0	60~90		
3A21、5A02、5A03	380~420	0.3~2.0	40~60	空冷或炉冷	盐浴炉加热：430~450℃条件下保温 5~30min
		2.0~5.0	60~80		
2A01、2A04、2A11、2A12、2A16	395~420	0.3~2.0	60	炉冷	采用盐浴炉加热：350~370℃条件下保温 30~60min
		2.0~4.0	80		
		4.1~6.0	90		
		6.1~10.0	120		
5A06	310~340	5.0~10.0	60~120	空冷或炉冷	
7A04	370~390	<6.0	40~60	炉冷	
		>6.0	60~90		
6A02、2A50、2B50	350~400	<6.0	40~60	炉冷	
		>6.0	60~90		

（三）去应力退火工艺

在 150~300℃（低于再结晶温度）内，即合金组织不发生转变的退火为去应力退火或低温退火。其目的在于消除应力、保持强度。工艺参数如表 5-5 所示。

表 5-5 变形铝合金去应力退火工艺

代号	2A11、2A12	5A03、5A05	5A06	3A21	6A02	5A02
规格	管材	板材	管材	板材	管材	板材
温度/℃	270~290	150~240	250~290	260~300	250~270	150~260
时间/h	2~3	1~2	2~3	1~2	2~3	1~2

(四) 回归处理工艺

仅用于经淬火和自然时效处理过的零件,即将零件在硝盐浴中迅速加热到 200~250℃,保温 2~3min 后在水中冷却。目的是得到过饱和固溶体淬火相,使合金重新软化,便于加工、校形等。但回归处理次数不超过 3 次为宜。

(五) 淬火工艺

将合金在淬火温度下,使其合金元素溶入固溶体,并经快速冷却使其固定下来的过程称淬火。淬火的目的在于软化合金,便于在孕育期中冷压成形,从而为提高强度、硬度等综合性能做显微组织上的准备。

(1) 加热温度。淬火时要特别注意加热温度,其选择原则是:1) 必须防止过烧;2) 使强化相最大限度地溶入固溶体。

过烧是合金中低熔点共晶熔化的表现,其特征为晶内出现共晶复熔球、晶界变宽、三叉晶界呈三角形,如图 5-2 所示。变形铝合金淬火加热温度及熔化开始温度、铝合金制品实测过烧温度及熔化开始温度见表 5-6、表 5-7。固溶处理加热温度对 2A12（LY12）板材性能的影响见表 5-8。

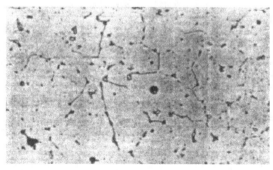

图 5-2 2A12（LY12）压挤棒材淬火过烧组织（515℃保温 1h 淬火,混合酸水溶液浸蚀,×210）

表 5-6 变形铝合金淬火加热温度及熔化开始温度

牌号		强化相	加热温度 /℃	熔化开始温度 /℃
新	旧			
2A01	LY1	$CuAl_2$,Mg_2Si	495~505	535
2A02	LY2	Al_2CuMg,($CuAl_2$,$Al_{12}Mn_2Cu$)	495~505	510~515

牌　号		强化相	加热温度/℃	熔化开始温度/℃
新	旧			
2A06	LY6	Al_2CuMg，（$CuAl_2$，$Al_{12}Mn_2Cu$）	503~507	518
2A10	LY10	$CuAl_2$，（Mg_2Si）	515~520	540
2A11	LY11	$CuAl_2$，Mg_2Si，（$Al_{12}CuMg$）	500~510	514~517
2A12	LY12	$CuAl_2$，$Al_{12}CuMg$，（Mg_2Si）	495~503	506~507
2A16	LY16	$CuAl_2$，$Al_{12}Mn_2Cu$，（$TiAl_3$）	528~593	545
2A17	LY17	$CuAl_2$，$Al_{12}Mn_2Cu$，（$TiAl_3$，Al_2CuMg）	520~530	540
6A02	LD2	Mg_2Si，Al_2CuMg	515~530	595
2A50	LD5	Mg_2Si，Al_2CuMg，$Al_2CuMgSi$	503~525	>525
2A70	LD7	Al_2CuMg，Al_9FeNi	525~595	—
2A80	LD8	Al_2CuMg，Mg_2Si，Al_9FeNi	525~540	—
2A90	LD9	Al_2CuMg，Mg_2Si，Al_9FeNi，$AlCu_3Ni$	510~525	—
2A14	LD10	$CuAl_2$，Mg_2Si，Al_2CuMg	495~506	509
7A03	LC3	$MgZn_2$，（$Al_2Mg_2Zn_3$，Al_2CuMg）	460~470	>500
7A04	LC4	$MgZn_2$，（$Al_2Mg_2Zn_3$，Al_2CuMg，Mg_2Si）	465~485	>500

注：括号中的相的存在量较少。

表 5-7　变形铝合金实测过烧温度

牌号		种类	规格/mm	变形度/%	加热方式	保温时间/min	过烧温度/℃
新	旧						
2A02	LY2	棒材	D20	99.4	强制空气循环炉	40	515
2A06	LY6	板材	3.0	54.0	盐浴炉	20	515
		棒材	3.0	54.0	盐浴炉	30	510
2A11	LY11	板材	3.0	54.0	盐浴炉	20	514
		棒材	D14	94.5	强制空气循环炉	40	514
		冷拉管材	D110×3.0	9.0	盐浴炉	20	512
2A12	LY12	板材	2.0	60.0	盐浴炉	17	505~507
		棒材	D15	94.3	强制空气循环炉	40	505
		冷拉管材	D40×1.5	73.3	盐浴炉	20	507
		冷拉管材	D80×2.0	24.0	盐浴炉	20	505
2A16	LY16	板材	1.6	53.0	盐浴炉	17	547
		棒材	D12	95.0	强制空气循环炉	40	547

续表 5-7

牌号		种类	规格/mm	变形度/%	加热方式	保温时间/min	过烧温度/℃
新	旧						
2A17	LY17	棒材	D30	—	盐浴炉	30	535
6A02	LD2	板材	4.0	40	盐浴炉	27	565
		棒材	D22	95	空气循环炉	40	565
2A50	LD5	棒材	D22	95	空气循环炉	40	545
		锻件	—	—	空气循环炉	40	545
2B50	LD6	锻件			空气循环炉	40	550
2A70	LD7	棒材	D22	94.4	空气循环炉	40	545
		锻件			空气循环炉	40	545
2A14	LD10	板材	2.0	60.0	盐浴炉	17	517
		棒材	D20	94.4	空气循环炉	40	515
		锻件	—	—	空气循环炉	40	517

表 5-8　固溶温度对 2A12（LY12）合金性能的影响

淬火温度/℃	拉伸性能		品间腐蚀				最大应力 σ_{max}/MPa	K (σ_{max}/R_m)	至破坏的循环次数 N
	R_m/MPa	A/%	R_m/MPa	A/%	强度损失/%	伸长率损失/%			
500	487	21.6	487	20.6	0	45	304	0.7	8841
513	489	18.4	431	8.5	10	53	308	0.7	8983
517	478	18.1	348	4.1	27	77	304	0.7	8205

（2）保温时间。保温的目的在于使工件热透，并使强化相充分溶解和固溶体均匀化。对于同一牌号的合金，确定保温时间应考虑以下因素：

1）工件厚度。截面大的半成品及形变量小的工件，强化相较粗大，保温时间应适当延长，使强化相充分溶解。大型锻件、模锻件和棒材的保温时间比薄件长好几倍。

2）塑性变形程度。热处理前的压力加工可加速强化相的溶解。变形程度越大，强化相尺寸越小，保温时间可以缩短。经冷变形的工件在加热过程中会发生再结晶，应注意防止再结晶晶粒过分粗大。固溶处理前不应进行临界变形程度的加工。挤压制品的保温时间应当缩短，以保持挤压效应。

3）原始组织。完全退火的合金强化相粗大，保温时间应当增长。经过固溶时效的工件，进行重复固溶加热时，保温时间可缩短一半。

表 5-9 列出几种变形铝合金在盐浴炉中固溶加热时保温时间的参考数据。表 5-10 所列为几种变形铝合金在空气中加热固溶的保持时间。

表 5-9　几种变形铝合金在盐浴炉中固溶加热保温时间

制品种类	棒材、线材直径，型材锻件厚度/mm	保温时间/min	
		制品长度小于 13m	制品长度大于 13m
铝合金棒材、型材	<3.0	30	45
	3.1~5.0	45	60
	5.1~10.0	60	75
	10.1~12.0	75	90
	12.1~30.0	90	100
	30.1~40.0	105	135
	40.1~60.0	150	150
	60.1~100	180	180
	>100	210	210
2B11（LY8）线材	所有尺寸	60	
铝合金锻件	<30	75	
	31~50	100	
	51~100	120~150	
	101~150	180~210	

表 5-10　几种变形铝合金在空气炉中固溶加热保温时间

合金牌号		板材厚度（棒材直径）/mm	保温时间/min	板材厚度（棒材直径）/mm	保温时间/min
新	旧				
2A06	LY6	0.3~0.8	9	6.1~8.0	35
2A11	LY11	1.0~1.5	10	8.1~12.0	40
2A12	LY12	1.6~2.5	17	12.1~25.0	50
		2.6~3.5	20	25.1~32.0	60
2A06	LY6	0.3~0.8	9	6.1~8.0	35
	包铝板材	3.6~4.0	27	32.1~38.0	70
		4.1~6.0	32		
2A11	LY11	0.3~0.8	12	2.6~3.5	30
2A12	LY12	0.9~1.2	18	3.6~5.0	35
	不包铝板材	1.3~2.0	20	5.1~6.0	50
		2.1~2.5	25	>6.0	60
6A02	LD2	0.3~0.8	9	3.1~3.5	27
7A04	LC4	1.0~1.5		3.6~4.0	32
	不包铝板材	1.6~2.0	17	4.1~5.0	35
		2.1~2.5	20	5.1~6.0	40
		2.6~3.0	22	>6.0	60

4）淬火转移时间。淬火转移时间是指工件从加热炉转移至淬火槽所经历的时间。转移时间过长，过饱和固溶体在转移过程中将发生分解，使合金时效后的强度显著下降，抗蚀性能变坏。7A04（LC4）合金板材淬火转移时间对力学性能的影响如表5-11所示。

表 5-11　7A04（LC4）合金板材淬火转移时间对力学性能的影响

淬火转移时间/s	R_m/MPa	R_e/MPa	$A/\%$
3	522	493	11.2
10	515	475	10.7
20	507	452	10.3
30	480	377	11.0
40	418	347	11.0
60	396	310	11.0

一般规定，铝合金厚度小于4mm时，淬火转移时间不得超过30s。当成批工件同时淬火的数量增多时，转移时间可延长。对硬铝和锻铝合金可增至20～30s，对超硬铝可增加到25s。

（3）淬火冷却介质及冷却方式。

1）水温调节淬火。铝合金最常用的淬火介质是水，水的淬火冷却特性与水温有关，冷却速度随水温的升高而降低（如图5-3所示）。常温下的水，冷却能力大，最大冷却速度可达750℃/s以上。冷却太快，工件内将产生较大的内应力，导致淬火畸变或出现裂纹。可以用调节水温的办法获得接近理想的淬火冷却速度。一般可采用调节水温的淬火装置来实现（如图5-4所示），在生产中水温一般应保持在10～30℃范围内。对于形状复杂的大型工件，为了防止畸变和开裂，水温可升至30～50℃，特殊情况下，水温可允许提高到80℃。

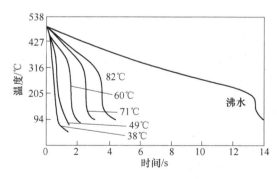

图 5-3　纯铝板材在不同温度的水中淬火时
冷却曲线（板厚1.6mm，曲线上的数字表示水温）

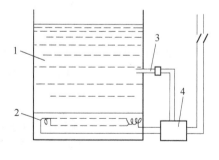

图 5-4　热水淬火装置及温度调节系统
1—热水槽；2—加热器；
3—热电偶；4—温度调节器

2）聚合物水溶液淬火。聚合物水溶液的冷却速度介于室温水与沸水之间。采用水温调节淬火，温度不易控制，且消耗能量较大。因此，采用聚合物水溶液淬火是一种很有前途的淬火新工艺。不同浓度的聚乙烯醇水溶液对 7A04（LC4）合金淬火畸变的影响如图 5-5 所示。图 5-6 和图 5-7 所示为厚 5mm 的铝板在 20℃水、沸水、液氮和相对分子质量为 $0.5×10^5 \sim 5×10^6$、浓度为 $0.25\% \sim 2.5\%$（质量分数）的聚氧化乙烯水溶液中淬火的冷却曲线。根据上述冷却曲线求得 5mm 厚铝板的冷却速度列于表 5-12。

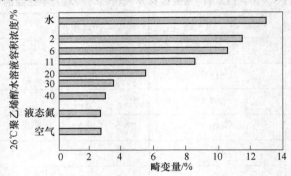

图 5-5 超硬铝 7A04(LC4)板材（1mm×150mm×200mm）在各种冷却介质中淬火时产生的变形量

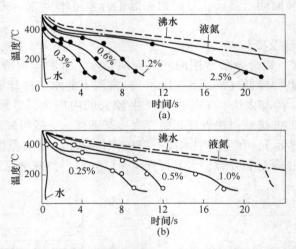

图 5-6 厚度为 5mm 的铝板在不同浓度的聚氧化乙烯水溶液中淬火时的冷却曲线

（a）相对分子质量为 $3.3×10^6$；（b）相对分子质量为 $0.5×10^6$

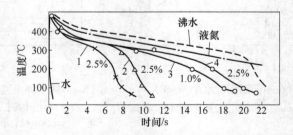

图 5-7 厚度为 5mm 的铝板在聚氧化乙烯水溶液中淬火时的冷却曲线

1—相对分子质量为 $0.5×10^6$；2—相对分子质量为 $1×10^6$；

3—相对分子质量为 $3.3×10^6$；4—相对分子质量为 $5×10^6$

表 5-12　5mm 厚铝板在聚氧化乙烯水溶液中的冷却速度

淬火介质	相对分子质量	浓度（质量分数）/%	在下列温度范围的冷却速度/℃·s⁻¹		
			500~380℃	380~200℃	200~100℃
聚氧化乙烯水溶液	5×10⁶	1	80	10~20	30
		0.5	100	20~60	80
		0.25	280~100	20	70
		0.12	500	20~30	100
	3.3×10⁶	2.5	50~70	15~20	30
		1.2	70~80	20~30	70
		0.6	110~160	20~50	100
		0.3	160~260	30~50	120~190
		0.15	300~420	20~60	120~140
	1×10⁶	2.5	90	40~60	50
		1.2	140	20	150
		0.6	170	350	100

作为淬火介质的聚合物水溶液近 20 余种。其中聚乙烯醇、聚醚、聚氧化乙烯的水溶液已开始应用于生产。聚合物水溶液具有逆溶性，当灼热工件淬入其中时，工件周围的液温急剧上升，聚合物从水中析出，介质混浊，黏度上升，并在工件表面形成连续均匀的薄膜。随着工件的冷却，膜又逐渐溶解，使工件低温时加速冷却，这样工件在高温和低温时都具有比较均匀的冷却速度，从而减少工件由于冷却不均匀而造成畸变开裂现象。对于厚度不一、结构复杂的工件，由于这种冷却的自调节过程，可使其各部位趋近均匀冷却，防止畸变。

3）液-气雾化介质淬火。液-气雾化介质淬火是喷射淬火的一种。一般的液束喷射冷却淬火，冷却速度较大，冷却速度大于浸没冷却淬火。而液-气雾化介质淬火，尤其是轻雾喷淬，使工件冷却速度较为平缓，而且可以在较大范围内调节，适用于不同厚度、对冷却速度有不同要求的铝合金工件。

一般的雾化设备是由水压系统（其喷嘴向工件喷射液束）和空压系统（其喷嘴与液束呈一定角度）组成。高压气体使液束碎化成雾，形成液-气雾联合喷在灼热的工件表面上。由于水压、气压使雾滴以一定速度喷射在工件上，不可能出现明显的气膜冷却、泡沸腾冷却和对流冷却三个阶段，使整个温度范围都均匀冷却而避免畸变与开裂。雾化介质淬火的工艺参数有：喷水压力与流量、气压及气流量、喷射的均匀度。一般情况下，水压与水流量大而气压与气流量小时，雾粒大，冷却速度大；当液束压力较小，流量也小，而气压、气流量大时，雾粒较细，冷却速度较小。此外，喷嘴距工件的距离也是重要的工艺参数。喷嘴距离及分布情况也影响冷却速度和冷却均匀程度，在生产中首先进行工艺参数的摸索试验，然后选择工艺参数。雾化介质可用水，也可用聚合物水溶液。

4）分级淬火。为了减小锻件和模锻件淬火时产生的畸变，固溶加热后可采用先在温度较高的介质中短时保温，然后在室温水中冷却的分级淬火工艺。表 5-13 列出

2A16(LY16)合金锻件采用一次淬火和分级淬火，并时效后的力学性能。表中试验数据表明，采用两种淬火工艺处理后，力学性能差别不大，但分级淬火畸变明显减小。为了保证淬火质量，分级淬火的盐浴槽应比同时投入的锻件总体积大 20 倍以上。

表 5-13　2A16（LY16）锻件一次淬火和分级淬火并时效后的力学性能

力学性能	一次淬火（30℃水）	在不同温度的熔盐中分级淬火			
		160℃	170℃	180℃	190℃
R_m/MPa	449	432	443	433	455
R_e/MPa	304	299	307	303	310
A/%	14.3	9.8	11.4	13.4	15.0

（六）时效工艺

淬火获得的过饱和固溶体处于不平衡状态，有发生分解和析出第二相的自发倾向，有些合金在常温下便开始进行这种析出过程，称为自然时效。自然时效由于温度低，一般只能完成析出的初始阶段。有些合金则要在温度升高，原子活动能力增大以后，才开始进行这种析出过程，称为人工时效。

（1）时效温度与时间。几种变形铝合金的时效硬化曲线如图 5-8～图 5-13 所示。这些曲线表明，自然时效硬化明显地表现为三个阶段。在开始的一段时间，强度变化不大；第

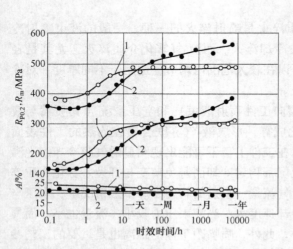

图 5-8　板厚 1mm 经冷水淬火的 2024 和 7075
合金自然时效硬化曲线
1—2024（相当于 2A13（LY12），493℃，20min）；
2—7075（相当于 7A04（LC4），466℃，20min）

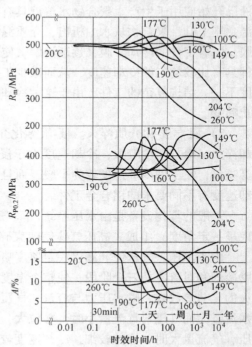

图 5-9　2024（相当于 2A12）
板材人工时效硬化曲线

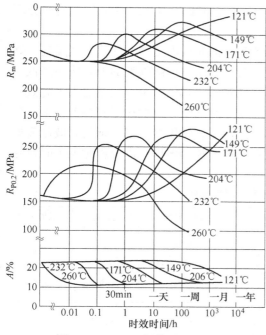

图 5-10　6061（相当于 6A02）
板材人工时效硬化曲线

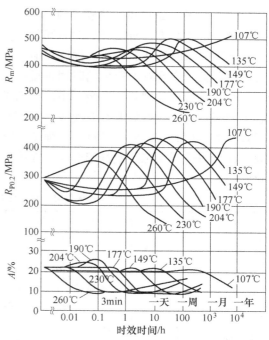

图 5-11　2014（相当于 2A14）人工时效硬化曲线

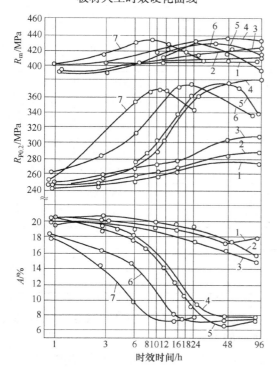

图 5-12　AK4-1（相当于 2A70）时效硬化曲线
1—150℃；2—160℃；3—170℃；4—180℃；
5—190℃；6—200℃；7—210℃

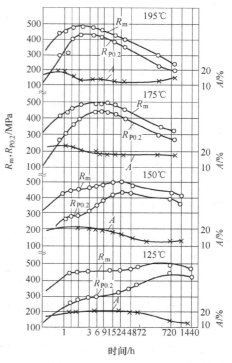

图 5-13　AK6 合金（相当于 2A50）时效硬化曲线

二阶段合金强度随时间的延长急剧上升；第三阶段合金强度基本达到稳定。合金成分不同，第一阶段和第二阶段经历的时间不同。

人工时效时硬化曲线有一强度峰值。超过峰值最高的时效温度后，加热温度越高，强度峰值越低，出现峰值所用的时间越短；人工时效时，合金塑性随强度的上升明显降低。

在各种可时效硬化的合金系中，硬铝常采用自然时效，其他合金一般是在人工时效状态下使用。人工时效温度和时间应严格控制。温度低、时间短，强度达不到峰值，称为欠时效；温度过高或时间过长使合金强度下降，称为过时效。常用变形铝合金的时效制度见表5-14。需进行人工时效的铝合金，淬火后不宜在常温下长期停留，以免影响人工时效强化效果。

表 5-14　常用变形铝合金的时效制度

牌号	制品种类	时效温度/℃	时效时间/h	牌号	制品种类	时效温度/℃	时效时间/h
2A02 (LY2)	管、棒、型、锻件	165~170	16	2A16 (LY16)	板材	160~170	14
2A06 (LY6)	板材	室温	≥96	2A17 (LY17)	板材	室温	>96
2A11 (LY11)	板材	125~135	10	7A04 (LC4)	板材	125~135	16
2A12 (LY12)	板材	室温	≥96		管、棒、型材	138~143	16
					锻件	135~140	16
7A09 (LC9)	板材	125~135	16	2A90 (LD9)	管、棒、型材	165~170	8
7A10 (LC10)	板材	125~135	16	2A80 (LD8)	管、棒、型材	170~175	8
	线材	150~160	8		锻件	160~180	8~12
2A50 (LD5)	板材	室温	≥96	2A14 (LD10)	板材	室温	≥96
	管、棒、型材	150~155	3		板材	155~165	12
	锻件	153~160	6~12		管、棒、型材	150~155	8
2B50 (LD6)	管、棒、型材	150~155	3	2A70 (LD7)	管、棒、型材	185~190	8
	锻件	153~160	6~12		锻件	185~190	10~11
6A02 (LD2)	管、棒、型材	150~160	8				
	锻件	150~165	8~15				
	板材	室温	240~360				

铝合金自然时效或在低于100℃的温度下人工时效后，抗晶间腐蚀能力较强。在较高的温度下进行人工时效，则可提高合金的抗应力腐蚀能力。

（2）分级时效。分级时效是指将淬火工件在不同温度下进行两次或多次时效。与一次时效相比，虽然工艺比较复杂，但时效后组织较均匀，拉伸性能、疲劳和断裂性能、应力腐蚀抗力之间能够获得良好的配合，而且能缩短生产周期。这种工艺应用于 Al-Zn-Mg 和 Al-Zn-Mg-Cu 系合金，得到了较满意的效果。

分级时效一般为两段时效，分为预时效和终时效两个阶段。预时效温度 T_1、终时效温度 T_2 与析出相成核的临界温度 T_s 之间的关系示意图 5-14。每种铝合金都有自己的 G，P 区和过渡相存在的温度范围，有一个临界温度。低于临界温度，亚稳相不能存在，高于临界温度就溶解或析出。T_c 不是一个常数，与合金成分或状态有关。一般分级时效的温度是 $T_1 < T_c < T_2$，预时效温度较低。其目的是在此温度下，形成高密度和均匀的 G、P 区，可成为随后时效析出相的核心，借以控制基体析出相的弥散度、晶界析出相的尺寸以及晶间无析出带的宽度。经过在较高温度下的最终时效，调整析出相的结构及尺寸和分布，保证在强度保持或下降甚小的情况

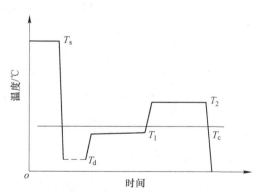

图 5-14　分级时效-时间关系示意图

T_s—固溶处理温度；T_d—淬火温度（介质温度）；

T_1—第一阶段时效温度；T_2—第二阶段时效温度；

T_c—临界温度

下，显著提高抗应力腐蚀性能和断裂韧度。两种常用铝合金的分级时效制度见表 5-15。7A04(LC4) 合金单级时效与分级时效对应力腐蚀的影响列于表 5-16。由表 5-16 可知 7A04(LC4) 合金单级时效有明显的应力腐蚀倾向，而分级时效则显著提高了抗应力腐蚀性能。

（3）回归再时效（RRA 处理）。时效态铝合金，在较低温度下短时保温，使硬度和强度下降，恢复到接近淬火水平，然后再进行时效处理，获得具有人工时效态的强度和分级时效态的应力腐蚀抗力的最佳配合，这种工艺称为回归再时效（RRA 处理）。如对超硬铝系 7050 合金（淬火+人工时效）在 200~280℃ 进行短时再加热（回归），然后按原时效工艺进行再时效处理，其性能与淬火+人工时效及分级时效态对比列于表 5-17。由表可知，RRA 处理后抗拉强度比淬火+人工时效状态下降了 49%，而屈服强度却上升了 2.6%，应力腐蚀抗力与分级时效态相当。

表 5-15　两种常用变形铝合金的分级时效制度

合金牌号	制品种类	时效温度/℃	时效时间/h
7A03（LC3）	模锻件或其他半成品	115~125（一次） 160~170（二次）	24 35
7A04（LC4）	板材	约 120，约 170	8

表 5-16　时效制度对 7A04 合金性能的影响

牌号	品种	时效制度	R_m/MPa	$R_{P0.2}$/MPa	A/%	应力腐蚀断裂时间/h
7A04（LC4）	板	120℃保温 24h	600	547	12	58
7A04（LC4）	板	120℃保温 8h+ 170℃保温 8h	574	518	10	1500 未断

表 5-17　7050 铝合金三种工艺处理后性能对比

热 处 理 制 度	R_m/MPa	$R_{P0.2}$/MPa	A/%	抗应力腐蚀断裂时间/h
477℃保温 30min+120℃保温 24h	565.46	509.60	13.3	83
477℃保温 30min+120℃保温 6h+177℃保温 8h	446.8	371.42	15.4	720 未断
477℃保温 30min+120℃保温 24h+ 200℃保温 8min（油冷）+120℃保温 24h	541.94	523.32	14.8	720 未断

四、形变热处理

形变热处理是将变形与热处理结合进行的工艺，其目的是改善析出相的分布及合金的微观组织结构，以获得较高的强度、韧性（包括断裂韧度）以及应力腐蚀抗力。

铝合金的形变热处理分为两大类，即中间形变热处理和最终形变热处理，前者包括铸造后及在接近再结晶的温度下热态压力加工后立即进行热处理（包括固溶处理和时效），使其热加工组织大量保存下来，以改善合金的韧性和应力腐蚀抗力，对 Al-Zn-Mg-Cu 系合金效果更好。由于需在热加工工序间再增加设备、工序，涉及车间改造，故未广泛应用。

最终形变热处理是在热处理工序之间进行一定量的塑性变形。一般可分为以下几种：

（1）淬火→冷（温）变形→终时效。

（2）淬火→预时效→冷（温）变形→终时效。

（3）淬火→终时效→冷变形。

（4）淬火→自然时效→变形→人工时效。

终时效包括自然时效和人工时效。塑性变形为过渡相（G，P 区除外）的非均匀形核提供了更多的位置，使过渡相分布更加弥散。在提高强度的前提下，可使强度、塑性、韧性、疲劳性能和应力腐蚀抗力得到很好的配合。形变热处理可以加速时效过程，并能使合金疲劳性能得到改善。对 2A12（LY12）硬铝合金推荐的最佳形变热处理工艺为：

（1）固溶处理：490~500℃，保温时间以过剩相充分溶解为原则，于室温水中冷却。

（2）第一次时效：185~190℃（105~135min），迅速冷却至室温。

（3）15%~20%塑性变形（包括轧制、锻造、拉伸或其他形式的机械变形）。

（4）第二次时效：144~154℃（25~35min），迅速冷却到室温（防止组织发生变化）。

（5）15%~25%的附加变形。

（6）第三次时效：144~154℃（35~40min），迅速冷却至室温。

厚度为 3.17mm 的板材，经上述工艺处理后，R_m = 598~668MPa，R_e = 527~598MPa，A = 8%~10%。

形变热处理还可以提高合金的高温力学性能。2A12（LY12）合金板材在人工时效后进行冷变形，100℃下瞬时抗拉强度可提高 13%~18%。采用形变热处理使 2A12（LY12）合金获得的强度增量可保持至 175℃。

Al-4.5Cu-1.5Mg-0.56Mn-0.33Fe-0.14Si 合金板材在各种形变热处理条件下的力学性能列于表 5-18。由表 5-18 可知，TA1HA2 和 TH1A1H2A2 制度可使合金获得强度和塑性的最佳配合。这两种制度适用于 Al-Zn-Mg-Cu、Al-Cu-Mg-Si、Al-Mg-Si 等合金系。

表 5-18　Al-4.5Cu-1.5Mg-0.56Mn-0.33Fe-0.14Si 合金板材在各种形变热处理条件下的力学性能

热处理类型	工 艺 参 数	R_m/MPa	R_e/MPa	A/%
TA1	A1：190℃，保温 10h	486	402	14.5
TA1	A1：190℃，保温 8h	537	529	8.1
THA1	A1：190℃，保温 2h $H=40\%$	582	562	6.6
TA1HA2	A1：140℃，保温 8h；A2：140℃，保温 8h $H=40\%$	609	546	11.4
TA1HA2	A1：140℃，保温 8h；A2：180℃，保温 8h $H=20\%$	561	518	12.6
TH1A1H2A2	A1：140℃，保温 12h；A2：140℃，保温 20h $H_1=6\%$，$H_2=20\%$	584	519	13.3
TA1H	A1：190℃，保温 10h $H=40\%$	587	567	3.5

注：A1 为预时效（60~200℃）；A2 为终时效，温度至少与 A1 相同；H 为塑性变形，压下量为 10%~30%；TA1 为常规制度、单级时效；TA1A2 为常规制度，非等温双级时效。

五、铝合金热处理应用实例

（一）ZL104 铝合金汽油机缸体的最佳热处理工艺

ZL104 铝合金沿用（535±5）℃固溶 3h，（175±5）℃时效 9h 的工艺。该工艺是建立在砂型浇铸的基础上，其时效时间较长。

采用钠变质和金属型低压浇铸，ZL104 铝合金 175℃时效 5h 时，在基体中形成 G-P 区和 β′过渡相，强化作用显著；而原用的 175℃保温 9h 时效工艺，由于时效时间过长已从基体中析出 β′过渡相和 β（Mg_2Si）稳定相，从而出现过时效的软化现象。

ZL104 铝合金缸体采用（175±5）℃时效 5h，经长期生产考验，工艺稳定，质量可靠，$R_m=279~284$MPa，$A=5.3\%~5.4\%$，硬度为 96.5~105HBS。内应力与老工艺时效相同，都处于低应力水平。

（二）提高 ZL107 铸铝件力学性能的热处理工艺

ZL107 铸件采用金属型铸造，置于 45kW 箱式炉热处理。炉底用厚 10mm 铁板垫起，底下留一定空间（可用 30mm 铁棒托起）便于空气流通，炉膛两边的电阻丝附近用两块同样的铁板遮住红热的电阻丝，从而避免零件直接接触电阻丝或离电阻丝太近而发生局部熔化。

热处理工艺：515℃保温 8h，淬入 60℃热水中，175℃保温 10h 时效。$R_m=270~280$MPa，$A=4.0\%~5.0\%$，硬度为 95~100HBS。

（三）根据 ZL301 铝合金的铸态组织可制订相应的淬火工艺保证铸件性能

ZL301 铝合金常规淬火工艺为（435±5）℃保温 13h，热处理工艺是合理的。由于 ZL301 合金人工时效后，可沉淀出晶界呈网状分布的 Mg_5Al_8 相，会降低合金的塑性和抗蚀性，因而，应避免采用人工时效处理的工艺。

ZL301 合金经 435℃保温 13h，70~80℃水淬后，硬度为 90~101HBS，$R_m=306~365$MPa，$A=22.5\%$。

对因枝晶偏析严重，而引起脆性大的铸件，可通过淬火前的 435℃ 保温 13h 均匀化退火予以消除使性能得到改善，然后重新于 435℃ 保温 13h，70~80℃ 水冷淬火。

共晶熔点附近的单相区淬火新工艺：ZL301 合金先在 430℃ 预热 7h，再升至 435℃ 保温 13h，淬入 70~80℃ 水中，β 相充分溶解，也没有过烧现象，$R_m = 340~374MPa$，$A = 13.6\% ~17.6\%$。

经大量生产实践证明，ZL301 合金采用（435±5）℃ 保温 7~8h，然后 80~100℃ 水冷或 40~60℃ 油冷或流态床冷却，均达到老工艺（435±5）℃ 保温 13~20h 处理效果。因为当固溶处理时间大于 5h 继续延长时间，则 R_m、A 增长速度减小，即使长达 20h，仍存在少量未溶的 β 相，若要完全均匀化，需要 60~70h。

（四）2A12 铝合金在井式炉淬火工艺

2A12 铝合金制品淬火加热温度 495~502℃，其上限温度偏高，易引起过烧。生产中可采用 480~498℃，适当延长保温时间，可以保证淬火自然时效后的力学性能。炉膛温度变化控制在 ±6.5℃ 范围内的普通空气电阻炉，可以用来对 2A12 铝合金制品进行淬火加热。$R_m = 516.46~473.34MPa$，$\alpha_K = 111.72~131.32J/cm^2$，硬度为 114~125HBS。

（五）2A12 薄壁铝合金淬火工艺

2A12 铝合金薄壁零件淬火工艺为：（495±5）℃ 保温 30min（空气炉）油冷+（120±10）℃ 保温 3~5h（油炉）空冷。淬火时效后的抗拉强度 $R_m \geqslant 392MPa$。油冷后变形很小，随即校正，即可达到工艺尺寸要求，在随后的自然时效过程中，强度和变形达到了技术要求。按常规淬火工艺，均因严重变形无法校正而报废。

（六）2A11 硬铝强韧化热处理工艺

2A11 硬铝强韧化热处理工艺：在硝盐浴炉加热，（490±3）℃（保温时间如表 5-19 所示），淬入热水，二次加热（510±5）℃（保温时间如表 5-19 所示），水冷；-60℃ 冷处理保温 60min；（130±5）℃ 超声波短时（120min）人工时效（油炉）。表 5-20 为 2A11 硬铝强韧化热处理与常规热处理力学性能对比。

表 5-19　硬铝快速退火和快速淬火与材料有效厚度保温时间的关系

保温时间/min　处理方式	工作厚度或直径/mm　<0.8	0.8~2.5	2.5~5	5~12	12~20	20~50	60
硝盐浴炉快速退火	4	5	6	7	8	10	15
硝盐浴炉快速淬火	2	2.5	3	3.5	4	6	7

表 5-20　2A11 硬铝强韧化热处理与常规热处理力学性能

热处理类别	R_m/MPa	R_e/MPa	A/%	Z/%	硬度 HBS
强韧化热处理	410~478	227~291	22.5~24.1	41.9~45.0	120~125.2
常规热处理	382~387	201~206	18.0~18.05	27.2~29.0	94~95.6

经过强韧化处理的 2A11 硬铝精密轴承保持架零件不论在高寒地区或任何炎热地区使用都不再发生组织转变，也不再发生变形，使精密轴承保持架使用寿命大大提高。

六、铝合金的热处理缺陷

铝合金在热处理过程中也会由于操作不当或工艺制定不合理产生各种缺陷，具体内容见表 5-21。

表 5-21　铝合金热处理缺陷及消除方法

缺陷类型	缺陷特征	产生原因及消除方法
过烧	（1）2A12 合金轻微过烧时，界面变粗发毛，此时强度和塑性都有所增高；严重过烧时，呈现液相球和过烧三角晶面，强度和塑性降低。 （2）铝硅系合金组织中 Si 相粗大呈圆球状。铝铜系合金组织中 α 固溶体内出现圆形共晶体，铝镁系合金零件表面有严重黑点。在高倍组织中沿 α 晶粒边界发现疏散共晶体痕迹，晶界变宽。 （3）严重过烧时工件翘曲，表面存在结瘤和气泡	（1）铸造铝合金中形成低熔点共晶体的杂质含量多，应严格控制炉料。变形合金由于变形量小，共晶体集中，应降低加热温度。 （2）铸造合金加热速度太快，不平衡低熔点共晶体尚未扩散消失而发生熔化。可采用随炉以 200~250℃/h 的升温速度缓慢加热，或者采用分段加热。 （3）炉温仪表失灵。应经常检验炉温仪表，并安装警报电铃或红灯。 （4）炉内温度分布不均匀，实际温度超过工艺规范，应定期检查熔炉或空气炉的炉温分布状况
裂缝	经热处理后零件上出现可见裂纹。一般出现在拐角部位，尤其在壁厚不均匀之处	（1）铸件在淬火前已有显微或隐蔽裂纹，在热处理过程中扩展成为可见裂缝。应改进铸造工艺，消除铸造裂纹。 （2）外形复杂，壁厚不匀，应力集中。应增大圆角半径，铸件可增设加强胫。太薄部分用石棉包扎。 （3）升温和冷却速度太大，附加过大的热应力导致开裂，应缓慢均匀加热，并采用缓和的冷却介质或等温淬火
畸变	热处理后工件形状和尺寸发生改变，如翘曲、弯曲	（1）加热或冷却太快，由于热应力引起工件畸形。应改变加热和冷却方法。 （2）装炉不恰当，在高温下或淬火冷却时产生畸形。应采用适当的夹具，正确选择工件下水方法。 （3）淬火后马上矫正
	机械加工后工件出现畸形	工件内存在残留应力，经切削加工后，应力重新分布产生畸形。应采用缓慢冷却介质减少残留应力或采用去应力退火
腐蚀	在盐浴加热的工件表面上，特别是在铸件疏松的部位有腐蚀斑痕	熔盐中氯离子含量过高、应定期检验硝盐的化学成分，氯离子含量不得超过 0.5%（质量分数）
	在工件的螺纹、细槽和小孔内有腐蚀斑痕	工件在淬火后清洗时未将残留硝盐全部去除，应当用热水仔细清洗。清洗水中的酸碱度不应过高
	工件的抗腐蚀性能不良	热处理不当，因素较多。对有应力腐蚀倾向的合金应在热处理后获得更均匀的组织。为此，应确保工件均匀快速冷却缩短淬火转移时间，水温不得超过规定要求，正确选择时效规程
	包铝材料中合金元素完全渗透包铝层	加热温度过高，保温时间过长，重复加热次数过多，使锌、铜、镁向包铝层扩散

续表 5-21

缺陷类型	缺陷特征	产生原因及消除方法
力学性能不合格	性能达不到技术条件规定的指标	（1）合金化学成分有偏差，根据工程材料的具体化学成分调整热处理规范，对下批铸件应调整化学成分。 （2）违反热处理工艺规程，例如加热温度不够高，保温时间不够长或淬火转移时间过长
	淬火后强度和塑性不合格	固溶处理不恰当，应调整加热温度和保温时间，使可溶相充分溶入固溶体，缩短淬火转移时间。应重新处理
	时效后强度和塑性不合格	时效处理不当，或淬火后冷变形量过大使塑性降低，或清洗温度过高，停留时间过长，或淬火至时效间的时间不当。应调整时效温度和保温时间。过硬者可以补充时效
	退火后塑性偏低	退火温度偏低，保温时间不足或退火后冷却速度过快而导致塑性偏低。应重新退火
	锻件和铸件壁厚和壁薄部分性能相差很大	工件各部分厚薄相差悬殊，原始组织和透烧时间不同，影响固溶化效果。应延长加热保温时间，使之均匀加热，强化相充分溶解
气泡	淬火板材或退火板材上呈现气泡	（1）包铝层压合工艺不当，在包铝层和基本材料之间存在空隙，此间残留空气或水汽。在加热至高温时气体膨胀使包铝层鼓泡。 （2）板材表面有润滑油、污垢等脏物
粗品	退火板材和淬火板材晶粒粗大，冲压成形时呈"桔皮"状表面	（1）退火或固溶处理之前经受临界变形度（5%~15%）的变形，加热时晶粒剧烈长大。消除办法有采用高温快速短时加热；在正规热处理之前增加一次去应力退火，解除那些促使晶粒长大的应力；调整加工变形量（如毛坯预拉伸或多次成形等工艺），使变形量在临界变形量之外，每次变形加工前，采用去应力退火。 （2）固溶处理和退火温度过高，保温时间过长
板材软硬不均	硬铝退火板材硬度不均匀，工艺塑性很差，成形时易脆断	退火时冷作硬化消除不充分，尚保留变形织构，力学性能试验反映不出来。应采用补充退火，加热400℃、保温20min，以30℃/h的速度冷至260℃后空冷
表面变色	铝合金热处理后表面呈灰暗色	（1）空气炉中水汽太多、产生高温氧化。应尽量少带水分进炉，待水分蒸发逸出炉外后关闭门炉。 （2）淬火液的碱性太重，应更换淬火液。 （3）为了得到光亮表面可在硝盐中加入（质量分数）0.3%~2.0%的重铬酸钾（$K_2Cr_2O_2$）。盐浴的碱度（换算成KNO_3）不应超过1%，氯化物量（换算成氯离子）不应超过0.5%。但应注意重铬酸钾有毒。还可采用在浓度为3%~6%的硝酸水槽中清洗数分钟，就能保证很好的发亮作用。 （4）工件表面残留带腐蚀性的痕迹，在挥发后留下斑痕或腐蚀痕迹
	铝镁合金表面呈灰褐色	含镁量较高的铝镁合金高温氧化所致，可采用埋入氧化铝粉或石墨粉中加热

第二节 铜及铜合金的热处理

案例导入：古代青铜兵器如剑、戟、斧、戈等，需要进行锻打成锋刃，为防止锻造过程中的开裂，须采用锻间退火处理。"锻乃矛戈"是商周时期有关制作兵器的记载，说明有效地应用退火技术，能够制作出形制复杂、锋利异常的宝剑。原北京钢铁学院冶金史组对由甘肃永靖秦魏家遗址出土的约公元前1700年的青铜锥的分析表明，其基体组织为再结晶固溶体，晶粒粗大，α+δ共析组织沿加工方向变形，很明显该组织经历过再结晶退火。

一、变形黄铜的防季裂退火

去应力退火用于消除用黄铜制造的冷硬零件或半成品在应力状态下的季节性破裂，并减少应力、稳定尺寸，提高经冷冲压成形或冷卷绕成形弹簧的弹性。去应力退火的温度一般为250~300℃。低温退火的保温时间应根据装炉量及零件厚度而定，一般取2~4h。凡是低温退火均采用空冷。

黄铜季裂小故事：20世纪初，英军在印度储存的黄铜弹壳，每当雨季就频繁发生大量开裂，当时称之为黄铜的"季裂"。在雨季里，军事活动暂时性减少，弹药被存放在马厩里，直到干燥的天气再取回，这时发现许多黄铜弹壳不明原因地发生了破裂。直到1921年，Moor、Beckinsale和Mallinson等人对这种现象进行了解释：黄铜弹壳开裂的原因是马尿中的氨与冷拔金属弹壳中的残余应力相结合，共同导致了黄铜弹壳的应力腐蚀开裂。

二、变形铜合金的再结晶退火

再结晶退火用于消除工件在加工过程中产生的冷作硬化，恢复塑性，以利继续加工。

黄铜冷加工中退火温度应根据其化学成分及制品厚度选定。制品厚度越大，中间再结晶退火温度越高。目的是获得粗大晶粒，使合金具有较低的强度，以便进行变形量较大的冷加工。

例如H68合金工件（截面尺寸为δ）：

δ>5mm时，退火温度为580~650℃；δ为1~5mm时，退火温度为540~600℃；δ为0.5~1mm时，退火温度为500~560℃；δ<0.5mm时，退火温度为480~520℃。

锌含量较低的黄铜强度较低，可在较低的温度进行再结晶退火。然而锌含量高于或低于H68的普通黄铜的中间再结晶退火温度都比它高：δ>5mm的铜合金制品退火温度为650~700℃；添加其他合金元素的黄铜制品（δ>5mm）的中间退火温度均为600~650℃。图5-15所示为62黄铜（H62）经冷轧加工再经退火处理后的金相组织照片，从图中可以看出，α相为退火再结晶孪晶组织。由于一些β相在退火时溶入α相，剩下的β相多呈黑色点状。

图 5-15　62 黄铜经冷轧加工再经退火处理后的金相组织（×120）

锡青铜制品的中间退火温度与黄铜接近，例如，QSn4-3 合金制品：

δ>5mm 时，退火温度为 600~650℃；δ 为 1~5mm 时，退火温度为 580~630℃；δ 为 0.5~1mm 时，退火温度为 540~600℃；δ<0.5mm 时，退火温度为 460~500℃。

其他加工锡青铜退火温度与上述数据接近。

黄铜管材及棒材制成品硬状态供货的退火温度可在 200~340℃ 范围内选定。半硬状态供货时退火温度一般为 400~450℃。含锌量较低的黄铜（H90、H85、H70）棒材退火温度为 250~300℃；H62，HSn62-1 棒材退火温度为 400~450℃；其他黄铜棒材半硬退火温度介于上述两类黄铜之间。软状态供货的管材及棒材退火温度与中间退火温度接近。

黄铜线材制成品退火温度都比棒材和管材低。例如，直径 d=0.3~1.0mm 的 H62 线材，硬状态供货时退火温度为 160~180℃；软状态供货时退火温度为 390~410℃。

锡青铜线材如果在硬状态供货，退火温度为 250~300℃；如果软状态供货，退火温度为 420~440℃。

再结晶退火的保温时间以保证完成再结晶过程为原则，一般取 1~2h，有效厚度小于 2mm 的零件，一般取 30~60min。纯铜原材料或半成品（如铜丝、铜板、铜棒及铜管等）经软化退火后一般采用空冷，为了去除氧化皮也可采用水冷；黄铜及青铜的原材料、半成品零件经软化退火后一般采用空冷。

三、铸造铜合金的均匀退火

均匀化退火主要用作改善铜锡合金铸件的铸造偏析，提高铸件的力学性能。铸件均匀化退火的温度一般为 600~700℃，根据相应牌号，可取温度的上限。均匀化退火的保温时间一般取 3~5h。铜合金铸件经均匀化退火后一般采用炉冷，但锡青铜铸件经均匀化退火后应水冷。

四、铜合金的淬火时效

淬火时效强化的铜合金，其淬火温度，应选择使合金元素最大限度地溶入固溶体，而又不致使合金过热的温度，即低于共晶温度。如铍青铜的共晶温度为 864℃，其淬火温度为 780~820℃。淬火保温时间按工件厚度确定，一般为 1~2h。当工件厚度较小时，保温时间可以更短，例如，厚度为 1~2mm，保温时间可以是 15~30min，保温后在水中冷却。

淬火后，合金具有低强度和高塑性，可以方便地进行变形加工。

这类铜合金的人工时效温度，视合金成分、对合金力学性能要求和零件的工作温度而定。铍青铜的时效温度，一般为 250~350℃。当零件工作温度较高时，应采用较高的时效温度，即 350℃左右。时效时间大多为 3~5h 或 1~3h。当时效温度较低时，所需时效时间较长。提高时效温度，将使合金软化，此时即为软化回火。时效后在空气中冷却。

五、铜合金的淬火回火

淬火回火强化的铜合金，其淬火温度（以铝青铜为例），应使合金组织转变为单一的 β 相。$w(Cu)$ 为 10% 的铝青铜，这一温度为 1000℃左右，接近于该合金的熔化温度。因此淬火温度应比这一温度略低，一般为 850~950℃。这类合金的淬火保温时间，一般为 1~2h，在水中冷却。

回火温度根据所要求的力学性能确定。在要求具有高强度、高硬度和低塑性时，可以采用低温回火，温度为 250~350℃。在要求具有较高强度、硬度和较高塑性、韧性时，则采用高温回火，温度为 500~650℃。回火时间一般为 2h。

六、铜合金热处理时应注意的问题

（1）铝、铬、锌、硅、铍都是与氧化学亲和力较大的元素，铜合金在氧化性气体中长时间加热，这些元素易于被氧化而使它们在工件表面的含量降低。因此，铜合金制品退火须在保护气氛中加热。

（2）锌含量小于 15% 的黄铜在含 2%H_2 的氨燃烧气体或含 2%~5%H_2 及 CO 的氨燃烧气体中加热。锌含量大于 15% 的黄铜和含锌的白铜可在强还原性气体中加热。锡青铜及含锡和铝的低锌铜合金应在不含 H_2S 的中等还原性气氛中加热。铝青铜、铬青铜、硅青铜、铍青铜等可在纯氢或分解氨气中加热。

（3）大批量生产时，可用真空炉（锌含量较高的合金除外）或通入氮及氩的低真空炉中加热。

七、铜合金热处理应用实例

（一）铍青铜的优化热处理工艺

铍青铜热处理包括固溶处理和时效。固溶处理亦称淬火，其目的是获得过饱和固溶体，然后进行时效，通过沉淀硬化达到强化效果。铍青铜固溶处理温度必须严格控制，保温时间应使富铍相充分固溶，同时不致引起晶粒强烈长大，保温时间可按下式计算：

$$\tau = 1.5D + (8 \sim 10) \tag{5-1}$$

式中，τ 为保温时间，min；D 为材料或零件的有效厚度，mm。

若零件堆放加热，应酌情增加保温时间。保温结束后必须迅速淬入低于 40℃ 的水中，淬火转移时间应控制在 2s 以内。

铍青铜的晶粒长大倾向和晶界敏感性均较大，淬火温度从 770℃ 提高到 800℃ 时，晶粒直径从 16μm 增加到 40μm；时效温度从 290℃ 提高到 350℃ 时，晶界反应量从小于 2%

（体积分数）增加到 10%（体积分数）左右，因此要求严格控制炉温。

（1）铍青铜常规热处理工艺：（780±10）℃保温 30~60min 固溶处理，软态：（320±10）℃保温 90~120min；硬态：（320±10）℃保温 90~120min。晶粒直径为 16~40μm，晶界反应量为 2%~8%（体积分数）。

（2）软态分级最佳工艺：780℃保温 30min 固溶处理→210℃保温 1.5h→320℃保温 2h 时效。

（3）硬态分级时效最佳工艺：780℃保温 30min 固溶处理→37%冷变形→180℃保温 1h（一级时效）→320℃保温 1h（二级时效）。

（4）视具体生产情况选用预时效工艺：780℃保温 30min 固溶处理→150℃保温 1h→37%冷变形→295℃保温 3h 时效。

QBe2 合金采用软态分级时效，弹性极限值可提高 13.3%，硬态使用时，采用分级时效，弹性极限值仅提高 3%，强化效果较弱。无论软态或硬态使用，采用分级时效均可提高其综合力学性能，并降低其弹性后效值，尤以软态使用时更为显著。

注意：铍青铜工件在空气或其他氧化性气体中加热时表面会出现氧化膜，这种氧化膜具有有害作用，冷加工时将使模具的磨损量增大，为避免氧化，应在真空炉、氨气、惰性气体或还原性气氛中加热。

铍青铜不能在盐浴炉中加热，否则工件表面会发生晶间腐蚀和蜕铍现象。

（二）黄铜丝真空-保护气体退火

为了使黄铜丝退火后表面光亮，过去常用真空炉或保护气氛加热，由于保护气氛加热需用大量保护气清洗冲刷整个加热室，造成了保护气氛的浪费，而采用真空加热，加热速度慢耗电多又可能有脱锌现象。为此，在井式渗碳电炉的基础上进行了改造，在炉内装有一套真空密封的循环风扇装置。炉盖上装有抽气管、进气管、真空压力表等。在保持真空加热的优点的同时，再通入保护气，这样可以加强炉内对流传热效果，也克服了元素蒸发的缺陷。

黄铜丝退火工艺：650℃保温 6h，炉压 2666.4Pa。R_m = 370.44MPa，硬度为 95HRB，弯曲次数为 17 次，伸长率为 30%，颜色为黄铜色，$w(Cu)$ = 65.3%，$w(Zn)$ = 34.7%。伸长率偏差由原来 10%下降到 3%，同一炉黄铜丝抗拉强度偏差仅为 9.8~19.6MPa 以内。

（三）提高黄铜耐磨性能的热处理工艺

在普通黄铜中加 Fe、Mn 和 Si 等元素后，可在基体中形成 Mn_5Si_3 颗粒相，从而可大幅度提高黄铜的强度和磨损性能。对这类黄铜进行淬火和回火处理，可改变显微组织中颗粒相（即显微组织中的 Fe_3Si 和 Mn_5Si_3，以及少量的 α 相）的粒度、密度和分布，从而使材料的力学性能和耐磨损性能达到一个最佳值。对于 Mn_5Si_3 相为强化相的耐磨黄铜，回火温度和时间均随铝含量的增加而增加。

轧制后的黄铜圆棒进行 450℃保温 1h 退火，退火态的黄铜由 β 相、α 相及 Mn_5Si_3 相或颗粒组成；当铝含量增高时 α 相消失。黄铜经 700~750℃保温 1h，150~350℃保温 1h 回火时，颗粒相从过饱和的 β′基体中析出。选用合理的回火温度和时间，可以有效地控制颗粒相的粒度、分布和致密度，从而使材料的性能达到最佳值。合理控制铁的加入量对改善耐磨黄铜的性能非常关键。

（四）　提高 $CuZn_{40}A_{12}$ 铝青铜精锻铜齿环耐磨性的热处理工艺

采用 850℃ 保温 1h 水淬，380℃ 保温 1h 时效处理，能显著提高铝青铜齿轮环工件的耐磨性。

（五）　铬青铜电极零件淬火时效强化工艺

QCr0.5 铬青铜制造的电极零件过去采用 970℃ 保温 2h，水冷后 430℃ 保温 2h 空冷的热处理工艺。硬度<70HBS，达不到技术要求。

采用 1000℃ 保温 2h，水冷；480℃ 保温 3.5h，空冷。硬度为 120~125HBS，达到设计要求。

第三节　钛及钛合金的热处理

案例导入：我国应用钛金属的建筑有国家大剧院、杭州大剧院、中国有色工程设计研究总院大门厅、杭州临平东来第一阁、上海马戏杂技场屋顶和大连圣亚极地世界等，如图 5-16 所示。用于城市雕塑的有陕西省宝鸡市河滨公园内的钛雕塑"海豚与人"、河北省邢台市中心广场的钛雕塑"乾坤球"、陕西省宝鸡市步行街的钛雕塑"雄鸡报晓"等。

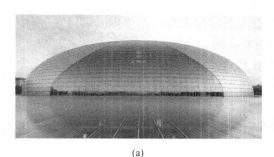 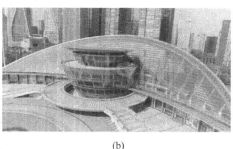

　　　　　　（a）　　　　　　　　　　　　　　　　　（b）

图 5-16　我国应用钛金属的部分建筑物图片

（a）国家大剧院；（b）杭州大剧院

一、钛及钛合金概述

（一）　纯钛

纯钛是银白色金属，与其他常用金属相比，热膨胀系数小，导热性差；塑性好，强度低，容易加工成形，可制成细丝和薄片；在大气和海水中有优良的耐蚀性，在硫酸、盐酸、硝酸、氢氧化钠等介质中都很稳定，但不能抵抗氢氟酸的侵蚀作用；抗氧化能力优于大多数奥氏体不锈钢。

工业纯钛中含有氢、碳、氧、铁、镁等杂质元素，少量杂质可使钛的强度和硬度显著提高，塑性和韧性明显降低。

工业纯钛按杂质含量不同分为 TA1、TA2、TA3 三种。牌号中的"T"为钛字的汉语拼音第一个字母，A 表示其退火组织为 α 单相组织，后面的数字表示顺序号，编号越大杂质越多。

（二）钛合金

按退火组织钛合金可以分为 α、β、α+β 三大类，分别以 TA、TB 和 TC 表示。

（1）α 钛合金（TA）。α 钛合金的主要合金元素是 α 稳定元素 Al 及中性元素 Sn 和 Zr，它们在合金中有固溶强化作用。这类合金多呈单相 α 固溶体，不能热处理强化，近年来国外发展了添加小于 2%β 稳定元素的"类 α 钛合金"或含 Cu 的"时效硬化型"α 钛合金。

α 钛合金中含有 Al 量超过 6% 时，可能产生有序相 Ti_3Al（α2 相），有助于提高合金的强度和蠕变抗力，但使塑性和断裂韧性急剧下降，并使热加工变形更加困难。

α 钛合金通过不同的退火工艺可以得到不同的显微组织。在 α 相区加热退火，可以得到细的等轴 α 晶粒，具有较好的综合性能。在 β 相区加热时，晶粒急剧长大，空冷后形成片状的 α 组织，称为魏氏组织。如在 β 相区加热后淬火，则形成片状马氏体（α'）但没有强化效果。

（2）α+β 钛合金（TC）。α+β 钛合金是目前最重要的一类钛合金，一般含有 4%~6% 的 β 稳定元素，从而使 α 和 β 两个相都有较多数量。而且抑制 β 相在冷却时的转变，只在随后的时效时析出，产生强化。它可以在退火态或淬火时效态使用，可以在 α+β 相区或在 β 相区进行热加工，所以其组织和性能有较大调整余地。

α+β 钛合金既加入 α 稳定元素，又加入 β 稳定元素，使 α 和 β 相同时得到强化。为了改善合金的成形性和热处理强化能力，必须获得足够数量的 β 相，因此，α+β 钛合金的性能主要由 β 相稳定元素来决定。

在 α+β 钛合金中 α 相稳定元素主要是 Al，其次是 Sn 和 Zr。β 相稳定元素主要是 V 和 Mo、Cr、Si 等。

α+β 钛合金成形性的改善和强度的提高，是靠牺牲焊接性能和抗蠕变性能来达到的。因此，这种合金的工作温度不超过 400℃，某些特殊的耐热 α+β 钛合金除外。为了尽量保持合金有较好的耐热性，绝大多数 α+β 钛合金都是以 α 相稳定元素为主，保证有稳定的 α 相基体组织。加入的 β 相稳定元素不能过多，能保证形成 8%~10% 的 β 相就已足够。

α+β 钛合金的力学性能变化范围较宽，可以适应各种用途，约占航空工业使用的钛合金 70% 以上。

α+β 钛合金的显微组织比较复杂。在 β 相区锻造或加热后缓冷，获得魏氏组织；在两相区锻造或退火可以获得等轴晶粒的两相组织。

（3）β 钛合金（TB）。β 钛合金是发展高强度钛合金潜力最大的合金。空冷或水冷在室温能得到全由 β 相组成的组织，通过时效处理可以大幅度提高强度。β 钛合金另一特点是在淬火状态下能够冷成形，然后进行时效处理。由于 β 相浓度高，M_s 点低于室温，淬透性高，大型工件也能完全淬透。缺点是 β 相稳定元素浓度高，密度提高，易于偏析，性能波动大。另外，β 相稳定元素多是稀有金属，价格昂贵，组织性能也不稳定，工作温度不能高于 200℃，故这种合金的应用还受到许多限制，目前应用的加工 β 钛合金仅有 TB2。

钛合金的热处理方式有退火（完全退火、不完全退火、等温退火、稳定化退火和去氢退火）、淬火与时效。工业纯钛和 α 相钛合金只进行软化退火与去氢退火。

二、钛合金的退火

退火是为了消除因各种加工变形或焊接而产生的内应力，并恢复材料的塑性。

（一）完全退火

这种退火的温度高于再结晶温度而低于 α+β 两相区上限温度，一般为 650~800℃，在退火过程中，将发生再结晶。退火后，其塑性将得到充分恢复。加工变形与再结晶配合，可以细化晶粒。棒材与锻件完全退火的温度，应比板材高。对于薄件，退火时间不超过半小时。

完全退火时间经验公式如下：

$$\tau = 15 + AD$$

式中，τ 为保温时间，min；A 为保温时间系数，1~1.5min/mm；D 为工件有效厚度，mm。

表 5-22 给出了钛合金完全退火工艺规范。

表 5-22　钛合金退火工艺规范

合金牌号	退火处理类别	产　品	加热温度/℃	保温时间/min	冷却方式
工业纯钛	完全退火	棒材、铸件、型材	670~700	30~120	空冷
		板材	500~550	30~120	空冷
TA4	完全退火		700~750	30~120	空冷
TA5	完全退火	棒材、铸件、型材	800~850	30~120	空冷
		板材	700~800	30~120	空冷
TA6	完全退火	棒材、铸件、型材	800~850	30~120	空冷
		板材	750~800	30~120	空冷
TA7	完全退火	棒材、铸件、型材	800~850		空冷
		板材	750~800		空冷
TA8	完全退火		750~780	60~120	空冷
TC1	完全退火	棒材、铸件、型材	700~730		空冷
		板材	650~670		空冷
	等温退火		840±10		炉冷
			650±10	60~90	空冷

合金牌号	退火处理类别	产品	加热温度/℃	保温时间/min	冷却方式
TC2	完全退火	棒材、铸件、型材	700~730		空冷
		板材	650~700		空冷
	等温退火		840±10		炉冷
			650±10	60~90	空冷
TC3	完全退火		700~800	60~120	空冷
TC4	完全退火		700~800	60~120	炉冷
			840±10	60~90	空冷
	等温退火		650±10	60~90	空冷
	除氢退火		700~815，炉冷到590	30~120	炉冷、空冷
	多次退火		730 以 55℃/h 冷却到 565	240	炉冷、空冷
			950 以 55℃/h 冷却到 565		炉冷、空冷
			675 以 55℃/h 冷却到 565	60	炉冷、空冷
TC6	完全退火		750~850	60~120	空冷
	等温退火		870±10		炉冷
			650±10	60~90	空冷
TC7	完全退火	棒材、铸件、型材	800~850	60~120	空冷
	双重退火		920±10		空冷
			590±10		空冷
TC9	完全退火		600	60	空冷
TC10	完全退火		700~830	45~120	空冷
TB2	完全退火		800±10	30	空冷

（二）不完全退火

退火温度略低于再结晶温度，一般为 450~650℃。退火时不发生再结晶，而只是回复过程。退火时间通常为 1~2h。退火后，零件在空气中冷却。不完全退火可用于消除切削加工应力。表 5-23 给出了相应钛合金不完全退火工艺规范。

表 5-23　钛合金不完全退火的工艺规范

合金牌号	加热温度/℃	保温时间/h	合金牌号	加热温度/℃	保温时间/h
工业纯钛	480~595	0.25~4	TC3	550~650	0.5~4
TA4	640~660	1~1.5	TC4	580~620	1~1.5
TA5	640~660	1~1.5	TC6	630~670	1~1.5
TA6	640~660	1~1.5	TC7	550~650	0.5~2
TA7	610~630	1~1.5	TC9	550~650	0.5~4
TA8	610~630	1~1.5	TC10	480~650	1~8
TC1	520~560	1~1.5	TB2	610~630	1~1.5
TC2	550~580	1~1.5			

（三）等温退火

对用完全退火难以获得满意效果的合金，如 TC1、TC2、TC4、TC6 等也可以采用等温退火，目的是保证 β 相的充分分解，使工件具有较好的塑性和热稳定性。

等温退火是先将工件加热至低于两相区上限温度 30~80℃，保温一定时间后，炉冷至某一较低温度（较两相区上限温度低 300~400℃）保温后，在空气中冷却。第一阶段保温时间与完全退火的保温时间相同；第二阶段保温时间一般为 1~2h。具体工艺可参见表 5-24。

表 5-24　钛合金等温退火的工艺规范

合金牌号	第一阶段加热温度/℃	第二阶段加热温度/℃	保温时间/h	冷却方式
TC1、TC2	840±10	650±10	1~1.5	空冷
TC4	840±10	550±10	1~1.5	空冷
TC6	870±10	650±10	2	空冷
TC8	900±10	590±10	1~1.5	空冷

（四）钛合金的稳定化退火

稳定化退火是使 α+β 相钛合金的组织尽可能接近平衡状态，以免合金组织在较高温度下，因应力的长期作用而失去稳定性，从而保证合金具有稳定的力学性能。

用于稳定组织的等温退火及双重退火的保温时间比用于软化退火时要长得多，一般为 5~20h，具体时间视对工件的要求而定。

（五）钛合金的预防白点退火（去氢退火）

去氢退火是为了去除钛及钛合金在轧制或锻压过程中吸进的氢气，从而保证工件工作的可靠性。脱氢退火在真空炉中进行，真空度应不低于 0.133Pa。

去氢退火温度一般为 600~900℃，保温时间为 2~6h，空冷。钛合金真空退火比一般退火时晶粒长大倾向严重，因此，真空退火温度不宜过高，时间也不宜过长。成品零件的氢含量应少于 150×10^{-6}。

三、钛合金的淬火时效

淬火与时效是为了使钛合金获得良好的力学性能。

对 α+β 相钛合金应在 α+β 相区的温度加热，以使合金淬火组织保留一部分 α 相。通常淬火温度较两相区上限温度略低，一般低 50~60℃。

对于 β 相合金，淬火温度超过 α+β 两相区上限温度 10~40℃ 即可。

淬火保温时间与零件尺寸有关。棒材与锻件的保温时间一般为 1~1.5h。板材与型材的保温时间经验公式如下：

$$\tau = (5 \sim 8) + AD$$

式中，τ 为保温时间，min；A 为保温时间系数，3min/mm；D 为零件有效厚度，mm。

淬火时，一般在冷水中冷却，有时也用高闪点、低黏度的油。另外，如果板材厚度在 4mm 以下，可以使用亚硝酸盐或硝酸盐在盐槽中淬火，但禁用含氯化物的盐类。

时效温度通常应高于 450℃ 而低于 600℃。对于耐热钛合金，温度应高于工作温度 50~100℃。时效的保温时间，通常为 4~10h，或更长一些。时效后在空气中冷却。对于经过淬火时效的合金，为了消除加工应力，可进行补充时效，补充时效温度不得超过原时效温度，保温时间为 1~3h。

为防止氢气的污染，淬火加热应在氩气、氮气或真空气氛炉进行。在真空炉中加热时，其真空度应不低于 0.133Pa。

各种钛合金淬火时效工艺规范如表 5-25 所示。

表 5-25　各种钛合金淬火时效工艺规范

合金牌号	产品类型	淬　火			时　效		
		加热温度/℃	保温时间/h	冷却介质	加热温度/℃	保温时间/h	冷却介质
TC4		925±10	0.5~2	水	500±10	4	空气
	棒材、锻件、型材	900~950	0.5~1	水	510~590	2~3	空气
TC6		880±10	1~1.5	水	540±10	24	空气
TC9		900~950	1~1.5	水	500~600	2~6	空气
TC10	板材	880~930	0.25~0.5	水	570~595	4~8	空气
	棒材、锻件、型材	870~930	0.5	水	540~620	4~8	空气
TB2		800±10	0.5	水	500±10	8	空气

四、形变热处理

钛合金的形变热处理方法主要有两种，即高温形变热处理（变形温度在再结晶温度以上）和低温形变热处理（变形温度在再结晶温度以下），这两种形变热处理可以分别进行，也可以组合进行。图 5-17 所示为 β 钛合金管材的形变热处理工艺示意图。形变热处理不但能显著提高钛合金的室温强度和塑性，也可以提高合金的疲劳强度、热强性以及抗蚀性。

形变热处理能够改善合金力学性能的原因是变形可使晶粒内部位错密度增加，晶粒及亚晶细化，促进了时效过程中亚稳相的分解，析出相能均匀弥散分布。形变时基体发生多边化，形成稳定的亚组织，对提高合金的室温及高温性能也有一定贡献。

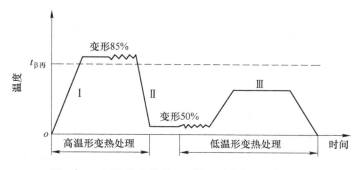

图 5-17　高温形变热处理+低温形变热处理示意图

低温形变热处理应在淬火后快速加热至变形温度，以防止塑性较好的亚稳 β 相过早分解。"过热" β 相在其稳定性最低的温度下分解孕育期约为 5min，变形要在 5min 内完成。亚稳定 β 相的低温变形有利于随后时效分解。例如 Ti-5Al-Mo-5V-1Fe-1Cr（α+β 型）钛合金在 750℃淬火后，以 10℃/s 速度加热至 500℃，4min 内变形 50%，在 500℃时效 8h后，其 R_m = 1380～1550MPa，A = 6%～12%；而常规淬火时效处理后，其 R_m = 1250～1380MPa，A = 4%～8%。

α+β 型钛合金多采用高温形变热处理，在稍低于相变点的温度变形 40%～70%，然后水冷，可获得最好的强化效果。

几种钛合金在不同热处理状态的力学性能列于表 5-26，表 5-27 列出了几种钛合金最佳形变热处理工艺规程及力学性能对比。

表 5-26　钛合金的力学性能

牌号	材料	热处理状态	试验温度/℃	R_m/MPa	$R_{P0.2}$/MPa	$A_{11.3}$/%	α_k/kJ·m^{-2}
TA5	板材（厚 12mm）	退火	20	700	650	15（A）	588
			400	400	300	15.7	—
			500	380	300	13.5	—
TA6	板材	退火	20	800	600	15	294～490
			450	430	350	14	—
			500	350	—	—	—
TA7	板、棒	退火	20	750～950	650～850	8～15	3924
			350	500～600	340～460	—	—
			500	450～520	300～400	—	—

续表 5-26

牌号	材料	热处理状态	试验温度/℃	R_m/MPa	$R_{P0.2}$/MPa	$A_{11.3}$/%	α_k/kJ·m^{-2}
TC1	板（厚<10mm）	退火	20	600~800	—	20~25（A）	—
TC2	板（厚≤10mm）	退火	20	700	—	12~15（A）	—
TC3	板（厚≤10mm）棒材	退火	20	900	—	8~10（A）	—
		退火	20	1000~1150	900~1050	10~15（A）	343~588
		退火	350	850		13	
		退火	500	750		14	
TA4	棒材	退火	20	950	—	10（A）	392
	棒材、锻件	淬火时效	20	1190	—	13（A）	—
		退火	350	777	630	16.8（A）	
		退火	400	630	—		
TC6	棒材	淬火时效	20	1100	1000	12（A）	
		—	400	600	490	14（A）	
			500	560	420	15（A）	
TC9	板材	退火	20	1200	1030	11（A）	
			400	900	720	13（A）	
			500	870	720	14（A）	
			550	810	660	15（A）	
TC10	棒材（ϕ22）	退火	20	1100~1150	1000	10~14（A）	>343
			400	—	—	—	
			450	800	600	19（A）	
TB2	板材（厚1.0~305mm）棒材	淬火时效	20	1350	—	8（A）	
		淬火时效	20	≤1000		20（A）	
		淬火时效	20	1350		7（A）	147
		淬火时效	20	≤1000	—	18（A）	294

表 5-27　几种钛合金最佳形变热处理工艺规范及力学性能对比

合金	热处理工艺	室温性能				450℃高温瞬时			450℃持久强度	
		R_m/MPa	A/%	Z/%	R/MPa	R_m/MPa	A/%	Z/%	应力/MPa	破坏时间/h
Ti-6Al-2.5Mo-2Cr-0.3Si-0.5Fe（BT3-1）	850℃淬火+550℃，5h时效	1150	10	48	560	770	15	46	690	73

续表 5-27

合金	热处理工艺	室温性能				450℃高温瞬时			450℃持久强度	
		R_m/MPa	A/%	Z/%	R/MPa	R_m/MPa	A/%	Z/%	应力/MPa	破坏时间/h
Ti-6Al-2.5Mo-2Cr-0.3Si-0.5Fe（BT3-1）	850℃变形50%~70%，水冷，500℃，5h时效	1460	10	45	610	920	13	67	690	163
Ti-6Al-4V（TC4）	880℃淬火+590℃，2h时效	1160	15	43	500	743	18.5	63.5	750	110
	920℃变形50%~70%，水冷，590℃，2h时效	1400	12	50	590	985	15	63	750	120
Ti-4.5Al-3Mo-1V	880℃淬火+480℃，12h时效	1165	10	37	590	845	15	67	600	24
	850℃变形50%~70%，水冷，590℃，12h时效	1270	10	39	620	900	17	65	600	86
BT22	820℃变形30%，水冷，630℃，2h时效	1350	10	35	—	—	—	—	—	—

五、影响钛合金热处理质量的因素

在高温下，钛的化学活性很高，容易与炉气中的氢、氧、氮、氯等元素作用，对性能产生不良影响，必须予以控制。

（1）氢。合金中含氢量（质量分数）通常限制在 0.15%~0.2% 以下，超过限量时，可能导致氢脆破断。加热最好在真空炉中进行，在盐浴炉和空气电炉中加热尚可。在燃烧炉中加热时，火焰不能直接喷向工件，应将炉气调整成中性或略带氧化性。

（2）氧。在热处理加热时，钛与氧作用会生成氧化膜，其厚度与温度的关系列于表 5-28。另外，氧向内部扩散后形成富氧的 α 层，其厚度一般可达 40~80μm。富氧 α 层的塑性很差。在使用时易剥落，可通过机械加工予以清除。精密的细薄件一般采用真空、惰性气体介质加热或涂层保护。

表 5-28　工业纯钛在不同温度下于空气中加热半小时后的氧化膜厚度

温度/℃	氧化膜厚度/mm	温度/℃	氧化膜厚度/mm
316	极薄	816	<0.025
427	极薄	871	<0.025
538	极薄	927	<0.051
649	0.005	982	0.051
704	0.005	1033	0.102
760	0.0076	1093	0.353

（3）氯化物。加热至 290℃ 以上，在氯盐和应力作用下，钛合金会产生应力腐蚀。应力腐蚀程度与时间、温度和应力大小有关。氯化物的离子可能来源于指痕和清洗液，在热处理前后搬运和清洗工件时要特别注意。

（4）氮。钛合金如吸收大量氮，会使塑性显著下降。但钛合金在热处理过程中吸氮的速度比吸氧慢得多，不致造成严重影响。

六、钛合金热处理应用实例

（一）钛合金钣金件 TC1 真空退火工艺

TC1 钛合金机尾罩蒙皮（1800mm×600mm×0.8mm）真空退火工艺：700~760℃ 保温 1.5~2h，随炉冷至小于 250℃ 后空冷。真空度为 $1.33×10^{-2}~1.0×10^{-2}$Pa。

（二）TC4 钛合金真空去应力退火工艺

TC4 钛合金支臂真空去应力退火工艺：600~700℃ 保温 1.5~2h，随炉冷至小于 250℃ 后空冷。真空度小于 $1.33×10^{-2}$Pa。

（三）ZTC4，ZT3 铸钛合金退火工艺

ZTC4，ZT3 铸钛合金真空热处理退火工艺：650~700℃ 保温 3~4h，随炉冷至小于 400℃ 空冷。真空度为 $1.33×10^{-1}~1.33×10^{-2}$Pa。

TC4 加工件装夹校形去应力真空退火工艺：300℃ 保温 0.5~1h 后，升至 450℃ 保温 0.5~1h，升至（600±10）℃ 保温 1.5~2h，随炉冷至小于 200℃，空冷。真空度小于 $1.33×10^{-2}$Pa。采用真空退火，消除了各工序间的残余应力。

（四）TC11 合金双重退火、β 处理工艺

TC11 合金双重退火工艺：900℃ 保温 1.5~2h，散开空冷或吹风冷却后再 530℃×6h 空冷。

双重退火实质上包含了再结晶退火、部分淬火及时效过程，是一种弱强化热处理工艺。

为提高材料的断裂韧度、蠕变抗力和疲劳裂纹扩展抗力，可采用三重退火（β 处理）工艺。即 1030℃ 保温 1.5~2h，油淬后 950℃ 保温 1.5~2h，散开空冷或风冷然后 550℃ 保温 6h 后空冷。也有采用 1007℃ 保温 30min，锻后立即水冷，加 950℃ 保温 1h，空冷，加

530℃保温 3h，空冷的三重退火。

（五）ZT4 钛合金铸件热等静压处理工艺

热等静压机是个内部有加热器的高压容器。铸件置于容器中，充入纯度为 99.99%的高压氩气，并在筒内充填细小钛屑作填料加以保护。

TC4 合金铸件选用（910±10）℃保温 2h，压力大于 100MPa 的 HIP 工艺较为理想。与退火工艺相比，除室温强度略有降低外，其塑性，特别是冲击韧度和疲劳强度均有明显提高，各种性能分散度减小。这是由于经过高温高压处理，使铸件内部的气孔、缩孔、疏松等缺陷发生蠕变愈合，导致内部组织致密均匀，无疑有利于减少疲劳源。另外，HIP 处理能使原粗大 α 片细化也是一个重要因素。

（六）TC4 钛合金锻件强化热处理工艺

TC4 钛合金采用常规再结晶退火：780~800℃保温 1~3h，空冷。其抗拉强度往往偏低，无法满足技术要求而报废。

TC4 钛合金采用 950℃保温 1h，水冷，780℃保温 3h，空冷。能显著改变 TC4 钛合金 α 相的数量、形态及其分布规律，改善其综合力学性能。R_m 由原退火工艺 815~863MPa 提高到 921~924MPa。

第四节　镁及镁合金的热处理

镁合金的热处理有退火（均匀化退火与再结晶退火）、淬火、时效等。对于工业纯镁和热处理不能强化的镁合金，退火是唯一的热处理方式。

一、变形镁合金的再结晶退火

退火的目的是消除加工硬化，恢复塑性，以便继续进行冷变形加工，或避免零件在最后使用时发生应力腐蚀。

热处理不能强化的变形镁合金（包括工业纯镁），在再结晶退火时，发生回复与再结晶过程。而热处理可以强化的变形镁合金，则还有过剩相在固溶体中的溶解和从固溶体中的析出过程。因此变形镁合金再结晶退火的温度，必须高于合金的再结晶温度而低于过剩相强烈溶解的温度。这是与变形铝合金再结晶退火的相同之点。但是，由于变形镁合金退火时所发生的回复与再结晶过程，以及过剩相的溶解与析出过程，都进行得比较缓慢，因此，其退火时间较长。各种变形镁合金再结晶退火工艺规范如表 5-29 所示。

表 5-29　变形镁合金再结晶退火工艺规范

合金牌号	加热温度/℃	保温时间/h	合金牌号	加热温度/℃	保温时间/h
MB8	280~320	2~3	ZM3	300~350	4~6
MB2	350~400	3~5	MB15	380~400	6~8
MB5	320~380	4~8	ZM5	340~360	2~3
MB1	340~400	3~5			

退火后的冷却方法，对变形镁合金性能的影响并不明显，一般在空气中冷却。当要求合金获得最高塑性时，可以采用随炉冷却。

为了使变形加热后的合金保持较高的强度，同时又消除应力，使塑性部分地恢复，可以在低于再结晶温度的温度下，进行低温退火。退火温度一般为 190~230℃，保温时间为 1~3h，然后在空气中冷却。

热处理不能强化的变形镁合金，在热变形加工后，一般不需进行退火。必要时，可按再结晶退火工艺规范进行，以消除热加工应力。热处理可以强化的变形镁合金，由于通常要进行淬火与时效处理，因此在热加工后，一般也不需进行退火。

二、铸造镁合金的扩散退火

扩散退火的目的，在于消除因铸造而产生的内应力，减轻铸造偏析，改善组织，提高铸件的力学性能。

对于热处理可以强化的镁合金，上述目的可以通过最后的淬火来达到。因此一般可以不另外进行扩散退火。而热处理不能强化的铸镁合金，因其最后不进行淬火，所以常常需要进行扩散退火。

扩散退火的温度较高，一般为 380~420℃。保温时间为 8~16h，然后随炉冷却。

但是，在许多情况下，铸镁合金不进行扩散退火而进行在较低温度下的消除应力退火。退火温度为 170~300℃，保温时间为 3~8h，在空气中冷却。

三、镁合金的淬火与时效

淬火与时效处理适用于热处理强化的变形镁合金和铸造镁合金，主要目的是提高材料的抗拉强度和伸长率。

由于合金元素在镁中扩散缓慢和易于形成低熔点偏析物，因此，镁合金的淬火和时效具有以下特点：淬火温度较低；淬火加热速度缓慢；淬火保温时间较长；可以缓慢冷却；必须在保护气氛中加热；自然时效几乎没有强化效果。

（一）淬火

（1）淬火温度。在镁合金中，低熔点偏析物的熔点比铝合金中的偏析物更低，在淬火加热时比铝合金更易于产生过烧。所以，镁合金淬火采用比较低的温度，一般为 380~415℃。具体淬火温度视合金牌号不同而不同。

（2）淬火加热速度。如果将镁合金工件很快地加热到淬火温度，往往会因为低于淬火温度的低熔点偏析物来不及扩散，而在晶粒边界发生局部熔化现象，使工件报废。为防止这种现象发生，通常采取较低温度入炉，并随炉缓慢加热，或者分段加热的办法。入炉温度必须低于合金的最低熔点。如 ZM-5 的最低可能熔点为 383℃，MB7 为 425℃，MB5 为 415℃，MB2 为 530℃，所以，入炉温度一般为 250~380℃。

（3）淬火保温时间。由于铝、锌等合金元素在镁中扩散困难，而在较低的淬火温度下，扩散更不容易，因此，为使过剩相充分溶入固溶体中，所需保温时间必须很长，一般需要数十小时。在实际生产中，因为不一定要使过剩相充分溶解，所以可以采用较短些的保温时间，一般多采用十余小时。当采用一次缓慢加热代替分段加热时，其淬火温度下的保温时间，应为分段加热时各段保温时间之总和。

（4）淬火冷却速度。由于合金中扩散过程进行得很慢，这使过剩相不易从固溶体中析出。镁合金淬火时，不需要像铝合金淬火时那样大的冷却速度，一般在空气或热水（70~100℃）中冷却即可。在热水中冷却时，所得到的力学性能比在空气中冷却时要高，但存在产生显微裂纹的危险性，因此多在空气中冷却。

（5）加热介质。镁合金的淬火加热，通常在密封性较好的空气循环电炉中进行。为减少氧化和防止着火，需采用保护气氛。所用的保护气氛，不必完全去除炉中的空气，而只需在炉中掺入定量的惰性气体或其他防止镁氧化的气体，就可以获得令人满意的效果。常用的保护气体有氨、二氧化碳和二氧化硫等。通入的方法，可以从气体发生器或气瓶通过导管输入炉中，也可以将硫或硫化铁（硫铁矿）直接放入炉中而获得二氧化硫。前者成本较高，操作不便。后者成本较低，操作简便，只需用一个铁制容器，装上硫磺粉或硫化铁粉随工件一起放入炉中即可，因此，在小批生产中得到广泛应用。当炉内气氛中含有1%的二氧化硫时，即可起到满意的保护作用。在使用硫铁矿粉时，其用量可以按每1000kg工件放4~7kg硫铁矿粉计算。当装入的工件较少时，计算结果可能太少，这时应适当增多。

为了防止镁合金在加热时着火或发生爆炸事故，不得在一般硝盐槽中进行。

（二）时效

镁合金淬火后所得到的过饱和固溶体比较稳定，自然时效几乎不发生强化作用。除要求具有较高塑性的工件，可以在淬火后进行自然时效外，一般都采用人工时效。人工时效的温度与保温时间对时效结果的影响，与铝合金时效的情况相同，即提高时效温度可以加速时效过程，缩短时间；温度过高或时间过长，将降低强化效果，甚至使合金软化。

表5-30所示为镁合金常用的热处理规范。

表5-30　镁合金常用热处理规范

合金类别	合金系	合金牌号	热处理类别		淬火处理			时效（退火）		
					加热温度/℃	加热时间/h	冷却介质	加热温度/℃	加热时间/h	冷却介质
高强度铸造镁合金	Mg-Al-Zn	ZM5	Ⅰ	Z	415±5	14~24	空气	175±5	16	空气
				Z，S	415±5	14~24	空气	200±5	8	空气
			Ⅱ	Z	415±5	6~12	空气	170±5	16	空气
				Z，S	415±5	6~12	空气	200±5	8	空气
	Mg-Zn-Zr	ZM1	S					175±5	28~32	空气
								195±5	16	空气
		ZM2	S					325±5	5~8	空气
		ZM8	ZS		480（空气）		空气	150	24	空气

合金类别	合金系	合金牌号	热处理类别	淬火处理			时效（退火）		
				加热温度 /℃	加热时间 /h	冷却介质	加热温度 /℃	加热时间 /h	冷却介质
耐热铸造镁合金	Mg-RE-Zn-Zr	ZM3	S				200±5	10	空气
		ZM4	M				325±5	5~8	空气
			Z	570±5	4~6	压缩空气			
			ZS	570±5	4~6	压缩空气	200	12~16	空气
		ZM6	ZS	530±5	8~12	压缩空气	205	12~16	空气
	Mg-Y	ZM8	S				310	16	空气
高强度变形镁合金	Mg-Mn	MB1	M				340~400	3~5	空气
	Mg-Mn-Ge	MB8	M				280~320	2~3	空气
空气	Ag-Al-Zn	MB2	M				280~350	3~5	空气
		MB3	M				250~280	0.5	空气
		MB5	M				320~380	4~8	空气
		MB6	M				320~350	4~6	空气
			Z	380±5					
		MB7	M				200±10	1	空气
			ZS	415±5			175±5	10	
	Mg-Zn-Zr	MB15	S				150	2	空气
			ZS	515	2	水	150	2	空气
耐热性变镁合金	Mg-Nd-Zr	MA11	ZS	490~500		水	175	24	空气
		MA12	ZS	530~540		水	200	16	空气
镁锂合金	Mg-Li		M				175	6	空气
							150	16	空气

　　注：M 为退火；Z 为淬火处理；S 为人工时效；ZS 为淬火加人工时效。

四、氢化处理

　　氢化处理是近 20 年来开发的一种新型热处理工艺。采用这种工艺可显著提高 Mg-Zn-RE-Zr 系合金的力学性能。

　　在 Mg-Zn-RE-Zr 系合金中，Mg-RE-Zn 化合物为脆性相，常呈大块状沿晶界分布成网络，这种化合物十分稳定，难于溶解和破碎。当在氢气中加热固溶处理时，可使氢气与 Mg-RE-Zn 化合物发生反应，形成稀土氢化物，把沿晶界连续分布的粗块状脆性化合物变为断续分布的细点状稀土氢化物，使原化合物中的锌被释放输入基体，从而可显著提高合金的力学性能。

　　氢化处理的缺点是因氢的扩散较慢，厚壁件所需要的保温时间较长，并需使用专门的渗氢设备。

五、镁合金热处理缺陷及防止方法

镁合金热处理时产生的缺陷及防止方法见表5-31。

表5-31 镁合金热处理时产生的缺陷及其原因和防止方法

缺陷名称	产生原因	防止方法
氧化	热处理时未使用保护气体	使用 $\varphi(SO_2)$ 为 0.5%~1.5% 或 $\varphi(CO_2)$ 为 3%~5% 的气体或在真空、惰性气体保护下进行热处理
过烧	(1) 加热速度太快; (2) 超过了合金固溶的处理温度; (3) 合金中存在有较多的低熔点物质; (4) 炉温控制仪表失灵,炉温过高; (5) 加热不匀,使工件局部温度过高产生局部过烧	(1) 采用分段加热或从260℃升温到固溶处理温度的时间要适当缓慢; (2) 炉温控制在±5℃范围以内。加强对控温仪表的检查校正; (3) 降低合金中的锌含量至规定的下限; (4) 保持炉内热循环良好,使炉温均匀
畸变与开裂	(1) 热处理过程中未使用夹具和支架; (2) 工件加热温度不均匀	(1) 采用退火处理消除铸件中残留应力; (2) 加热速度要慢; (3) 工件壁厚相差较大时,薄壁部分用石棉包扎起来; (4) 采用夹具、支架和底盘等
晶粒长大	铸件结晶时使用冷激铁,使局部冷却太快,在随后热处理时,未预先消除内应力	热处理前先进行消除内应力处理,在铸造结晶时注意选择适当的冷却;必要时采用间断加热方法进行固溶处理
性能不均匀	(1) 炉温不均匀,炉内热循环不良或炉温控制不好; (2) 工件冷却速度不匀	(1) 用标准热电偶校对炉温,热循环应良好; (2) 控制炉温时热电偶应放在规定的炉温均匀的地方; (3) 进行第一次热处理
性能不足 (不完全热处理)	(1) 固溶处理温度低; (2) 加热保温时间不足; (3) 冷却速度过低	(1) 经常检查炉子工作情况; (2) 严格按热处理规范进行加热; (3) 进行第二次热处理
ZM5合金阳极化颜色不良	(1) 固溶处理后冷却速度太慢; (2) 合金中铝含量过高使 Mg_4Zn_3 相大量析出	(1) 应在固溶加热处理后强烈鼓风冷却; (2) 调整铝含量至规定的下限

六、镁合金热处理安全技术

镁合金易燃,一点火星即可引起镁屑燃烧,潮湿的镁屑则会发生剧烈爆炸。在热处理时必须十分重视安全技术。在加热前要准确地校正仪表及检查电气设备。装炉前必须把工件上的毛刺、碎屑、油污及水拭擦清洗干净,工件上不得带有尖锐棱角。镁合金件绝对禁止在硝盐槽中加热,以免发生爆炸。车间内必须配备防火器具。

当发生控制仪表失灵或误操作而使炉内工件燃烧时,应立即切断电源、关闭电风扇和停止保护气体供应。炉内发生镁燃烧的标志是炉温急剧上升,从炉内冒出白烟。

当发生燃烧时绝对禁止用水灭火。刚刚发生燃烧时火焰较小,迅速用石棉布或石棉绳严密地封闭加热炉内所有能进入空气的孔眼，使空气隔绝，火焰即可扑灭。如果火焰继续燃烧，火焰不大而且燃烧中的工件可以接近并能安全地从炉内移出时，可以把工件移入钢桶中，而后用灭火剂扑灭。如果燃烧中的工件既不能接近又不能移出时，可用泵把灭火剂打入炉中，覆盖在燃烧的工件上来灭火。

镁及镁合金常用的灭火剂如下：

（1）二号熔剂：其组成为 $w(MgCl_2)=38\%\sim46\%$，$w(KCl)=32\%\sim40\%$，$w(CaF_2)=3\%\sim5\%$，$w(BaCl_2)=5\%\sim8\%$，$w(NaCl+CaCl_2)<8\%$，$w(MgO)<5\%$，制成干粉状。

（2）三号熔剂：其组成为 $w(MgCl_2)=33\%\sim40\%$，$w(CaF_2)=15\%\sim20\%$，$w(MgO)=7\%\sim10\%$，$w(NaCl+CaCl_2)<6\%$，制成干粉状。

（3）干沙。

（4）干粉状石墨。

此外，还可采用瓶装的 BF_3 或 BCl_3 气体灭火。其方法是：先切断电源和保护气体，再将 BF_3 通过炉门或炉壁的四氯乙烯导管通入炉内，最小浓度（体积分数）为 0.04%。随着 BF_3 的不断注入，可使火焰熄灭。待炉温下降到 370℃ 以下时，再打开炉门。

或将 BCl_3 气体通过炉门或炉壁的橡胶管注入炉内，其最低浓度（体积分数）为 0.4%。使用时，最好给气瓶加热，以保证气体的充足供应。BCl_3 可与燃烧的镁发生反应生成浓雾覆盖工件，以达到灭火的目的。气体的注入直至炉温下降到 370℃ 时为止。

当炉内的镁合金工件已燃烧很长时间，且在炉底上已有很多液体金属时，则上述两种气体已不能完全扑灭火焰。

BCl_3 和 BF_3 这两种气体相比，BF_3 所需的有效浓度较低，且不需给气瓶加热，它与镁合金件的反应产物较 BCl_3 的危害小。而且 BCl_3 的蒸气有腐蚀性，并有恶臭，危害健康。灭火人员除备有一般安全装备外，还要戴上有色眼镜，以防剧烈白光照射，保护眼睛。

 思考题

5-1　铸铝合金热处理可分为哪七类（可用符号表示）？铸铁合金铸件的时效可分哪三类？

5-2　变形铝合金热处理可分哪六种，各自的目的是什么？

5-3　变形铝合金淬火后为什么要进行时效处理？

5-4　简述变形黄铜防季节性破裂的退火工艺。

5-5　铸造铜锡合金采用什么退火工艺可改善铸件偏析，提高铸件力学性能？

5-6　简述铍青铜软态分级最佳热处理工艺。

5-7　钛合金可进行哪几类热处理？

5-8　简述 TC4 钛合金锻件改善力学性能的热处理工艺。

5-9　钛合金为什么要进行稳定化退火？

5-10　镁合金淬火为什么不能在盐浴炉中进行？

第六章　工模具热处理

案例导入：作为国民经济的基础行业，工模具涉及机械、汽车、轻工、电子、化工、冶金、建材等各个行业，应用范围十分广泛。合理的工模具设计和高品质制作对提高机械成形制品的产量、质量、生产效率和成品率，减少工模具钢的消耗，降低生产成本等都具有十分重要的意义。工模具的制作工艺比较复杂，由坯材制作、机加工、电加工、手工抛制和热处理等多道工序组成。热处理是在工件经冷加工至半成品后进行的改善其组织与性能的高温作业，也是决定其质量最关键的工序之一。因为工模具的形状复杂，各部位厚度差较大，所以需严格控制加热温度和淬火冷却速度以防止其局部过烧和开裂。热处理过程只有由一些熟识金属热处理理论及操作技能，并能严格遵守热处理工艺纪律的高级工匠操控，才能最终获得优质的工模具。

工模具是刀具、量具、模具等的总称。进行切削加工时需要刀具、量具，各行各业都用到模具。工模具与人们的生产、生活息息相关，在国民经济中有着举足轻重的作用。"工欲善其事，必先利其器"，这是古人关于生产工模具对生产力产生巨大影响的精辟论述。事实上人类发展进步的关键，首先在于能够使用先进的生产工具及工具质量的创新与提高，而热处理便是质量的创新与提高的关键核心技术之一。本章主要介绍刀具、量具、模具的热处理工艺。

第一节　刀具的热处理

一、高速钢刀具热处理工艺

高速钢是含有 W、Cr、V 等合金元素较多的合金工具钢，如图 6-1 所示为高速钢制作的车刀。W18Cr4V 是国内使用最为普遍的刀具材料，广泛地用于制造较为复杂的各种刀具。刀具是用来进行切削加工的工具，主要指车刀、铰刀、刨刀、钻头等。高速钢俗称锋钢或风钢，称锋钢是因为用高速钢 W18Cr4V 制造的刀具硬度能达到 62～65HRC，非常锋利；称为风钢是针对热处理操作而言，一般的钢铁材料制造的刀具要想满足技术要求在加热后需借助油或水中快速冷却，而高速钢制造的刀具在有效厚度小于 5mm 时，加热后在流动的空气中（风中）就能淬火，获得相当的硬度（55～60HRC）。

刀具在切削过程中，刀刃与切屑及工件之间会发生强烈的摩擦，造成严重的磨损，伴随切屑的形成还会产生大量的热，使刃部温度升至很高；另外，在刃口的局部区域会因极大的切削力作用，导致刃部的崩缺，加之断续切削还会带给刀具过大的冲击与振动，使刀具发生折断。因此刀具必须具有高硬度、高耐磨性，良好的热稳定性、足够的塑性和韧性，刀具材料为 W18Cr4V、W6Mo5Cr4V2、W9Mo3Cr4V、低合金高速钢（301、F205、

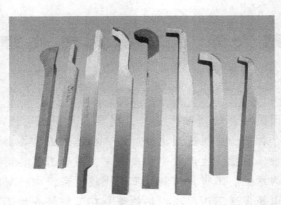

图 6-1　高速钢车刀

D101)、超硬高速钢 V3N、低钴易磨超硬高速钢 CoN、粉末冶金高速钢（FT15、APS23、GF3 等）、涂层硬质合金、钢结构硬质合金等。

　　为提高刀具使用寿命，一方面充分挖掘材料潜力，采用各种强韧化热处理新工艺；另一方面采用各种化学热处理方法，如蒸汽处理、碳氮共渗、硫氮共渗、氧氮碳共渗、氧碳硫氮共渗、稀土五元共渗、物理气相沉积 TiN、TiC 等均获得了显著效果。

二、常用刀具材料

　　高速钢常用的材料有 W18Cr4V、W9Cr4V2、W6Mo5Cr4V2、W12Cr4V4Mo 等几种，其中以 W18Cr4V 钢产量最多，应用最广泛，历时最长，为世界各国所通用。

　　高速钢的特殊性能是由其化学成分所决定的。下面以 W18Cr4V 钢为例介绍钢中合金元素的作用。

　　（1）W。钨是造成高速钢热硬性的主要元素，是强碳化物形成元素，以（FeW）6C 为主。同时有部分钨溶入固溶体中。试验指出：在淬火的 W18Cr4V 钢中约有 7% 的钨溶入固溶体中，约有 11% 的钨存在于未溶的碳化物中，钢在淬火加热时，（FeW）6C 等碳化物很难溶解，对晶粒的长大起阻碍作用。将钢加热到 1280℃ 时，仍保持细小晶粒。因此可以采用较高的淬火温度以提高奥氏体的合金度，热处理后获得优良性能。未溶的碳化物具有极高的硬度，增加了钢的耐磨性。钨还强烈降低钢的导热系数，因此高速钢加热和冷却必须缓慢进行。

　　（2）V。钒是造成高速钢热硬性主要元素之一。钒是强碳化物形成元素，可与碳形成稳定的 VC，回火过程中 VC 的细小质点弥散析出造成钢的二次硬化。

　　（3）Cr。铬是碳化物形成元素。钢中加入铬的重要作用是提高淬透性与韧性，能增加钢的二次硬化效率和热硬性。铬还能提高钢的抗氧化脱碳和抗腐蚀能力。

　　（4）C。钢的含碳量很重要。钢的二次硬化和热硬性等基本性能是碳与各碳化物形成元素，形成各种碳化物所造成的。当含碳量太低时，不能保证形成足够数量的复合碳，导致淬火后硬度、热硬性、耐磨性降低。当含碳量偏高时，碳化物数量增加，碳和合金元素的浓度增高，使钢的塑性降低，工艺性能、力学性能下降。

三、刀具预处理工艺

高速钢经锻造空冷后金相组织为马氏体+少量托氏体+碳化物，硬度为56~62HRC。故锻造后必须经退火处理，降低硬度，便于切削加工，并为淬火做好组织准备。

高速钢预处理通常可采取普通退火、等温退火、循环退火、球化退火、锻造后快速球化退火及调质处理。根据高速钢使用性能要求，可选择不同的预处理工艺。用循环退火代替等温退火，对高速钢工具毛坯进行预处理，不仅可缩短加热时间，细化奥氏体晶体，改善组织，提高钢的强度、韧性和高速钢焊接工具的结构强度，而且有利于消除高速钢的淬火过热，防止晶粒异常长大和形成萘状断口，也有利于减少工具热处理变形及提高工具性能，并可提高生产效率、节约能源。循环退火比等温退火处理的高速钢碳化物数量多、尺寸小，而且淬火硬度、热硬性均高于等温退火1~3HRC。

调质预处理的碳化物比退火预处理的细小弥散，经相同温度淬火回火后，调质处理的奥氏体晶粒细小，未溶碳化物少，残留奥氏体量多，即使经过560℃回火，调质预处理的硬度和残留奥氏体量仍然稍高，调质处理比退火预处理具有高的屈服强度，但抗弯强度和塑性、冲击韧度和断裂韧度低。

四、高速钢刀具常规热处理工艺

（一）加热时间的计算原则

$$t = \alpha D \qquad\qquad (6\text{-}1)$$

式中，t 为总的加热时间，s；α 为加热系数，s/mm；D 为工件有效厚度，mm。

对于加热系数，取8~15s/mm；一般规定最短加热时间不得少于1.5min。有效厚度大的刀具取下限，有效厚度小的刀具取上限，下限淬火温度采用上限加热系数。装炉量大时，适当增加时间；短的、局部加热刀具取上限。

（二）有效厚度选择的原则

（1）杆状零件以外径计算其有效厚度。如各种圆柱形拉刀、铰刀、钻头等刀具。

（2）方形和扁平工件以外径减内径之差的1/2计算。如圆柱形铣刀、齿轮滚刀等。对内径太小的圆柱形通孔零件，因内孔太小，孔中的盐浴流动性不好，很难起到导热作用，同实心相似，所以按外径计算有效厚度较为合适。有的工件虽然带内孔，但是其厚度比其外径减内径之差的1/2小，则以厚度来确定此工件的有效厚度。

（3）球状体工件一般以球径的2/3计算有效厚度。

（4）对圆锥形工件，根据锥度大小，可以长度的1/2处或距粗端1/3处的直径计算有效厚度，当锥度不大时，按粗端直径计算即可。

（5）对一些形状不规则的零件，可以工作部位的厚度计算。

（6）对形状复杂、厚薄悬殊的工件，计算有效厚度、选择加热系数和确定加热温度要综合考虑，在保证薄刃处晶粒不过分长大的前提下，应有足够的加热时间，以求获得预想的力学性能或特殊需要的性能。

（三）预热温度和时间的选择

（1）预热温度为 800~850℃；

（2）预热时间为高温加热时间的 2~3 倍；

（3）车刨、刀坯，允许在箱式炉预热，时间为 40~60min；

（4）一般刀具预热长度超过焊缝 10mm；

（5）炉内夹具以 2~4 挂为宜。

（四）高温盐浴炉加热

（1）加热温度选择。W18Cr4V 钢加热温度为 1270~1300℃；W6Mo5Cr4V2 钢加热温度为 1220~1250℃；W9Mo3Cr4V 钢加热温度为 1250~1270℃；

（2）加热部位。一般刀具加热至离焊缝 10mm 左右处，如图 6-2 所示；高速钢部分长度小于 60mm 时，加热至超过焊缝 10mm 左右处，如图 6-3 所示；短粗刀具加热至超过焊缝 10mm 左右（短丝锥允许整体加热），如图 6-4 所示。

（3）温度和晶粒度的控制（只用作控制标准，不作检验标准），如表 6-1、表 6-2 所示。

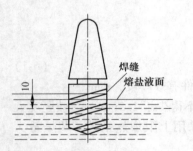
图 6-2　一般刀具加热位置

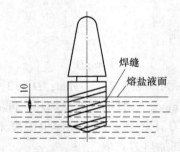
图 6-3　高速钢刀具加热位置

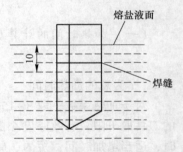
图 6-4　短粗刀具加热位置

表 6-1　W18Cr4V 的控制

温度/℃	晶粒号/级	适用刀具
1295	8.5~9.0	车刀、刨刀及开车刀等
1285	9.0~9.5	钻头、铣刀、滚刀、拉刀及铰刀等一般刀具
1275	9.5~10.0	中心钻、丝锥及片铣刀等温处理的刀具

表 6-2　W6Mo5Cr4V2 的控制

温度/℃	晶粒号/级	适用刀具
1240	8.5~9.5	车刀、刨刀及成形刀等
1230	9.5~10.0	钻头、铣刀、滚刀、拉刀及铰刀等
1220	10.0~10.5	中心钻、丝锥及片铣刀等温处理的刀具

（五）冷却方式

（1）油冷。适用于焊形简单的刀具，如车刀、刨刀、刀头以及需要热校的刀具。方法：刀具由高温盐浴炉取出，适当油冷后淬入无水油中，冷至450℃左右出油。

（2）分级。适用于一般刀具。方法：刀具由高温盐浴炉中取出后，放入分级盐浴炉停留，停留时间相当于加热时间，然后空冷，分级温度为550~600℃。

（3）等温。适用于细杆状易弯曲刀具、片铣刀及形状复杂极易变形或开裂的刀具。方法：从分级盐浴取出后放入等温炉中停留2~3h，等温一定温度。

（六）回火

（1）回火温度为（560±10）℃，正式回火前应对炉温进行校验。回火在硝盐浴炉中进行。

（2）时间：仪表到温后计算。装卡刀具：30min；装桶刀具：60~90min。

（3）回火方式：一般刀具装回火桶或分层回火框架；短小刀具（丝锥、成形车刀、立铣刀等）采用桶装回火时，桶中需加芯子。芯子规格：$\phi100×500mm$；回火桶规格：$\phi400×500mm$。易变形杆状刀具宜采用吊挂回火；易变形片状刀具采用回火夹具。

（4）回火次数：一般刀具三次，等温刀具四次，再次回火前刀具必须冷透至室温。

五、刀具热处理举例

钻头材料：W18Cr4V，直径18mm，要求63~65HRC，变形要求：小于0.5mm。

钻头的生产工艺过程：原材料→锻造→热处理（退火）→机械加工热处理（淬火）、回火→精加工（磨削）。

（1）高速钢的锻造。其目的不仅仅是改变钢材的形状和尺寸，更重要的是通过反复的墩粗拔长，打碎碳化物，改善碳化物不均匀性使钢的化学成分更加均匀。

锻造中的主要缺陷是裂纹，除材料因素外，停锻温度过低、冷速快，加热不足和加热不均匀都能引起开裂。当停锻温度过高（大于1000℃左右）会造成晶粒过分长大，极易引起裂纹。

（2）高速钢（钻头）的退火。

1）高速钢的退火。退火的目的是降低硬度，便于切削加工，消除锻造的应力（内、外应力）并为随后的机械加工、淬火做好组织准备。

2）退火工艺。将工件加热至870~880℃，保温4小时，速冷至740~750℃（冷至C曲线的拐弯处）保温6小时，使奥氏体等温分解，随炉冷至500~550℃出炉空冷。

3）加热设备。通常毛坯件的退火在箱式电炉中进行。经历了高温880℃和长时间的加热过程，势必造成工件的氧化脱碳。为了避免工件的氧化脱碳，对一些表面光洁要求较高的刀具坯料的退火处理选择在可控气氛炉中进行，如井式气体炉或真空炉。实践中在井式炉中温度大于600℃的状态下，滴入煤油或甲醇进行气体保护，使工件在加热过程中不增碳也不氧化脱碳，保证工件基本的光洁度和有效尺寸。

退火后的硬度采用布氏硬度计检测，为207~255HB。其显微组织细小的碳化物均匀地分布在索氏体基体上。

（3）高速钢的淬火、回火。

高速钢刀具所要求的硬度、强度、热硬性和耐磨性是通过正确的淬火和回火之后获得的，所以淬火回火工艺决定刀具的使用性能和寿命，是热处理的关键。

1）淬火工艺操作分析。高速钢钻头的淬火工艺包括：预热（温度、时间）、加热保温（温度、时间）、淬火冷却三部分组成。

淬火预热：高速钢预热的目的主要是减少温差和由温差造成的应力，减少变形、防止开裂，其次是防止脱碳和提高生产效率。

高速钢含有大量的合金元素，导热性差，塑性较低。如果直接将工件由室温加热至1200℃以上，将产生很大的应力，加热时易引起变形开裂。冷却时这种由加热过急造成的应力也会增加变形开裂的风险。为了减少热应力，实践中采用分级预热，如工艺中的450~500℃预热，保温后升至800~850℃预热，通过预热缩短了高温加热时间，有利于防止工件的氧化脱碳。

450~500℃预热工具为箱式炉，一般工件预热速度为 2~3min/mm，在盐浴炉中进行800~850℃预热，一般取 8~15s/mm 的预热速度。

2）淬火加热、保温。工件在中温盐浴炉中经 800~850℃预热后，转入高温盐浴炉1280℃中加热，加热系数为 8~15s/mm。根据有效厚度直径为 φ18mm 的直柄钻头，在高温盐浴炉的保温时间为 10min。此时钻头的内部组织碳和合金元素以最大限度溶入奥氏体中，同时又不使奥氏体晶粒过分长大，为淬火冷却后满足技术要求创造了便利条件。

3）高速钢钻头的回火。淬火以后的高速钢回火时能产生明显的二次硬化现象，对钢的硬度、热硬性有直接的影响。钻头的回火工艺在井式回火炉中操作。经过三次高温回火后，不仅消除应力，提高强度、塑性，而且提高了硬度，产生了二次硬化现象。高速钢的热硬性也是在回火过程中获得的，这两点是高速钢回火的显著特点。

回火时钢中的马氏体、残余奥氏体和碳化物都将发生变化，一是淬火马氏体转变为回火马氏体；二是残余奥氏体在回火冷却时转变为淬火马氏体。回火过程中，钒和钨的合金碳化物析出，使钒、钨、铬的含量降低析出，以及细小的粒度弥散分布在马氏体基体上，使其硬度升高，造成二次硬化。二次硬化还与回火后冷却过程中残留奥氏体转变为二次马氏体有关，由低硬度的残留奥氏体转变为高硬度的二次马氏体，也是造成硬度升高的原因。

高速钢回火时所得到的高硬度，在以后的切削过程中即使切削部位升到 600℃左右仍保持高的硬度是因为：①以 VC 型为主的钒和钨碳化物，既弥散析出造成二次硬化，又具有较好的稳定性，难以发生聚集；②析出碳化物后的马氏体中，尚有相当高的钨，使马氏体难以继续分解。由于这两方面的原因保证了高速钢的热硬性。

第二节　量具的热处理

量具应具有尺寸稳定，硬度高、耐磨性好及足够的韧性，其中尺寸稳定是最主要的。对于形状简单，精度不很高的量具，如量规、样板等，可采用 T10A~T12A 等制造。

对于长形和平板状量具，如卡规、样板和直尺等，由于精度要求不高，因此，可以采用 15、20、15Cr 等渗碳钢或中碳钢制造。为防止量具因受腐蚀而失去精度，也可以采用 4Cr14 不锈钢制造。

对于高精度量具，如塞规、量规等，由于要求尺寸稳定、高耐磨性，以及一定的韧性，因此应当采用 CrMn、CrWMn、9CrWMn、9Mn2V 和 GCr15 等过共析合金钢制造。常见量具如图 6-5 所示。

图 6-5　常见量具

一、量具常规热处理工艺

（一）预备热处理

量具的预备热处理可采用球化退火、正火或调质，根据量具的技术要求选择。

（二）最终热处理

（1）淬火。截面尺寸不大的量具一般在盐浴炉中加热，也可以用电阻炉、真空炉、可控气氛炉、流态化炉和高频感应加热装置。对在盐浴炉中加热时，尺寸较小，原始组织极细的片状或点状珠光体的零件，以及返修品，宜取较低的温度，反之取较高的温度。

量具在盐浴炉中的加热系数为 0.4~0.8min/mm，在辐射炉中加热为 1~2min/mm，在流态化炉中为 0.5~1min/mm。在盐浴炉中加热时，如经 650℃ 预热，可采用预热与加热时间的比例为 1:1 或 2:1。具体确定加热时间还应考虑零件尺寸、结构特征、装炉方式等。

为了减少造成量具不稳定的因素，除需特别考虑淬火变形及硬度要求不高的某些工件外，最好不采用分级淬火或等温淬火，而采用油、盐水或水淬油冷双液淬火法。淬火时油温不超过 60℃ 为宜。淬火后及时用流水冲洗冷透。用食盐水溶液做冷却介质时，温度最好保持在 25℃ 以下，不宜超过 30℃。盐水中不应混入油污和肥皂。

需进行深冷处理的工件，淬火冷却或水冲洗后，应尽快进行深冷处理，以减少奥氏体稳定化。

（2）回火。量具的回火温度通常根据所要求的硬度确定。量具通常在热浴中回火，回火时间应根据设备、装炉方式以及工件大小确定，一般不少于 2h，截面尺寸在 50mm 以上时需 2~4h。用辐射炉回火时，回火时间至少比热浴回火延长 1~2 倍，并应适当提高回火温度。

量具淬火后如不进行冷处理，应立即回火，以免发生裂纹。成批生产时应避免装炉密实、重叠，防止加热不透造成回火不足。

（3）深冷处理。对于尺寸稳定性要求高的工件需进行冷处理。量具零件淬火后应先冷至室温，再将其冷至 -70~-80℃，有的甚至 -196℃，保温 0.5~1h，使残余奥氏体尽量能转变成马氏体。对形状复杂，薄厚相差悬殊的工件，冷处理前宜将细薄部分用石棉包扎。冷处理完毕，待零件升至室温后立即进行回火或时效。

（4）稳定化处理。量具在长期存放和使用过程中，碳从马氏体中脱溶析出 ε 碳化物，马氏体正方度减小导致尺寸缩小，残余奥氏体继续转变为马氏体而引起尺寸膨胀；残余应力松弛，残余应力造成的弹性变形部分变为塑性变形，引起尺寸变化。通过稳定化处理可以减小马氏体的正方度，成为较稳定的马氏体组织；使未转变的残余奥氏体残余；降低淬火和深冷处理后的残余应力，对尺寸稳定有良好的作用。

一般量规在 140~180℃ 保温 8~10h （与回火合并进行）。硬度要求不低于 60HRC 的量块，可以在深冷处理后进行 120℃ 保温 48h 的稳定化处理。采用反复多次的冷处理与稳定化处理，可使尺寸稳定性更有保证。

二、典型案例分析：CrWMn 钢高精度量具热处理

高精度量具（CrWMn）的热处理工艺如图 6-6 和表 6-3 所示。

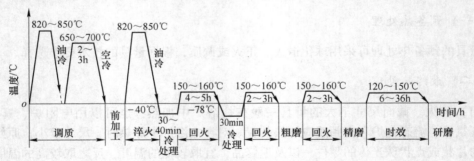

图 6-6   CrWMn 钢制成高精度量具的热处理工艺规范

表 6-3   高精度量具的回火时间

量具的直径/mm	保温时间/h	量具的直径/mm	保温时间/h
<10	4~5	20~30	8~12
10~20	6~8	30~50	12~15

对于高精度的量具，为使残留奥氏体尽量转变完全，有时在回火后，还要进行冷处理，但这又要产生一些新的内应力，所以必须再进行一次回火。第二次的回火时间可以比第一次的短一些（一般为第一次的 50%~70%）。另外也可以用多次回火的办法，使尺寸稳定。

第三节　模具热处理工艺

模具是一种重要的加工工艺装备，是国民经济各工业部门发展的重要基础之一，如图6-7所示。

图 6-7　模具

模具性能的好坏、寿命高低，直接影响产品质量和经济效益。70%以上的汽车、拖拉机和机电产品零件，80%~90%的塑料制品，60%~70%的日用小五金及一些消费品都由模具生产。模具的成本占产品成本的20%左右，其使用寿命直接影响到成本。而模具材料、热处理及表面处理是影响模具寿命诸因素中的主要因素，所以，目前世界各国都在不断开发模具新材料，研究强韧化热处理新工艺和表面处理新技术。

一、模具的分类

模具的分类方法很多，根据成形材料、成形工艺和成形设备的不同可综合分为十大类，即冲压模具、塑料成形模具、压铸模、锻造成形模具、铸造用金属模具、粉末冶金模具、玻璃制品用模具、橡胶制品成形模具、陶瓷模具等。这种分类方法虽然较为严密，但与模具材料的选用缺乏联系。为了便于模具材料的选用，按照模具的工作条件来分类较为合适。据此，将以上模具又分为如下三大类，即：

（1）冷作模具：包括冷冲压模、冷挤压模、冷镦模、拉丝模等；

（2）热作模具：包括热锻模、热精锻模、热挤压模、压铸模、热冲裁模等；

（3）成形模具：包括塑料模、橡胶模、陶瓷模、玻璃模、粉末冶金模等；

模具材料的品种繁多，分类方法也不尽相同。由于模具钢是制造模具的主要材料，所以将模具材料分为模具钢和其他两大类，如图 6-8 所示。

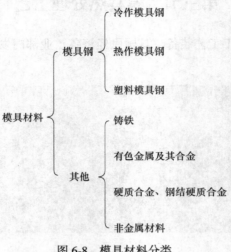

图 6-8　模具材料分类

二、模具的预先热处理工艺

（一）退火工艺

工模具钢经锻造后，内部组织分布不均匀，晶粒较粗大，并且存在内应力及较高的硬度，机械加工困难。为了使钢料软化，调整结晶组织，除去内部应力，常采用退火热处理。其方法为加热到 A_{c3} 或 A_{c1} 临界点以上 30~50℃，保持适当时间后，在炉中或灰中冷却。模具材料退火处理有两种方式。

（1）消除应力退火。目的在除去加工所引起的内部应力。适用于粗切削、中切削或需淬火的模具零件。因淬火时马氏体转变所产生的应力将加大，除非先行实施退火消除内部应力，否则将造成巨大的应变，而致淬火开裂、翘曲。即使不淬火的零件，若经大进给量的切削，也会有残余加工应力，而终致尺寸的精度改变或发生翘曲。

（2）球状化退火。目的是通过使钢中的碳化物变成球状组织而改善工件加工性，增加韧性，防止淬火开裂。

（二）模具钢的调质热处理

对于形状复杂而精度要求高的工模具，为了减少淬火时变形，在工件精加工后进行调质处理。

（三）淬火

淬火的目的是将钢硬化、增加强度。其方法为钢材加热到 A_{c3} 或 A_{c1} 临界点以上约 30~50℃，保持适当时间后，使它在淬火液中急速冷却，而产生高硬度的马氏体合金组织。模具零件常用的淬火方法有下列三种。

（1）普通淬火。加热到 A_{c3} 临界点以上的温度后，在水或油中急冷以得到马氏体组织，但是加热时必须防止过热及氧化脱碳的现象发生。对于壁厚不均的模具，会产生加热不均匀，最好用盐浴或惰性气氛炉。

防止氧化、脱碳可采用盐浴炉或可调整的惰性气氛炉。热处理变形的防止，宜使用淬火温度低，自硬性大，有气冷程度的淬火钢。含大量铬、镍的合金钢、高速钢具有在空气中冷却而硬化的特性，对于加工后再进行热处理的模具精度、形状保持稳定。

（2）特殊淬火。将待处理的材料加热到淬火温度后，投入温度为 M_s 点的热盐浴中，待材料的温度均匀后，取出气冷，使马氏体转变缓慢，而不致发生淬火应力及开裂，最后再进行回火处理。

（3）回火。将材料加热到淬火温度后，投入温度为 $M_s \sim M_f$ 间的热盐浴内淬火（100～200℃），长时间保存恒温，直到转变终了，然后空冷。利用此法淬火，马氏体可以自行回火，淬火应力消除，冲击韧性得以提高。

（四）回火

淬火后的钢虽然强度大、硬度高，但是很脆。假如淬火钢加热到 A_{c1} 以下的适当温度时，不但可以除去淬火钢的内部应力，又能调节硬度得到适当的强韧性，这种处理叫回火。依照回火的目的，可分为低温回火与高温回火两种。

（1）低温回火。适用于淬火硬度需要相当高的情况下，将高碳钢加热到约200℃的低温，目的是消除淬火所产生的内部应力。残留的奥氏体组织不易产生变化，可维持相当高的硬度。

（2）高温回火。适用于结构用钢，在500～600℃之间加热使其组织变为有韧性的珠光体。此时可兼顾钢材的韧度和硬度。

对于施行一次回火，不能得到满意的力学性能的钢件如高合金钢及高速钢，可进行2～3次的反复回火。

（五）表面处理

表面处理是指以加热或化学处理的方法，使钢件表面增加硬度的方法。其方法有渗碳、高频感应淬火及火焰淬火、氮化等。分别叙述如下。

（1）渗碳淬火。低碳钢或表面淬火钢（低镍钢、低镍铬钢等低碳合金钢）在适当的渗碳剂中加热，使表面渗碳到某一深度，达到表面高碳高硬状态的表面处理方法。在渗碳剂中以850～900℃加热8～10h，则钢料表面渗碳层厚约2mm。渗碳完成后再施以淬火处理，使渗碳部分硬化。若有不能渗碳的局部，可预先镀铜。一般渗碳剂可分为固体渗碳剂、气体渗碳剂与液体渗碳剂三种。

固体渗碳的渗碳剂使用木炭、焦炭等固体。以木炭粉为主，加入20%～30%的碳酸钡、碳酸钠等促进剂。

气体渗碳的渗碳剂为气体，主要为一氧化碳或甲烷。渗碳能力大，不只表面，连心部也可均匀渗碳。

液体渗碳的渗碳剂为熔融的氰化物，将钢加热到 A_{c1} 以上而渗碳。通常薄层硬化是浓度较高的氰化钠盐浴中作低温（850～900℃）处理，而厚层硬化以浓度较低的氰化钠盐浴作高温（900～950℃）的处理。

（2）移动淬火法。大面积不适宜用全面同时淬火法，改用顺序移动加热及冷却的组合吹管，以便加热及冷却全部面积。也可应用于不易全面淬火的模具的局部淬火、零件的摩擦面，可增高耐磨性，延长模具寿命。

（3）氮化。氮化是在氨气或含氨的媒介中加热，增加氮含量而将钢表面硬化的方法。加热温度高时，硬度减低，但氮化深度加深。氮化时间取决于所需氮化深度，大约是50h氮化0.5mm，标准是100h氮化0.7mm。镀锡或镀镍的部分，可以防止氮化。

氮化用钢，其标准成分大约是 $w(C) = 0.35\% \sim 0.45\%$、$w(Al) = 1.0\% \sim 1.3\%$、$w(Cr) = 1.3\% \sim 1.8\%$、$w(Mo) < 0.5\%$，此时的氮化温度为 $500 \sim 500℃$，表面为一非常硬的氮化层，硬度为67~70HRC。氮化法依其媒介可分为气氮化、液体氮化、软氮化（低温盐浴氮化法）。

三、典型案例

（一）3Cr3Mo3VNb（HM3）新型超高强韧性模具钢热处理工艺

等温球化退火工艺为 $860 \sim 900℃$ 加热，$700 \sim 720℃$ 等温 $4 \sim 6h$，退火硬度为 $180 \sim 190HB$；快速球化退火为 $1030℃$ 一次加热，零保温，油淬 $800 \sim 850℃$ 二次加热，零保温，炉冷（冷速允许到 $60℃/h$）至 $550℃$ 出炉空冷，退火硬度为 $180 \sim 200HB$。

最终热处理工艺的淬火加热温度为 $950 \sim 1100℃$，油冷，淬火硬度为46~50HRC。回火加热温度为 $450 \sim 650℃$，回火后硬度为42~48HRC。HM3 钢经 $530℃ \times 10h$ 离子渗氮后，渗氮层深度可达到0.28mm，表面硬度为1095HV。HM3 钢制部分模具使用寿命如表6-4所示。

表 6-4　HM3 钢制部分模具的使用寿命

模具名称	原用模具材料及使用寿命	HM3 钢模具寿命
轴承环套圈热锻成形模	5CrNiMo、3Cr2W8V 钢模，使用寿命为 0.1 万 ~ 0.3 万件	1 万~3 万件
耐热、不锈钢、高温合金精锻成形模	5CrNiMo、3Cr2W8V、4Cr5W2VSi 钢模，使用寿命为 0.1 万 ~ 0.3 万件	比 5CrNiMo 钢模高 5~10 倍，比 4Cr5W2VSi 钢模高 2~3 倍
连杆辊锻成形模	3Cr2W8V 钢模，使用寿命为 0.3 万 ~ 0.6 万件	1 万~1.9 万件

（二）W18CrV 钢冷挤凸模分级淬火+等温处理

$800 \sim 850℃$ 预热 8min，$(1260 \pm 10)℃$ 保温 4min；$(600 \pm 10)℃$ 保温 4min 分级淬火。$(280 \pm 10)℃$ 保温 3h 等温；$(560 \pm 10)℃$ 保温 1.5h，3 次回火处理。模具寿命从过去几百件提高到 3 万件以上。

（三）T10A 塑料模顶杆分级淬火

T10A 塑料模顶杆按常规盐水-油双液淬火，变形大，而油冷则硬度低。采用盐浴分级淬火，820℃保温 17min，170℃保温 10min，硝盐中含水量（质量分数）为 2.5%，然后空冷。变形小、硬度为 53~57HRC，使用寿命提高 1~3 倍。

思考题

6-1 高速刀具钢预处理工艺有哪几种，哪种退火工艺可减少热处理变形又能提高工具性能、节约能源？

6-2 高速钢刀具深冷处理为什么能提高刀具使用寿命？

6-3 试述 CrWMn 钢高精度量具热处理工艺。

6-4 简述模具的分类方法。

6-5 采用什么强韧化复合热处理工艺，使得 5CrMnMO 钢连杆热锻模寿命最长？

第七章　典型零件热处理

　　案例导入： 金属材料在国民经济中占有十分重要的地位，它们的应用非常广泛。在实际使用或生产加工过程中，人们对金属材料提出了各种不同的性能要求。单凭原始材料的性能已经满足不了工程技术上的要求。例如：为了便于切削加工，就要求材料的硬度适当降低，以降低机械加工时的刀具消耗和提高劳动生产率；为使零件耐磨损，延长使用寿命，就要求其具有较高的硬度；为使零件能在有腐蚀性气体的环境中长期工作，就要求其具有一定的耐腐蚀性等。为满足这些性能要求，除了合理地选用材料外，还要进行适当的热处理，如此才能充分发挥金属材料的性能特点。由此可知，热处理在机械制造业中占有十分重要的地位。前面几章我们学习了钢的整体热处理，钢的特种热处理，铸铁的热处理，有色金属的热处理，本章我们将在前面所学知识和技能的基础上，以典型零件为例，分析不同工作条件下，不同加工工序间热处理选择依据和选择方法。

第一节　齿轮的热处理

　　齿轮如图 7-1 所示，是机械设备中关键的零部件，广泛用于汽车、飞机、坦克、轮船等工业领域。它具有传动准确、结构紧凑、使用寿命长等优点。齿轮传动是近代机器中最常见的一种机械振动，是传递机械动力和运动的一种重要形式、是机械产品重要基础零件。

　　齿轮的主要作用是传递动力，改变运动速度和方向。其服役条件如下：

　　（1）齿轮工作时，通过齿面的接触来传递动力。两齿轮在相对运动过程中，

图 7-1　各类齿轮

既有滚动，又有滑动。因此，齿轮表面受到很大的接触疲劳应力和摩擦力的作用。在齿根部位受到很大的弯曲应力作用。

　　（2）高速齿轮在运转过程中的过载产生振动，承受一定的冲击力或过载。

　　（3）在一些特殊环境下，受介质环境的影响而承受其他特殊的力的作用。

　　因此，在生产实践中，工程技术人员常常采用热处理的方法提高齿轮表面的硬度、耐磨性、接触疲劳强度和齿根的抗弯强度，心部的抗冲击能力，以达到提高齿轮的承载能力、延长齿轮使用寿命的目的。齿轮的传动方式、载荷性质与大小、传动速度和精度要求等工作条件以及由于齿轮模数和截面尺寸不同而对钢材淬透性及齿面硬化要求、齿轮副的

材料及硬度值的要求不同，齿轮的材料及其热处理工艺也不同。齿轮所用的材料各种各样，如各种铸铁、钢、粉末冶金材料、非铁合金（如铜合金）及非金属材料都可用来制作齿轮，其中钢是使用最广泛的材料，包括各种低碳钢、中碳钢、高碳钢和合金钢等。可见，齿轮工作条件复杂，可以制造齿轮的材料也很多，所以齿轮涉及的热处理方法也较庞杂，本节主要选取典型材料的典型齿轮的热处理进行介绍。

一、变速器齿轮的热处理

（一）工作条件与材料选择

变速器齿轮为汽车、拖拉机上的重要部件，用于改变发动机曲轴和传动轴的速度比，故齿面在较高的载荷（冲击载荷和交变载荷等）下工作。在工作过程中，通过齿面的接触传递动力，两齿面在相对运动过程中，既有滚动也有滑动，存在较大的压应力和摩擦力，经常换挡使齿端部受到冲击。要求变速器齿轮具有高的抗弯强度、接触疲劳强度和良好的耐磨性，心部有足够的强度和冲击韧度。

其失效的主要形式为：齿面接触疲劳磨损，齿面磨损，轮齿折断，齿端磨损、齿面塑性变形和崩角等。根据变速器齿轮的服役条件，采用20CrMnTi低合金渗碳钢制造是适宜的，该钢的淬透性好，心部强度较高，含碳量低，故可使齿轮心部具有良好的韧性；合金元素铬和锰的存在提高了淬透性，心部得到低碳马氏体组织，增强了钢的强度；而铬元素还有促进渗碳、提高渗碳速度的作用；锰具有减弱渗碳时表面含碳量过高的作用；而钛则阻止晶粒的长大，提高钢的强度和韧性。

（二）成形及热处理工艺

变速器齿轮的加工流程为：毛坯成形→预备热处理→切削加工→渗碳（或碳氮共渗）→热处理→喷丸（砂）→精加工。

（1）技术要求。齿面硬度为58~62HRC；心部硬度为33~48HRC；变形量不大于0.25mm；金相组织：表层为回火马氏体+均匀分布的细粒状碳化物+少量残留奥氏体，心部为低碳马氏体+少量铁素体。

（2）毛坯的预备热处理。20CrMnTi钢变速器齿轮在加工时，要求有高的光洁度，良好的切削加工性，需要进行正火处理，硬度在179~217HBW之间，得到均匀分布的片状珠光体+铁素体组织。其正火工艺温度为950~970℃，透烧后空冷或吹风、喷雾冷却，若硬度低可采取先水冷后空冷的措施。

（3）渗碳。在75kW井式渗碳炉内进行齿轮的渗碳处理。考虑到渗碳速度和渗碳过程中的变形问题，一般渗碳温度选择在920~940℃之间。渗碳保温时间取决于要求的渗碳层深度，其实际深度为要求的渗碳层深度外加齿轮的单边磨削量的两倍，故在实际作业过程中应合理选择渗碳时间。渗碳时间可参考如下公式：

$$t = X^2/0.632 \tag{7-1}$$

式中，t为渗碳时间，min；X为渗碳层深度，mm。

齿轮要求渗碳层深度为0.8~1.3mm，渗碳层含碳量（质量分数）达到8%~1.05%。渗碳后的组织由外向里为：过共析层、共析层、亚共析层。20CrMnTi钢汽车变速器齿轮渗碳工艺规范如图 7-2 所示。

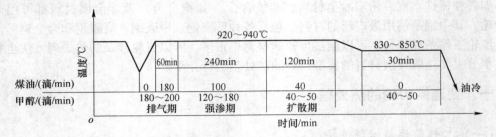

图 7-2　175kW 井式炉 20CrMnTi 钢汽车变速器齿轮渗碳工艺规范

（4）变速器齿轮的最终热处理。热处理后的齿轮获得高硬度、高强度的表面层和良好韧性的心部。根据变速器齿轮性能要求和材料的特点，该齿轮可在井式炉渗碳后待炉温降到 850～860℃ 出炉直接淬火，图 7-3 为渗碳后直接淬火的热处理工艺规范。

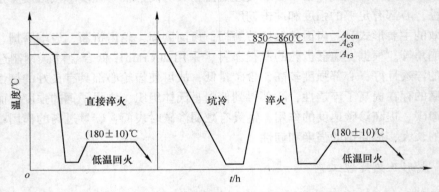

图 7-3　20CrMnTi 钢变速器齿轮渗碳后常用的两种热处理工艺规范

（三）注意事项

（1）毛坯正火处理后的基本要求是硬度和组织符合要求，为后续的渗碳和最终热处理做好组织准备，故在冷却的方式上根据需要进行正确的选择。

（2）渗碳后的齿轮进行热处理时，应区别选择热处理方法。对于渗碳后需再进行车削加工的齿轮，以及由于热处理设备条件限制不能进行直接淬火的齿轮，在渗碳后不采用直接淬火，而要采用二次加热淬火+低温回火，才能确保齿轮满足技术要求。

（3）对于非渗碳面按要求进行防渗保护处理，常采用的方法有涂料保护法、堵孔法、预留加工余量法、钢套螺栓保护法及电解镀铜法等。

二、车床拨叉齿轮的热处理

（一）工作条件与材料选择

车床拨叉齿轮为双曲面齿轮，如图 7-4 所示，在工作过程中齿轮间相互咬合，要求齿轮具有高的接触疲劳极限、抗弯强度、耐磨性、冲击韧度、传递精度等，使用材料为

38CrMoAlA，处理后可有效确保齿轮获得要求的力学性能。

图 7-4　车床拨叉齿轮

（二）热处理工艺

（1）技术要求。调质处理，硬度达到 250～280HBW，齿轮齿部及 33H11 槽部渗氮，渗氮层深度为 0.40～0.50mm，渗层硬度为 850～950HV，渗层脆性为 2 级。

（2）热处理工艺规范。

1）调质处理。在箱式炉中进行淬火加热，工艺规范为 930～950℃保温 4～5h，油淬；井式炉高温回火，即在 630～650℃保温 4～5h，油冷。

2）渗氮前去应力退火。在井式炉或箱式炉中完成去应力退火工序，工艺规范为 570～600℃保温 4h，随炉缓冷到 200℃出炉空冷。

3）气体渗氮处理。其工艺曲线见图 7-5 所示。

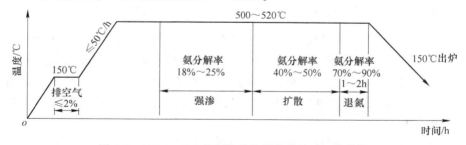

图 7-5　38CrMoAlA 车床拨叉齿轮的热处理工艺曲线

（三）注意事项

（1）调质处理的目的是防止渗层中出现针状氮化物，确保心部具有良好的综合力学性能，消除内应力等，淬火油冷则是保证不出现游离铁素体，回火温度的高低对于渗氮层深度有明显的影响。

（2）去应力退火温度应高于渗氮温度 30℃以上，目的是消除加工应力，防止齿轮的渗氮变形。

（3）气体渗氮工艺参数的制定，应本着经济与实用的原则，对于要求渗氮层厚度较深，硬度略低，且不易变形，要求减少氮化物脆性的齿轮，采用两端渗氮是合理的。渗氮过程中要严格控制渗氮温度和氨分解率，确保炉内为正压状态。

> **知识拓展：**氮化是齿轮表层硬化的一种主要工艺，具有变形小、表面硬度高、残余压应力大、耐磨性和抗胶合性能高的优势，同时也具有较高的接触疲劳和弯曲疲劳性能，对于氮化齿轮的优点，国内外都很重视，英国、美国、德国在军事及工业齿轮上已进行了大范围的应用，并有逐渐增加的趋势，一些国家将热处理工艺列入了有关规划，如美国"2020 年的热处理路线图"中将快速渗氮工艺的开发列入规划；日本"金属热处理未来发展路线图"中将等离子渗氮列入发展规划。对于某些类型齿轮的硬化应首选氮化工艺，如大直径薄壁内齿圈、锥齿轮、弧齿锥齿轮、圆弧齿轮等。对于线速度大于 25m/s 的高速齿轮，多以胶合、疲劳而失效，氮化及其复合处理工艺的表层抗胶合、抗擦伤性能优异，在高速齿轮上应用有很强的优势。然而，氮化齿轮存在渗层深度浅和基体硬度低两大问题，造成氮化齿轮疲劳失效的裂纹源往往产生于硬化层与基体的交界附近。国内开发的深层离子氮化可做到 1.2mm 层深，并实现表面相组织的精密控制，如 γ' 单相等，齿轮的深层渗氮工艺可以在一定范围替代渗碳淬火工艺而省掉磨齿的工序，节约制造成本，缩短工期，在大量高参数齿轮上得到了成功的实践应用，并替代常规渗碳工艺，例如，线速度为 118m/s 的高速双圆弧齿轮、模数在 10mm 以下的重载齿轮等。

第二节　滚动轴承零件的热处理

一、滚动轴承内、外套圈的热处理

（一）工作条件与材料选择

轴承广泛用于柴油机、拖拉机、机床、汽车和火车等各种机械设备与车辆上，它由轴承内套、外套、滚动体（钢球、滚柱和滚针）和保护器（架）四部分组成。滚动体和内外套三者之间既呈现滚动又呈现滑动，故会产生滚动摩擦和滑动摩擦。因此，为防止产生接触疲劳破坏和磨损，要求滚动体与内、外套具有高的抗疲劳性能和耐磨性，良好的尺寸稳定性和高的使用寿命。

根据轴承的工作特点，要求制造轴承的材料热处理后必须具有以下性能：（1）高的硬度和耐磨性；（2）高的疲劳强度和合理的韧性；（3）具有一定的耐蚀性；（4）良好的尺寸稳定性，使用寿命长，能保证精度和具有良好的机械加工与热处理工艺性能。

根据其性能要求，在材料的选择上，通常选用高铬轴承钢和渗碳轴承钢来制造轴承零件。

（1）高铬轴承钢。如 GCr15、GCr15SiMn 等钢中的含碳量（质量分数）为 0.95%～1.05%，铬元素的含量（质量分数）为 0.5%～1.6%，确保了高硬度的要求。铬元素的加入明显提高了钢的淬透性，同时也细化了晶粒，淬火后隐晶马氏体基体上分布细小均匀的碳化物，不会出现纤维状的碳化物。铬还提高低温回火的稳定性。因此这两种材料适宜制作轴承，通常二者用于制造轴承的内外套圈和滚动体，用低碳钢钢板冲制保持器。另外 GCr6、GCr9、ZGCr15、HGCr15、ZGCr15SiMn、GCr18-Mo、GCr15SiMo 等均可制造套圈、滚动体等，各项技术指标完全符合要求。

（2）渗碳轴承钢。如 08、10、15Mn、15Cr、20Cr、G20CrMoA、G20CrNiMoA、G20Cr2Ni4A 等，经过渗碳或碳氮共渗处理后可分别制作轴承内套圈、外套圈和保持架等，应用十分广泛。

（二）热处理工艺

（1）技术要求。硬度：材料为 GCr15、GCr15SiMn 等，硬度为 61~65HRC，而关键轴承套圈为 58~64HRC。组织：均匀的回火马氏体（≤3级）以及分布其上的细小碳化物颗粒。变形：按工艺要求执行。轴承的稳定化处理：其目的是消除磨削加工应力，稳定组织，提高轴承零件的尺寸稳定性，其温度一般比其正常回火温度低 20~30℃，通常采用的热处理工艺为 120~160℃保温 3~4h。

（2）轴承套圈的热处理工艺。

1）球化退火——预备热处理。原始珠光体为球状时，具有高的强度和良好的韧性，淬火后可获得高的基体硬度和疲劳强度，耐磨性得到提高，明显提高了使用寿命，球化退火又分普通球化退火、等温球化退火和快速球化退火等，可根据零件的尺寸、结构和技术要求等合理选择，退火通常在箱式炉、井式炉或台车式炉中进行。

对 GCr15 钢工艺为 670~720℃保温 2~8h，而 GCr15SiMn 的工艺为 650~670℃保温 2~8h。

一般而言，套圈的退火工艺有两种：一种为一般球化退火，通常因其退火时间长，影响生产效率而较少采用；另一种是普通的等温球化退火，具有时间短、球化效果好的特点，套圈通常采用该类退火工艺曲线如图 7-6 所示。

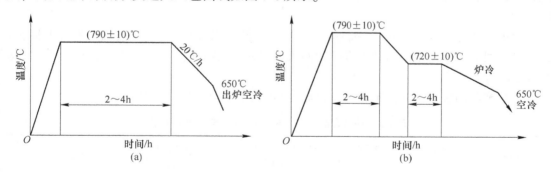

图 7-6　GCr15 钢球化退火工艺规范
（a）一般球化退火工艺；（b）等温球化退火工艺

2）内外套圈的普通淬火和回火。套圈的热处理加热设备有多种，如连续式网带炉、振底炉和推杆炉等。采用的保护气氛为单组分气体如氮气等，其生产效率高，基本程序为上料→清洗→烘干→加热→冷却→清洗→回火等，零件通过升降机进入加热炉和回火炉，也可采用周期性的箱式炉、盐浴炉和中频感应加热炉等。这里以盐浴炉为例编制热处理工艺，轴承钢经过加热淬火后获得了高的硬度和耐磨性，具备高的接触疲劳强度和可靠性，高的尺寸稳定性等。

①预热温度为 550~600℃。将零件烘干可防止盐浴时发生飞溅，同时可部分消除机械

加工应力和减少淬火时的挠曲及变形，缩短加热保温时间，减少氧化与脱碳的倾向。

②淬火加热是在 50%NaCl+50%KCl 的中温盐浴中进行，使钢中的奥氏体中含有过多的含碳量，并能溶解锰、钼和铬等大量合金元素分布于晶粒内。保温的作用是使合金渗碳体（Fe，Cr）$_3$C 能充分向奥氏体中溶解，并使奥氏体成分均匀化。根据热处理工艺温度、炉型、加热介质的不同，其基本标准为固溶体中的含碳量（质量分数）为 0.5%~0.6%、在含铬量为 1%、未溶解的碳化物占 6%~9% 时，此时为最佳加热时间。其有效厚度越大，淬火加热温度越高，则保温系数越小，反之则越大，在盐浴炉中的保温系数通常按 0.8~1.6min/mm 计算。

③针对铬轴承钢而言，选用冷却介质应满足两个要求：确保零件有足够的冷却速度，即大于临界冷却速度；在 M_s~M_f 区间内冷却速度应缓慢，达到减少组织应力和防止变形和开裂的目的。

④通常该套圈采用盐浴炉加热淬火处理，如使用输送带或推杆式保护气氛炉加热，则三段加热的中间区域的炉温应比其他区域低 5℃ 左右。冷却介质为 30~80℃ 的机械油、L-AN10 或 L-AN20 全损耗系统用油，根据轴承的壁厚也可选择 120~180℃ 或 80~100℃ 热油冷却。

淬火后的套圈硬度在 63HRC 以上，金相组织为隐晶马氏体+细小结晶马氏体+残留合金渗碳体+残留奥氏体。

⑤套圈的回火。套圈回火是消除残余应力，防止零件开裂，并使亚稳定组织转变为相对稳定的组织，能起到稳定尺寸、提高韧性、获得良好的综合力学性能的作用。正常回火后的组织为回火马氏体+均匀分布的细粒状碳化物+残留奥氏体，马氏体量（质量分数）占 80% 以上，碳化物量（质量分数）占 5%~10%，残留奥氏体量（质量分数）占 9%~15% 左右。

回火温度一般分为三种：一是常规回火（或低温回火），用于一般轴承零件的回火；二是稳定回火，多用于精密轴承零件的回火；三是高温回火，为一些航空轴承或其他特殊的轴承零件的回火。

一般推荐的轴承套圈网带炉的加热温度与时间的关系如表 7-1 所示。

表 7-1　轴承套圈网带炉的加热温度与时间的关系

材料	有效厚度/mm	加热温度/℃	加热时间/min	回火温度/℃	回火时间/min	备注
GC15	<3	835~845	23~35	150~180	2.5~4	为网带加热后油冷回火空冷的工艺参数，可进行吊挂或成串淬火；如采用盐浴快速加热，应比正常温度高 30~50℃；因需重新加热淬火时炉温应比正常低 10~20℃
	>3~6	840~850	35~45			
	6~9	845~855	45~55			
	9~12	850~860	55~60			
GC15SiMn	>12~15	820~830	50~55			
	>15~20	825~835	55~60			
	>20~30	830~840	60~65			
	>30~50	835~845	65~75			

⑥轴承套圈的冷处理。轴承作为十分重要的传动件，既要有高的硬度，高的耐磨性，同时又要有高的尺寸稳定性，因此冷处理可减少淬火组织中残留奥氏体的数量，增加零件尺寸的稳定性和提高基体的硬度和耐磨性，考虑到轴承钢淬火后有 10%～15% 的残留奥氏体，虽然经回火处理但不能使其全部转变和稳定化，在室温下长期工作或放置会因存在残留奥氏体而发生变化，因此冷处理十分重要。

冷处理温度一般根据 M_f 点和残留奥氏体的数量而定，同时也要考虑零件的力学性能、技术要求和形状等因素，通常温度在 -60～-20℃。为了确保零件不出现残留奥氏体，降低冷处理的效果，淬火后应立刻进行冷处理。对个别零件直接进行冷处理会出现开裂，可在淬火后先进行 110～130℃、30～40min 回火，冷处理的零件升到室温后要立即回火处理。

（三）注意事项

（1）轴承钢锻造后的组织为片状的珠光体，硬度为 255～340HBW，难于进行切削加工，球化退火后组织为均匀分布的细粒状珠光体，既降低了硬度，又具有良好的机械加工性，同时为最终的热处理做好组织准备。球状珠光体有三大优点：加热的温度范围宽；淬火变形和开裂概率减少；残留奥氏体的量减少。要求退火后的硬度为 197～241HBW，球化级别为 1～3 级，表面的脱碳层应小于加工量的 2/3。

（2）淬火温度的高低都会给钢的淬火组织和性能带来不良的影响，淬火温度高，碳化物大量地溶于奥氏体中，引起奥氏体晶粒粗大，造成淬火后形成粗大针状马氏体，残留奥氏体增多，钢的冲击韧度下降，淬火变形和开裂倾向增加。而温度过低，则造成溶于奥氏体中的合金碳化物明显减少，而且合金元素的存在使奥氏体的成分均匀化较困难，淬火后达不到性能要求。综上所述，GC15 钢和 GCr15SiMn 的淬火温度分别为 830～860℃ 和840～870℃ 为宜。

（3）轴承套圈除了进行整体热处理外，中频感应热处理也可满足其要求的技术指标，经过热处理后的使用寿命提高 10%～20%，具有节约能源、劳动条件好、便于实现机械化作业、畸变量小以及氧化脱碳少等特点。

（4）轴承套圈在淬火和低温回火后的磨削过程中，会产生磨削应力，而低温回火未能完全消除的残留内应力在磨削加工后将作重新分布，这两种应力会导致套圈零件的尺寸变化，甚至产生表面龟裂，因此应补充回火。

（5）选择淬火方法和介质的基本原则是套圈的变形小、可获得均匀的组织和性能，通常的冷却方式为分级淬火、等温淬火、旋转压模、上下振动和自由落下，因此在实际的热处理过程中应进行选择，可确保获得要求的硬度、组织等（如表 7-2 所示）。

表 7-2　轴承套圈常用的冷却方式和操作方法

零件名称	零件的直径或壁厚/mm	冷却方式和操作方法	冷却温度
小、中型套圈	<200	手动上下窜动、自由摆动、强力搅拌、喷油冷却、振动淬火机等	油温 30～60℃
大型套圈	200～400	手动旋转、淬火机、喷油冷却等	油温 30～60℃
特大型套圈	大于 1000 的薄壁套圈 40～1000 套圈	吊架冷却、吹气搅油、旋转淬火机冷却、同时吹气换油	油温 <70℃

零件名称	零件的直径或壁厚/mm	冷却方式和操作方法	冷却温度
薄壁套圈	<8	热油冷却后，放入低温油中继续冷却	热油 130~170℃ 冷油 30~80℃
超轻、特轻套圈	—	在高温油中冷却到油温后，放进压槽中冷到 30~40℃取出，或将加热、保温后套圈放入压膜中进行油冷	油温 30~60℃

（6）轴承套圈在回火后进行磨削加工，如原材料中带状偏析和淬火加热时的表面脱碳加剧了套圈的过热敏感性，将会增大淬火裂纹的萌生概率，如果套圈淬火后未及时回火，处于高应力的状态，则促进淬火裂纹的扩展。另外尖锐的加工刀痕、棱角等也会加剧淬火应力的集中，成为裂纹产生的主要位置。

二、特大型轴承零件的热处理

（一）工作条件与材料选择

大型渗碳轴承是重型起重、挖掘、隧道掘进机械、雷达、火炮、电站、泄洪闸、船舶等设备上重要的回转支承零件，其工作条件差，承受的径向压力大。该类轴承零件大多采用的是渗碳轴承钢和中碳合金钢等，其常用材料为 20Cr2Ni4A、20Cr2Mn2MoA、GCr15SiMn、50CrNiMo、45 钢、20CrMo、50Mn、50CrMn 等，它们对于冶金的质量要求较高。

（1）非金属夹杂物应控制在一定的范围内，它一旦出现超标现象，则破坏了基体组织的连续性，在接触应力的作用下，容易造成过热或应力集中，成为裂纹源。

（2）碳化物的不均匀性包含有带状碳化物、液析碳化物和网状碳化物，带状碳化物是沿轧制方向呈带状分布，液析碳化物为钢液凝固时因枝晶偏析而析出共晶碳化物，其往往形成粗大的块状或带状分布，网状碳化物是由于终锻温度过高，热处理加热后冷却速度低而形成的。碳化物不均匀性的危害有：容易形成热处理裂纹、出现淬火软点、显著降低疲劳强度和抗磨损性、出现早期的损坏等。

（二）热处理工艺

（1）渗碳轴承零件的热处理技术要求：特大型轴承零件的渗碳层厚度如表 7-3 所示，圆度误差允许值如表 7-4 所示，硬度要求为 55~63HRC。

表 7-3　特大型轴承零件的渗碳层厚度　　　　　　　　　　（mm）

内 外 套		滚动体（滚柱）	
轴承外径	渗碳层厚度	滚子直径	渗碳层厚度
≤700	≥4.2	≤50	≥3.5
700~1000	≥4.7	50~80	≥4.0
≥1000	≥5.0	>80	≥4.5

表 7-4　特大型渗碳轴承零件圆度误差允许值　　　　　　　（mm）

外　套　圈		内　套　圈	
外径	圆度误差允许值	外径	圆度误差允许值
400~450	0.7	<400	0.6
450~500	0.9	400~450	0.7
500~600	1.0	450~500	0.9
600~700	1.2	500~600	1.0
700~800	1.3	600~700	1.3
800~900	1.5	700~800	1.3
900~1000	1.6	800~900	1.5
1000~1100	1.8	900~1000	1.6
1100~1200	1.9	1000~1100	1.8
1200~1300	2.1	1100~1200	1.8

（2）G13Cr4Mo4Ni4V 渗碳轴承钢渗碳热处理工艺示意图如图 7-7 所示。

（3）5CrMnMo 钢特大型轴承套圈的感应淬火。

1）热处理技术要求。预备热处理后硬度 230~260HBW；轴承钢球与滚子硬化层深度要求如表 7-5 所示，轴承套圈的硬化层深度为 3~6mm，轴承套圈的硬度要求为 55~63HRC，软带在 30mm 以下，软带处硬度在 40~50HRC 范围，畸变量控制在 0.25~0.35mm 以内。

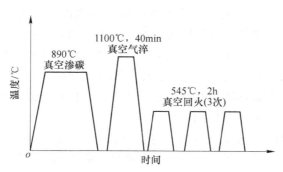

图 7-7　G13Cr4Mo4Ni4V 钢的渗碳热处理工艺示意图

表 7-5　轴承钢球与滚子硬化层深度要求　　　　　　　（mm）

钢球直径	20	25	30	35~50	55~65	75~100	—
硬化层深度	3.0	3.2	3.5	4.0	4.5	5.0	—
滚子直径	16	20	25	28~32	40~45	50~70	80~100
硬化层深度	3.0	3.5	4.0	4.5	5.0	5.5	6.0

2）感应淬火工艺：①轴承套圈既要滚道表面耐磨，又要求具有一定的强度，预备热处理是为了改善淬火前的组织结构，获得要求的基体组织，为最终的热处理做好组织准

备，预备热处理工艺曲线如图 7-8 所示；②轴承套圈的热处理采用中频感应淬火，频率为 2500Hz，感应器固定，与套圈的距离为 3~5mm，轴承套圈放于工作盘上，随其转动进行连续加热，淬火温度为 830~900℃，冷却介质为 0.05% 的聚乙烯醇水溶液，淬火后进行 150~170℃的油浴回火，表面硬度将达到 60~62HRC，变形等均符合热处理技术要求。

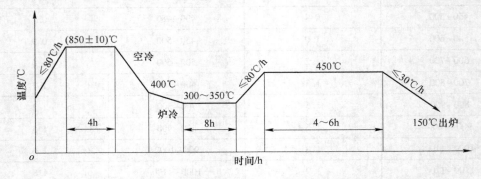

图 7-8　65CrMnMo 钢特大型轴承零件的预备热处理工艺曲线

（三）注意事项

（1）对于原材料组织的疏松和表面脱碳有一定的技术要求。热成形后的大型轴承应进行正火处理，其存在较粗大的网状碳化物和粗大片状珠光体，必须进行 900~920℃保温 1~2h 的加热空冷，才能确保球化退火后获得均匀的球状组织，同时可消除网状的碳化物组织。

（2）加热温度的均匀程度对于轴承的椭圆畸变和内部组织有直接的影响，故应确保炉内温度的一致。轴承在渗碳、高温回火以及二次淬火和回火时，要确保轴承套圈中心在加热和冷却时垂直进入冷却液中，保持周围冷却的均匀性，同时严禁堆积和叠压等；如果油槽的体积足够大，冷却的热处理环充分，则外圈和内圈的冷却速度是基本一致的，其整个的变形将十分均匀；低温淬火容易造成轴承中成分偏析的低碳区域出现未溶铁素体，因此在锻造过程中应努力改善成分的均匀性。

（3）二次淬火的温度比正常的温度（正常的淬火温度在 840~860℃）低 20~30℃，其原因在于渗碳后的大型零件进行了一次淬火处理，获得淬火马氏体的同时，其残留奥氏体也较多，内部存在较大的内应力。通过高温回火处理，可以使渗碳层的成分更加均匀化，使渗层析出含铬的碳化物，进一步消除网状碳化物，并使碳化物球化，消除淬火应力以及晶粒度不均匀的现象，同时可以减少因渗碳不均而造成碳浓度梯度过陡的缺陷，为淬火做好了组织准备。再进行二次淬火则可完全获得均匀一致的表面硬度，渗碳层深度和分布趋于合理。考虑到以上因素，二次淬火的温度可以适当降低，即在 820~830℃（或 790~810℃），铬的碳化物不易溶于奥氏体中，在 800℃时溶于奥氏体中的碳为钢中含碳量的 37%，而铬占 36%，这样奥氏体中的碳和铬的含量不足，造成热处理后硬度低，未溶碳化物过多，影响到基体强度和疲劳强度；而高于 860℃则造成奥氏体晶粒的过分长大，淬火后形成粗大针状马氏体，残留奥氏体增加，基体的强度和韧性大大降低。

（4）渗碳轴承的稳定化处理温度应比其回火温度低，其目的是消除因磨削加工等产生的机械应力或磨削应力，减少其对轴承精度和尺寸的影响，考虑到无组织的转变，因此保温时间要比回火时间短一些。

（5）当大型轴承的材质不均匀，加热和冷却不当，造成热处理后出现不均匀的胀缩、不对称畸变而形成椭圆，因此淬火加热时采用下限的淬火温度以及降低在 M_s 点以下的冷却速度，可以减少椭圆度，如果有条件最好采用硝盐浴等温淬火工艺。

（6）采用 5CrMnMo 中碳合金钢制作的轴承零件，其变形小、氧化脱碳少、硬度高，热处理后的各项性能指标均可满足要求，需要注意的是应确保均匀的感应加热和冷却，避免软带区域的扩大和影响已经淬火的表面硬度。

第三节 弹簧的热处理

一、电站锅炉安全阀弹簧的热处理

（一）工作条件与材料选择

这类弹簧一般用圆钢热卷而成，在工作过程中要承受反复的伸长和压缩等，故其应具有优良的弹性和疲劳强度等，弹簧的失效形式主要是疲劳断裂和应力松弛，而约有 90% 以上的弹簧都是由于疲劳断裂而失效的。根据其服役条件来看，必须选用淬透性好、变形小而力学性能佳的 50CrVA 或 30W4Cr2VA 弹簧钢，经过淬火+中温回火以及抛丸处理后，可完全满足其工作需要。其中，50CrVA 有冷拉态（L）、热轧态（Zh）和银亮（Zy）三种，在油中或先水后油中淬透。屈强比可达 0.85 以上，$R_e = 1128MPa$，强韧水平、疲劳强度和抗应力松弛性能均可满足要求。

（二）制造及热处理工艺

这种弹簧几何结构要求非常严格，对于热卷成形工艺要求苛刻，其工艺路线为：原材料探伤、检验→碾尖→钢棒加热和卷簧→整形→淬火+回火→热定型（强压）处理→表面防锈→产品入库。

热处理的要求为：弹簧的垂直度≤0.5mm，间隙≤0.5mm，弹簧的基体硬度为 40～46HRC，表面无脱碳和过热；获得均匀细致的托氏体组织；进行强压处理。

（1）卷制前弹簧采用磨光料，弹簧的加热是采用电接触加热，加热温度为（900±10）℃，此时利用材料高温强度低、塑性好等特点，但加热温度不宜过高或保温时间不宜过长，否则会产生材料的过热或表面的氧化脱碳，甚至造成过烧而报废。

（2）淬火与中温回火。在 RJX-75-9 箱式电阻炉上进行加热，加热温度为 850～880℃，保温系数按 1.5min/mm 进行计算，以透烧为准，冷却介质对弹簧的硬度和性能有重要的影响，选择油冷则可满足其工艺要求。回火在低温井式回火炉内进行，根据硬度、垂直度和间隙的要求，采用专用的回火夹具，将其固定并正确放置，工艺规范为 400～440℃、1.5～2h，保温结束后水冷。一般弹簧的回火温度在 400～500℃ 之间，回火后可获得较高的疲劳强度。

（3）强压处理。将弹簧加压，使其应力稍超过材料的屈服强度 R_e，但不应达到紧并状态，固定弹簧，置于一低温度的炉中，保温一定时间后松开。经过强压处理的弹簧应经过应力松弛试验，找出最佳强压热处理工艺参数。

（三）热成形弹簧的热处理缺陷及产生原因

（1）热卷弹簧缺陷及其原因。

1）支撑圈末端超出弹簧圈外。这与端部碾尖（制扁）、弯曲圆弧不当有关系。

2）弹簧末端反背，与制扁现状有关。

3）弹簧倾斜过大，这与校正不当、弹簧端面不平、棒料加热不均匀等因素有关。

4）螺距不均匀，这与设备精度不足及螺距调整不当有关。

5）弹簧弯曲变形过大，这与加热不均匀及卷簧工艺不当有关。

6）过热过烧，表面氧化脱碳严重，这与炉温控制有关。

7）卷制裂纹，这是材料缺陷造成的，只能报废。

8）擦伤、锤痕，这由操作不当引起。

9）弹簧直径不合格，这是芯轴尺寸失效造成的。

（2）热处理过程中的缺陷。热卷弹簧生产中各个环节产生的缺陷在淬火时，更会加剧其危害性。热处理过程本身还会产生新的缺陷，主要有：

1）淬火裂纹。特别是水淬时容易出现这种缺陷。产生的原因有：材料内部存在缺陷，淬火加热温度过高，淬水冷却不当造成等。

2）淬火变形。如弹簧倾斜、弯曲过大、螺距不匀等形式，采用模具压紧装置淬火方法可克服上述缺点。

3）硬度不均匀或硬度不足。产生的原因主要是加热不匀、弹簧温度过低及淬火介质冷却能力不足等。

4）晶粒粗大及显微组织粗化导致弹簧变脆，克服的办法是防止钢材过热。

5）弹簧表面脱碳层深度超标。这与加热温度过高、保温时间过长、未采用保护气体加热有关。

（四）注意事项

（1）50CrVA 钢的合金元素使钢的淬透性得到了改善，铬是强烈的碳化元素，它们的碳化物存在于晶界附近，故能有效地阻止晶粒的长大，因此适当提高淬火温度和延长保温时间不致引起晶粒的长大。

（2）在热卷弹簧的加热过程中，应当注意表面脱碳与淬火加热温度和时间的关系，实践表明，淬火温度高和加热时间长，均会造成脱碳的加剧。因此在箱式炉中进行加热时，应严格控制其工艺参数，另外也可采用涂料或装箱保护加热，来减少其表面的氧化和脱碳。弹簧的表面脱碳降低其使用寿命，而且容易成为疲劳裂纹源。

（3）弹簧的中温回火是为了获得要求的托氏体组织，考虑到 50CrVA 钢是产生第二类回火脆性的材料，因此回火结束后必须快冷（油冷或水冷），可防止回火脆性（造成其冲击韧度的降低）的发生，又能在表面形成残余压应力，有利于提高疲劳强度。

（4）弹簧强压后应进行低温的时效处理（180~200℃保温 1~2h），目的是减少残余变形，稳定弹簧尺寸以及提高疲劳强度等。

（5）对于大直径的弹簧，应进行强压处理（即定型处理），目的是稳定弹簧的外形尺寸，暴露其材料的外观缺陷，确保垂直度和间隙符合技术要求。为了减少变形，弹簧在炉内加热时，不宜竖放和堆放，应利用夹具（串心轴）进行淬火和冷却。

（6）如果条件允许，对大直径弹簧采用电阻加热进行淬火和回火处理，也具有良好的效果，即将弹簧头夹在电接点上进行加热，利用弹簧本身的电阻使之发热到淬火温度，加热是从内部向外部，淬火后变形小，组织均匀，同时也节约了能源。

二、铁路机车、车辆螺旋弹簧的热处理

（一）工作条件与材料选择

该类螺旋弹簧在长期的冲击振动以及交变应力作用下工作，如图7-9所示。利用弹性变形吸收冲击能量来起到缓和冲击力的效果，同时要求承受一定的压力，因此要求其具有高的弹性极限、强度和韧性等，故通常选用60Si2Mn钢制造，表面应有良好的质量（光洁平整、无斑疤、裂纹、氧化皮、麻点和毛刺等）。

图7-9　铁路机车螺旋弹簧应用实例——缓冲器压缩弹簧

（二）热成形与热处理工艺

（1）技术要求。采用60Si2Mn进行热成形与热处理，要求其硬度为41~45HRC；金相组织为均匀的回火托氏体与索氏体；弹簧无过热、过烧，表面脱碳层厚度应≤0.3mm；表面光洁、无外观缺陷等。

（2）成形与热处理。这类弹簧的工艺路线为：钢材检验→下料→两端制扁→热成形（加热棒料、热卷弹簧）→淬火（或预热淬火）→回火→两端磨削→冷或热强压处理→探伤→喷丸处理和涂装→检验→包装入库。

1）热成形。60Si2Mn钢比65Mn具有更好的淬透性，适宜制作大直径的弹簧零件，其A_{c3}点为810℃，M_s点为305℃，可见该钢采用油作为冷却介质是可以确保其硬度和组织要求的。螺旋弹簧在热成形前应将两端头进行热加工，随后在加长的电阻炉或煤气加热炉内整体加热，加热温度为920~960℃，高于淬火温度约50~90℃，保温时间通常为10~15min。在专用的螺旋弹簧成形机上进行卷制成形（将弹簧的内径芯棒以及螺距等安装调试合格）。

2）余热淬火。经过卷制成形后的螺旋弹簧的温度降低到850~880℃，根据该钢的奥氏体化温度也正在该范围内（850~880℃），因此立即进行淬火冷却，采用L-AN46全损耗系统用油作冷却介质，油温控制在20~60℃范围内。螺旋弹簧成形后沿淬火油槽铁板自

动滚入油中冷却，待弹簧冷却后只冒青烟而不起火时（温度在 150~200℃），提出油槽控油。检查其淬火硬度不小于 60HRC，金相组织为马氏体+少量残留奥氏体，即符合热处理要求。

3）中温回火。为了获得要求的组织的硬度，采用箱式电阻炉进行中温回火处理。工艺规范为 460~490℃保温 80~90min，回火结束在水中快速冷却，以抑制第二类回火脆性的发生，此时的硬度在 41~45HRC，金相组织为回火托氏体+索氏体。容易发生变形的弹簧，应该在回火后趁热增加整形工序。

（三）注意事项

1）该弹簧利用了热成形后的余热淬火，减少了一道重新加热的工序，故弹簧表面的脱碳现象不明显，同时也避免了能源的浪费。当然，也可以采用常规热处理工艺，即成形和淬火分两道工序进行，也叫二次淬火法。其优点是淬火质量稳定，缺点是操作复杂、周期长、能耗高、表面容易氧化脱碳。还可以采用高温形变热处理，它与余热淬火热处理和常规热处理类似，不同点在于形变热处理中的热卷弹簧和整形不应进行奥氏体再结晶，而是保留一部分强化效果，而余热热处理不考虑此现象。

2）余热淬火的冷却方式十分重要，采用滚入而非滑入的方式，原因在于滚动入油具有冲击力（或称为撞击力）小、油温变化小、冷却均匀和滚动中冷却等特点，可确保弹簧各部分均匀冷却和组织转变，无外界的压力作用，内径、螺距等无改变。

3）回火在箱式电阻炉中完成，由于 60Si2Mn 钢的耐回火性强，因此要求获得 41~45HRC 的硬度和金相组织，对 65Mn 钢而言，应采用较高的中温回火温度即 460~490℃。回火后的弹簧具有要求的组织和性能，消除了内应力和脆性，稳定了尺寸。

4）进行螺旋弹簧的喷丸处理，既清除了表面的氧化皮，确保了表面的清洁，同时也明显提高了弹簧的疲劳强度，延长了服役和使用寿命。

三、板簧的热处理

（一）工作条件与材料选择

板簧是在周期性的弯曲、扭转等交变应力下工作，经受拉、压、扭、冲挤、疲劳、腐蚀等多种作用，有时还要承受极高的短时冲击载荷，因此要求弹簧钢具有很高的抗拉强度、屈服强度、屈强比、塑性、韧性、硬度及弹性极限和疲劳强度。

为了能满足以上性能要求，常选用低合金热轧弹簧扁钢制造。主要有硅锰钢（如 55SiMn、60Si2Mn 及 70SiMn 等）、铬锰钢（如 50CrMn 等）、硼弹簧钢（如 55SiMnB、55SiMnVB 及 35SiMnVBA 等）和多元微合金化弹簧钢（如 55SiMnMoVA 及 55SiMnMoVNb 等）。铁路车辆及重型汽车用板簧的厚度一般在 12~16mm，宽度为 100~150mm，供货长度一般为 2~6m。材料进厂后必须进行严格验收，如钢号、规格、化学成分、力学性能、高倍缺陷、尺寸公差和外观质量等。验收合格后方能投入板簧的制造。

由于 60Si2Mn 合金弹簧钢是应用广泛的硅锰弹簧钢，强度、弹性和淬透性高，特别适合于铁道车辆、汽车拖拉机工业上制作承受较大负荷的板簧。本文以 60Si2Mn 介绍板簧的热处理工艺。

（二）成形及热处理工艺

（1）成形工艺。板簧的工艺路线一般为：切料（按工艺要求长度）→簧板中心冲窝或钻孔→质检→簧板端面加工（冲制吊杆孔、弯头、剪切成梯形、卷耳）→质检→加热→簧板弯曲及淬火→质检→回火→质检→表面喷丸→选配簧板装配成套（嵌装热簧箍、调整、板间涂油等）→弹簧成品验收（载荷试验、尺寸检查、外观检查、打印标记及表面涂漆等）→成品入库。

汽车钢板弹簧，如图 7-10 所示，其用量很大，不仅要满足新汽车的配套要求，还要大量供应汽车配件以便满足行驶汽车的板簧消耗。汽车板簧生产工艺路线见图 7-11。

图 7-10　汽车板簧应用实例

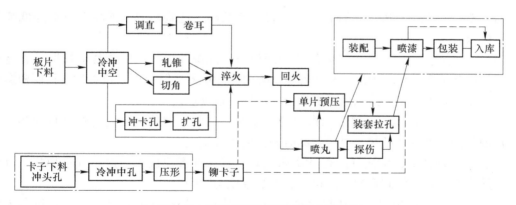

图 7-11　汽车板簧生产工艺路线流程图

板簧质量的好坏与原材料密切相关，同时要靠生产设备，工艺及检测手段来保证，淬火和回火是其中的关键工序。

（2）淬火与回火。淬火的目的是提高板簧的强度与硬度，获得良好的力学性能。淬火后基体组织为马氏体，基体硬度大于 63HRC。

在淬火过程中加热温度非常重要，若温度过高，奥氏体晶粒粗大，氧化脱碳严重，将会降低其强度和疲劳极限；而温度过低，则会造成组织转变的不均匀，出现未溶解的铁素体，同样会降低其强度和使用寿命，淬火温度的选择可参考表 7-6。

表 7-6　　60Si2Mn 加热和冷却时的临界点和热加工温度的选择　　　　　　（℃）

A_{c1}	A_{c3}	A_{r1}	A_{r3}	M_s	淬火温度	回火温度
755	810	700	770	260	870	440~500

60Si2Mn 合金弹簧钢的临界冷却速度较低，所以可以采用油淬，油为 5 号机械油，油温在 20~80℃之间。加热保温时间与弹簧厚度有关，一般根据板厚，保温时间在 2~5min 内选择。

板簧的回火有周期式和连续式两种方式，两种方式都应安装热循环装置，保证炉温均匀。回火温度一般为 400~500℃。快速回火时，炉温可适当提高，以避免回火不足等不良现象。

（三）板簧热处理缺陷及其预防

（1）硬度不足或过高。主要原因是板簧加热温度过低或过高，或冷却不足、不均匀，或回火不当。

（2）过热或过烧。过热退火后再淬火可以补救，过烧只能报废。

（3）板簧表面氧化、脱碳严重。这是在没有保护气氛的情况下，炉温过高，时间过长所致。

（4）保护变形超出要求。这是冷却措施不当，淬火夹具失效导致。

（四）注意事项

（1）热处理前检查表面是否有脱碳、裂纹等缺陷。这些表面缺陷将严重地降低弹簧的疲劳极限。

（2）在生产实际中要考虑具体的热处理设备、能源及生产实际流程等情况，确定加热炉的炉温和板簧的运行速度，从而确定加热时间和机器实际温度。设备的选择要根据产能需求选用适合的设备形式，大批量生产一般选用连续炉。

（3）加热时，需等炉温加热到指定的温度时，再将工件装进热处理炉进行加热。这样操作的目的是加热速度快，可以节约时间，便于批量生产。

（4）淬火加热应特别注意防止过热和脱碳，有条件者建议采用保护气氛加热，以便减少板簧表面氧化和脱碳现象，严格控制加热温度与时间。

（5）淬火后要尽快回火，加热要尽量均匀。回火后快冷能防止回火脆性，避免表面压应力的产生，提高疲劳强度。

第四节　轴类零件的热处理工艺

一、轴类零件的材料

一般轴类零件常用中碳钢，如 45 钢，经正火、调质及部分表面淬火等热处理，得到所要求的强度、韧性和硬度，如图 7-12 所示。在高转速、重载荷等条件下工作的轴类零件，可选用 20CrMnTi、20Mn2B、20Cr 等低碳合金钢，经渗碳淬火处理后，具有很高的表

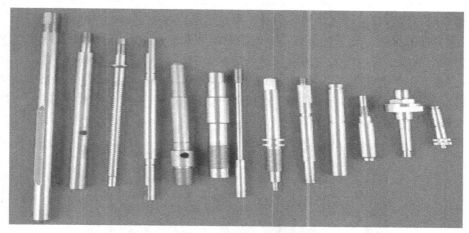

图 7-12　常见轴类零件

面硬度，心部则获得较高的强度和韧性。

对高精度和高转速的轴，可选用 38CrMoAl 钢，其热处理变形较小，经调质和表面渗氮处理，获得很高的心部强度和表面硬度，从而获得优良的耐磨性和耐疲劳性。

二、车床主轴加工工艺

（1）主轴毛坯的制造方法：锻件，可获得较高的抗拉、抗弯和抗扭强度。

（2）主轴的材料和热处理：普通机床主轴的常用材料为 45 钢，淬透性比合金钢差，淬火后变形较大，加工后尺寸稳定性也较差，要求较高的主轴则采用合金钢材料为宜。

1）毛坯热处理。采用正火，消除锻造应力，细化晶粒，并使金属组织均匀。

2）预备热处理。粗加工之后半精加工之前，安排调质处理，提高其综合力学性能。

3）最终热处理。主轴的某些重要表面需经高频淬火。最终热处理一般安排在半精加工之后，精加工之前，局部淬火产生的变形在最终精加工时得以纠正。

（3）加工阶段的划分。

1）粗加工阶段。用大的切削用量切除大部分余量，及时发现锻件裂纹等缺陷。

2）半精加工阶段。为精加工做好准备。

3）精加工阶段。把各表面都加工到图样规定的要求。加工、半精加工、精加工阶段的划分大体以热处理为界。毛坯制造→正火→车端面钻中心孔→粗车→调质→半精车表面淬火→粗、精磨外圆→粗、精磨圆锥面→磨锥孔。

在安排工序顺序时，还应注意下面几点：

1）外圆加工顺序安排要照顾主轴本身的刚度，应先加工大直径后加工小直径，以免一开始就降低主轴刚度。

2）就基准统一而言，希望始终以顶尖孔定位，避免使用锥堵，则深孔加工应安排在最后。但深孔加工是粗加工工序，要切除大量金属，加工过程中会引起主轴变形，所以最好在粗车外圆之后就把深孔加工出来。

3）花键和键槽加工应安排在精车之后，粗磨之前。如在精车之前就铣出键槽，将会造成断续车削，既影响质量又易损坏刀具，而且也难以控制键槽的尺寸精度。

4）因主轴的螺纹对支承轴颈有一定的同轴度要求，故放在淬火之后的精加工阶段进行，以免受半精加工所产生的应力以及热处理变形的影响。

5）主轴系加工要求很高的零件，需安排多次检验工序。检验工序一般安排在各加工阶段前后，以及重要工序前后和花费工时较多的工序前后，总检验则放在最后。加工完成的车床主轴如图 7-13 所示。

图 7-13　加工完成车床主轴

三、丝杠的热处理工艺

丝杠要求具有高的耐磨性和尺寸稳定性，以保证高的精度保持性。普通丝杠常用的材料有 Y40Mn、45、40Cr、T10A 或 T12A、9Mn2V、CrWMn 钢等，如图 7-14 所示。滚珠丝杠在点接触载荷下工作，要求具有较高的硬度、耐磨性和接触疲劳强度，常用的材料有轴承钢或合金结构钢以及渗碳钢。不同类型的丝杠采用不同的热处理工艺。

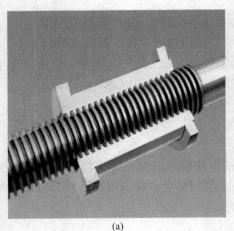

（a）　　　　　　　　　　　　　　　　（b）

图 7-14　丝杠和滚珠丝杠示意图

（a）丝杠；（b）滚珠丝杠

（一）中小型精密淬硬丝杠热处理工艺

9Mn2V 丝杠先经 930℃ 保温 3h 空冷正火处理，再经 760~780℃ 球化退火 2h，炉冷至等温，再炉冷至不大于 500℃后出炉空冷。粗加工后去应力退火，即 650℃保温 8h 后空冷。机加工后热处理，790～810℃，保温时间按 1min/mm 计算，200～230℃硝盐分级淬火，热校直；240～280℃保温 4～6h 回火。精加工后稳定化处理，即 180～200℃保温 12h。

（二）滚珠丝杠的热处理工艺

（1）减少 18Cr2Ni4WA 钢滚珠丝杠畸变的热处理工艺。18Cr2Ni4WA 钢滚珠丝杠加工路线为：机加工→调质→半精加工→最后热处理→精加工→磨削→表面处理。丝杠表面硬度为 58～62HRC，心部硬度为 36～60HRC，全长直线度<0.10mm。

原热处理工艺，变形度达 1～3mm，冷处理后由于变形严重，校正量大，常常发生断裂。通过降低二次淬火加热温度，增加校正和时效工序，增加一次冷处理和在热处理前预留一定的收缩量（即加工螺距），杜绝了丝杠断裂，减少了校正量，直线度<0.1mm 以下，达到要求。滚珠丝杠热处理工艺如图 7-15 所示。

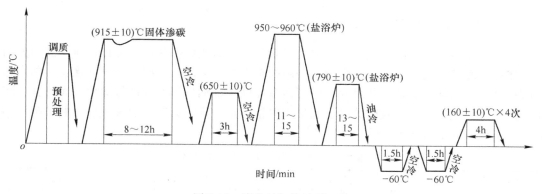

图 7-15　滚珠丝杠热处理工艺

（2）50CrMo 和 70CrNiMoV 钢滚珠丝杠热处理工艺。原材料锻造成坯，锻造温度为1100～1140℃，始锻温度为 1040～1080℃，终锻温度≥850℃，退火工艺为 780℃保温 2h，缓冷至 670℃，保温 6h，炉冷至 500℃后出炉空冷。退火后 50CrMo 钢硬度为 185HBS，70CrNiMoV 钢硬度为 200～210HBS。

50CrMo 钢淬火温度为 860～880℃，保温时间按 45s/mm 计算，油淬，150～160℃回火2h，ϕ30mm×60mm 的工件能淬硬 9mm，满足滚珠丝杠要求。淬火变形不大于+0.08～+0.14mm，过热敏性小，抗氧化性、退火软化性能均满足丝杠要求。

70CrNiMoV 钢淬火温度为 860～920℃，保温时间按 45s/mm 计算，空淬即可，ϕ50mm×100mm 的工件能全部淬透。由于该钢 M_s 点较低，淬火组织中无明显析出物，同时该钢含有一定量的强碳化物形成元素 V，以及多元合金化的效果，延缓了马氏体的分解，使其回火稳定性好，在 160～280℃范围内回火均能满足滚珠丝杠的硬度要求（58～62HRC）。而 50CrMo 钢只能低于 160℃回火，由于空淬变形会更小，适宜制作细长的精密滚珠丝杠。70CrNiMoV 钢抗氧化性、脱碳敏感性均满足滚珠丝杠要求，性能更优。

四、曲轴的热处理工艺

曲轴主要承受复杂的弯曲-扭转载荷和一定的冲击载荷，轴颈表面还易受到磨损，曲轴如图 7-16 所示。因此，要求曲轴具有高的疲劳强度和一定的耐磨性和抗弯曲强度。曲轴主要材料有 45、40Cr、50Mn、35CrMo、42CrMo、35CrNiMo、18Cr2Ni4A 钢等，还有稀土镁球墨铸铁等。根据曲轴的技术要求采用不同的热处理工艺。

图 7-16　曲轴

（一）　曲轴圆角中频淬火工艺

曲轴服役时承受双向弯曲应力，加之形状复杂，造成疲劳裂纹由轴径过渡到圆角处萌生，然后向曲柄深处扩展至断裂失效，提高曲轴强度的关键在于曲径圆角的强化。国内大多数设计者采用增大曲轴结构尺寸，或更换高强度合金钢材料，或进行圆角表面喷丸、滚压、渗氮等强化工艺，但收效甚微。而采用曲轴圆角中频淬火工艺效果最佳。曲轴圆角中频淬火工艺参数如表 7-7 所示。

表 7-7　曲轴表面中频淬火工艺参数

淬火部位	加热时间/s	功率/kW	频率/kHz	电压/V	电压比
主轴颈及圆角	15	110~150	9.2~9.9	550~600	8:1
连杆颈及圆角	15	90~110	9.4~9.9	450~520	8:1
第一主轴颈	15	100~130	9.0~9.5	550~600	8:1

轴颈与圆角的同步加热依靠半环式回旋形感应器的特殊设计来实现。淬火介质选用聚乙烯醇 0.1%（质量分数）水溶液，曲轴回火温度为 180℃，保温 2h。

曲轴经圆角淬火后，与轴颈表面淬火、圆角未淬火的曲轴相比，其疲劳弯曲极限由 1356N·m 提高到 2754N·m。回火温度升高，疲劳强度呈下降趋势，当回火温度为 180℃时，曲轴具有较高的疲劳弯曲极限，为 2754N·m。

（二）　曲轴盐浴氮碳共渗

盐浴设备为专用设备，包括预热炉、渗氮炉、冷却槽、热水槽，共有八个工位，计算机控制 CNO^- 含量为 33%~36%（摩尔分数），CN^- 含量 2%~4%（摩尔分数）、570℃保温 1.5~3h，渗层 12μm 左右。

第五节　大型锻件的热处理工艺

大型汽轮机、发电机转子、轧辊、大型船轴等大型锻件都是由钢锭直接锻成，如图

7-17 所示。由于大型锻件存在化学成分不均匀性与多种冶金缺陷、晶粒粗大而且很不均匀、较大的锻造应力和热处理应力。也就是说锻件的质量与原材料质量、锻造质量、热处理质量都有直接的关系。在一定条件下，通过合理的热处理（锻后热处理和最终热处理）工艺可以改善或提高锻件内在质量。

大型锻件的热处理分为锻后热处理和性能热处理两种。

图 7-17　圆筒热处理锻件

一、锻后热处理

（1）锻后热处理的目的。锻后热处理，又称为第一热处理或预备热处理，通常是紧接在锻造过程完成之后进行的，有正火、回火、退火、球化、固溶等几种形式。其主要目的是：

1）消除锻造应力，降低锻件的表面硬度，提高切削加工性能和防止变形。

2）对于不再进行调质处理的工件，应使锻件达到技术条件所要求的各种性能指标，如强度、硬度、韧性等。这类工件大多属于碳钢或低合金钢锻件。

3）调整与改善大型锻件在锻造过程中所形成的过热与粗大组织，减少其内部化学成分与金相组织的不均匀性，细化晶粒。

4）提高锻件的超声波探伤性能，消除草状波，使锻件中其他内部缺陷能够清晰地显示出来，以利于准确判别和相应地处理。

5）对于含氢量高的钢种延长回火时间，以避免产生白点或氢脆开裂的危险。对于绝大多数大型锻件来说，防止白点是锻后热处理的首要任务，必须完成。

（2）正火。正火主要目的是细化晶粒。将锻件加热到相变温度以上，形成单一奥氏体组织，经过一段均温时间稳定后，再出炉空冷。

正火时的加热速度为：在 700℃ 以下应缓慢，以减少锻件中的内外温差和瞬时应力，最好在 650~700℃ 之间加一个等温台阶；在 700℃ 以上，尤其在 A_{c1}（相变点）以上，应提高大型锻件的加热速度，争取获得更好一些的晶粒细化效果。

正火的温度范围通常在 760~950℃ 之间，根据成分含量不同，相变点不同而定。通常，碳与合金含量越低，正火温度越高，反之则越低。有些特殊钢种可达 1000~1150℃，但不锈钢及有色金属的组织转变却是靠固溶处理来实现的。

正火后的空冷应尽量使锻件散开和垫起，以促进快速实现相变并冷却均匀，减少组织应力。

大型锻件正火后可以空冷至表面 100~200℃，然后在 220~300℃之间设一个台阶，保温一段时间再加热回火。

（3）回火。回火的主要目的是扩氢，并且还可以稳定相变后的组织结构，消除组织转变应力及降低硬度，使锻件易于加工并不产生变形。

回火的温度范围有三种，即高温回火（500~660℃）、中温回火（350~490℃）和低温回火（150~250℃）。常见的大锻件生产都采用高温回火方式。

回火一般紧跟在正火之后进行，当正火锻件空冷至 220~300℃左右时，重新入炉加热、均温、保温，然后随炉冷至锻件表面 250~350℃以下出炉即可。

回火后的冷却速度应足够缓慢，以防在冷却过程中因瞬时应力过大而产生白点，并尽量减少锻件中的残余应力。通常将冷却过程分为两个阶段：在 400℃以上，因钢处于塑性较好、脆性较低的温度范围，冷速可稍快一点；在 400℃以下，因钢已进入冷硬和脆性较大的温度范围，为了避免开裂和减少瞬时应力，应采取更为缓慢的冷却速度。

对于白点和氢脆较敏感的钢，需要根据氢当量和锻件有效截面尺寸大小，确定延长回火时间扩氢，以便将钢中的氢扩散溢出，使其降低到安全的数值范围。

（4）退火。退火的温度包括了正火和回火的整个范围（150~950℃），采用炉冷的方式，做法与回火差不多。加热温度在相变点以上（正火温度）的退火叫完全退火，没有发生相变的退火叫不完全退火。

退火的主要目的是消除应力和稳定组织结构，包括冷变形后的高温退火和焊接后的低温退火等。

正火+回火是比单纯退火更高级的手段，因为相变充分、组织转变充分，并且有恒温扩氢的过程。

二、性能热处理

（1）性能热处理的目的。性能处理也叫第二热处理，是决定产品最终使用性能的热处理。经常采用的工艺有调质、正火、回火和时效。调质由淬火和高温回火组成，通常在粗加工之后进行，也有在锻件外观质量较好、开裂危险性不大的情况下，采用黑皮调质的。

淬火的目的是提高材料的强度和硬度，而其后的回火是为了稳定组织、消除应力、调整性能、减少脆性和提高可加工性。淬火后的回火是最后一道热处理工艺。

（2）淬火。淬火加热的温度范围与正火相近，通常在 760~950℃之间，经保温均匀后采用快速冷却方式。

大型锻件的淬火冷却方式主要有以下几种：1）水冷（包括喷水冷）；2）油冷；3）空冷（自然空冷和鼓风冷）；4）间隙冷却（水-空，水-油，油-空）；5）喷雾冷却。也就是说，其主要淬火介质为水、油和空气。

钢的淬火组织主要为马氏体。对于某些淬透性较好的钢种，有时仅采用适当的空冷速度（相当于正火），也可以得到马氏体。

（3）高温回火。淬火后的高温回火也是当锻件冷却到 220~300℃左右时进行，其工艺规范与第一热处理（锻后热处理）中的高温回火（500~660℃）基本相同，只是不存在扩氢的问题。

三、热处理工艺执行准则

（1）装炉。实心锻件装炉时必须留有一定的间隙，以保证通热顺畅和加热均匀，比如大型饼形锻件，垫砖的高度应按每 100mm 直径垫高 10mm 计算。

（2）升温阶段。在 700℃ 以前升温缓慢，超过 700℃ 要快，但不允许超过工艺温度上限。

（3）均温阶段。炉温达到工艺温度时，要开始维持恒温，直到锻件整体（内部及表面）温度达到基本一致。

（4）保温阶段。锻件均温后，仍需要保温一段时间，以促使其内部组织完全转变。这个阶段要特别注意保持炉内温度的均匀和稳定。

（5）出炉。无论正火后的空冷出炉或是淬火前的出炉，一定要操作迅速，在尽可能短的时间内使锻件进入冷却介质中（空气、油或水）。

（6）热处理次数。如果锻件力学性能达不到要求，可以进行重复热处理，但总次数不得超过三次，否则会因材料疲劳，晶界变厚、碳及合金元素流失，越做越低。

四、典型案例

（1）34CrNi3Mo 钢大型齿轮轴（直径 > 1000mm）快速加热淬火。34CrNi3Mo 钢大型齿轮轴工艺过程：冶炼→浇铸→锻造→锻后等温退火→粗加工→调质→半精加工粗铣齿→快速加热淬火→精加工→成品交货。

调质在 3m×6m 天然气台车式炉进行。（400±10）℃ 保温 3h，以不大于 50℃/h 升温速度升至（650±20）℃ 保温 5h，再以 70℃/h 升至（860±10）℃ 保温 1h，空冷 20min，油冷 150min 再空冷 10min，油冷 70min 后空冷。回火处理：（300±10）℃ 保温 8h，再以 40℃/h 速度升至（650±10）℃ 保温 30h，炉冷至不大于 250℃ 出炉空冷。调质后的力学性能：$R_m = 842.8 \sim 882MPa$，$R_e = 666.4 \sim 735MPa$，$A_5 = 18\% \sim 22\%$，$Z = 62\% \sim 68\%$，$\alpha_k = 116.62 \sim 204.8J/cm^2$，表面硬度为 250～278HBS。

粗铣齿后快速加热淬火：采用 3m×6m 天然气台车式炉进行淬火。淬火工艺：（350±20）℃ 保温 3h，再以 50℃/h 速度升至（610±10）℃ 保温 10h，再转移到高温炉加热：（920±10）℃ 保温 10min，炉冷至（870±10）℃ 保温 50min，油冷 70min；再转入低温炉以 50℃/h 速度升至（550±10）℃ 保温 250h，炉冷至不大于 250℃ 出炉空冷。齿轮轴快速加热淬火后的力学性能如表 7-8 所示。

表 7-8　齿轮轴快速加热淬火后的力学性能

表面硬度 HBS	R_m/MPa	R_e/MPa	$Z/\%$	$\alpha_k/J \cdot cm^{-2}$	$A/\%$	晶粒度/级	组织
340	1009.4	901.6～980	57～63	107.8～167.6	13～16	7～8	索氏体

（2）大锻件的临界区激冷淬火工艺。45 钢电动机轴锻件临界区淬火工艺：650℃ 保温 3h 预热，随炉升至 800～810℃ 保温 2.5h，水冷 6min，空冷 2.5min；620～630℃ 保温 7h，空冷淬火。

经中间临界区激冷淬火后的 45 钢电动机轴锻件无大块状铁素体存在，只存在少量均匀分布的条状铁素体，条状组织中的位错密度高于块状铁素体的位错密度，对提高钢的强度做出了贡献，同时铁素体本身塑性好，它的塑性变形可以减少裂纹尖端的应力集中，延缓裂纹的扩展，从而可提高韧性，其晶粒度为 7~8 级。

（3）消除 20CrMnMo 钢齿轮插齿和滚齿时产生的鱼鳞斑。20CrMnMo 钢齿坯采用常规的 910~940℃ 正火，硬度达 229~255HBS，插齿和滚齿后齿面呈鱼鳞斑，粗糙度 R_a = 12.5μm。将正火工艺改为 930℃ 正火，700℃ 保温 2~3h 高温回火，硬度控制为 150~200HBS，不仅有利于消除粒状贝氏体，而且有利于切削加工。

第六节　轧辊的热处理工艺

轧辊按工作状态可分为热轧辊和冷轧辊，按所起的作用可分为工作辊、中间辊、支承辊，按材质可分为锻辊和铸辊（冷硬铸铁）。通常轧辊的服役条件极其苛刻，工作过程中承受高的交变应力、弯曲应力、接触应力、剪切应力和摩擦力，容易产生磨损和剥落等多种失效形式，轧辊实物图如图 7-18 所示。

图 7-18　轧辊

轧辊的寿命主要取决于轧辊的内在性能和工作受力，内在性能包括强度和硬度等方面。要使轧辊具有足够的强度，主要从轧辊材料方面来考虑；硬度通常是指轧辊工作表面的硬度，它决定轧辊的耐磨性，在一定程度上也决定轧辊的使用寿命，通过合理的材料选用和热处理方式可以满足轧辊的硬度要求。

热轧辊常采用 5CrMnMo、5CrNiMo、60CrMnMo 钢制造。热轧辊的热处理分锻后热处理和调质热处理，主要目的分别是防止白点形成、消除锻造应力、细化晶粒和使轧辊表层获得细珠光体和索氏体，达到规定的硬度和力学性能。

冷轧辊常采用 9Cr2Mo、9CrW、9Cr2MoV 和 9Cr3Mo 钢制造。冷轧工作辊预备热处理和调质；最终热处理采用整体加热淬火或工频感应加热淬火、冷处理和回火。

支承辊采用 70Cr3Mo、42CrMo、35CrMo 钢等制造。预备热处理在粗加工后进行，一般采用调质处理；最终热处理对于辊本身表面硬度要求为 40~50HBS 的 9Cr2Mo 钢整段支承辊，采用正火回火处理。对于辊身硬度要求大于 50HBS 的 9Cr2MoV 整段支承辊，采用工频感应加热淬火和回火。

一、轧辊的预热处理

（1）9Cr3Mo 钢冷轧辊采用球化退火+调质处理预处理工艺。9Cr3Mo 钢球化退火为 840℃保温 3h+720℃保温 10h；调质处理为 910℃保温 1h 淬油+730℃保温 8h。组织均为碳化物细小且均匀分布的球状珠光体，硬度为 240HBS。

最终热处理为 910℃加热油淬+150℃保温 2h 回火，硬度为 64~65HRC 左右，具有优于 9Cr2MoV 钢的回火抗力。参与奥氏体量控制在 10%（体积分数）左右，最多不超过 15%（体积分数）。

9Cr3Mo 钢比 9Cr2Mo 钢冷轧工作辊发生事故部位软化程度低、软化影响层较薄，修复磨削量减少，从而提高了冷轧辊的寿命；另外，在进行最终热处理时，可适当提高 9Cr3Mo 钢的回火温度，使其更加有效地松弛表面残留应力，从而减少在表面发生裂纹的可能性。

（2）小型冷轧辊碳化物细化处理工艺。

常规的调质处理工艺作为预备热处理，还不能使轧辊钢碳化物细化、球化和均匀分布。因此，影响轧辊的使用寿命。

ϕ165mm 的 86CrMoV 钢轧辊预备热处理工艺：400℃装炉，650℃保温 1h 预热，（930±10）℃保温 4h 加热，淬入 0.4%（质量分数）聚乙烯醇水溶液 2.5min 后，（580±10）℃保温 2h 等温，炉冷至小于 400℃空冷；然后进行调质处理：400℃装炉，650℃保温 1h 预热，60℃/h 升温速度加热至 860℃保温 2h 加热，淬入 0.4%（质量分数）聚乙烯醇水溶液 11min，空冷小于 200℃后（700±10）℃保温 4h 回火，炉冷至小于 400℃空冷。

（3）GCr15 钢采用高温正火+两段球化退火预处理工艺。GCr15 钢小型冷轧辊原采用 850℃保温 1h 正火，740℃保温 3h，680℃保温 4h 球化退火。仍保留半网状碳化物，这种碳化物破坏了金属连续性，导致了裂纹在亚稳扩展期的脆性疲劳裂纹。

改进工艺：930~950℃高温正火；790~810℃保温 3h 球化退火，炉冷至 710~720℃，保温 4h。

二段球化退火，能更好地消除网状碳化物。同时注意提高直角台阶处加工精度；严格控制始锻和终锻温度，防止白点，锻后冷却时在易形成网状碳化物温度范围 A_{r1} ~ A_{rcm}（GCr15 钢为 695~707℃）避免缓冷（在此区段要快冷）。通过工艺改进：高温正火+两锻球化退火；840℃加热，盐水冷却；150℃保温 3h 回火。GCr15 小型冷轧辊寿命比原来提高 10 倍以上。

二、轧辊的最终热处理工艺

（1）GCr15 钢冷弯机轧辊高浓度碳氮共渗。用于煤气和自来水管道工程的直缝焊管是用钢带在冷弯机组上经多道轧辊的轧制和高频焊接而成，这种轧辊在工作中承受大的载荷，复杂的交变应力及冲击磨损作用。采用 GCr15 钢进行高浓度的碳氮共渗强化工艺其使用寿命为 1000 套/t，与进口 Cr15MoV 钢轧辊水平相同，并且降低了材料成本，而且冷热加工容易。

高浓度碳氮共渗工艺：共渗在 FS-77-1 滴控井式炉进行。500℃保温 2~3h 预热，

830℃保温 3~4h 共渗，煤油滴速为 8~12mL/min，NH₃ 通量为 350~500L/h，炉压为 0.1006~0.1010MPa，共渗后直接淬油：180℃保温 2~3h 回火，渗层可获得含氮马氏体、碳氮化合物，合金氮化物及少量残留奥氏体组织；渗层含碳量 w_c 达 1.65%~1.85%，含氮量 w_N 为 0.6% 左右，表面硬度为 889HV，共渗层深度为 0.5~0.7mm。

（2）大型支承辊差温热处理。差温热处理就是深层表面淬火，将支承辊身快速加热，使较深一层（约 120~200mm）达到奥氏体化温度，而心部不超过相变温度，随之淬火冷却和回火，以实现支承辊外硬内韧的质量要求，差温加热与内外均热透相比，蓄热量少，淬火冷却效果好，表层容易到达高硬度，而且淬火应力和开裂危险比较小，所以差温热处理是提高支承辊寿命的有效途径之一。

70Cr3Mo 钢支承辊 ϕ1570mm（热辊）、ϕ1525mm（冷辊）的工艺如图 7-19 所示。

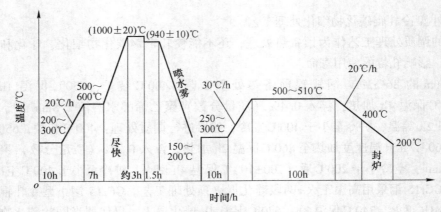

图 7-19　支承辊热处理工艺曲线

热辊辊身硬度为 62~67HS，均匀性为 1.5HS，冷辊辊身硬度为 65~70HS，均匀性为 ±1.5HS，淬硬层深 75mm 处硬度为 60HS，辊颈硬度为（40±5）HS，轴颈 $R_m \geqslant 686.5$MPa，$\alpha_k \geqslant 20$J/cm²，平均每毫米轧制量为 3.6×10⁴t，平均每根轧辊 60% 可使用层的轧制量为 273.4×10⁴t。

（3）Cr12MoV 钢冷轧辊预冷等温淬火。冷轧辊在使用过程中，速度快，齿面承受很大的反复交变压应力及一定的冲击力和大的摩擦力，需要材料具有较高的抗压强度、抗弯强度、断裂韧度及耐磨性。

采用预淬等温淬火和中温回火工艺如图 7-20 所示。在 600℃ 预淬，可获得一定量的马氏体和大量残留奥氏体组织，这种组织强度高和显微裂纹少。在下贝氏体温度区进行长时间等温时，可得到大量细小的下贝氏体，使滚轮有高的强韧度。在 400℃ 回火后，可进一步提高复合组织的韧度和耐磨性，使用寿命可达 2000 件左右。

（4）5CrMnMo 钢辊锻机热轧辊碳氮共渗淬火与气体氮碳复合处理。选择设备为 90kW 气体渗碳炉，（870±10）℃ 保温 8h，碳氮共渗，煤油滴速为 120~150 滴/min，甲酰胺滴速为 40~50 滴/min；油淬至 140℃ 后回火 + 520℃ 保温 10h，气体氮碳共渗，甲酰胺滴速为 160~200 滴/min，油冷。轧辊经热处理后的使用寿命如表 7-9 所示。

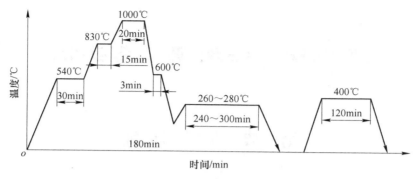

图 7-20　冷轧辊热处理工艺

表 7-9　5CrMnMo 钢热轧辊不同工艺处理使用寿命

热 处 理 工 艺	使用寿命/件
870℃加热油淬至 140℃，200℃保温 2h，520℃回火	3800（型腔磨损疲劳裂纹）
870℃碳氮共渗，8h 油淬+200℃保温 2h 回火+520℃保温 10h 气体氮碳共渗	4033（仍完好如新）

　　轧辊经碳氮共渗淬火与低温氮碳共渗复合处理后，渗层组织由表至里依次为氮碳共渗层、碳氮共渗层及心部组织。其渗层较厚，渗层浓度梯度和硬度梯度平缓，回火稳定性增加，从而大大增加了渗层的承载能力和抗挤压能力，并有很好的抗黏结能力与耐磨性。

 思考题

7-1　齿轮热处理有哪些注意事项？

7-2　轴承热处理操作方法和注意事项有哪些？

7-3　请分析弹簧的工作条件和热处理选择依据。

7-4　高精度量具，如塞规、量规等，要求具有尺寸稳定性、高耐磨性，以及一定韧性，因此应当选用什么材料（至少说出 3 种以上）？

7-5　根据模具失效的主要形式，模具可分为哪三大类？

7-6　简述高速钢刀具加热时间计算原则。

第八章　热处理工艺实训

第一节　退火训练

一、实训项目

45 钢、T8 钢、T12 钢的退火热处理。

二、实训目标

（1）了解热处理的基本操作方法；

（2）掌握设计、编制常用金属材料的各种退火工艺方案；

（3）研究金属材料经退火后的硬度与力学性能的关系；

（4）了解钢经过不同方法退火处理后的显微组织；

（5）能根据工件的成分、形状、大小不同，正确选择不同的加热温度，保温时间和冷却方式。

三、实训内容

制定出表 8-1 所列材料的热处理工艺规范，然后分组进行热处理操作，磨制试样，测定经退火处理后试样的硬度值。用金相显微镜观察退火后的金相组织，将测得的硬度值与相应得到的显微组织一起填入实验报告。

表 8-1　退火实训内容

材料	工艺要求	热处理工艺方案	硬度值			金相组织	冷却速度曲线
			HRC	HBS	HBW		
45 钢	完全退火						
T8 钢	球化退火						
T12 钢	球化退火						

四、实训设备和材料

（1）箱式电炉和控温仪表；

（2）布氏硬度计、洛氏硬度计、读数显微镜、金相显微镜、预磨机、抛光机；

（3）夹具、金相砂纸等；

（4）试样。

五、实训步骤和方法

（1）拿到试样后首先确定出加热速度、保温时间和冷却速度的处理方案。可以参考本教材，制定出本试验用钢的热处理工艺规范。

（2）工艺准备及操作。

1）检查试样钢号是否相符，技术要求和热处理工艺是否合理。

2）检查试件表面有没有裂纹。

3）检查加热设备温度控制系统是否正常，热电偶温度测量仪表允差是否符合要求。

4）检查炉膛内是否整洁，托瓦有无损坏，将温度指示针定在工艺要求的温度。

5）将零件装入电阻炉有效加热区内。

6）装炉后检查试件与电热元件确无接触时，方可送电升温，在操作过程中，不得随意打开炉门。

7）炉温升到仪表控温并达到均温（均温时间——从炉门视孔观察炉内壁温度与工件表面温度一致，即颜色一致的时间）后，开始计算保温时间。但实际生产中一般均温时间和保温时间已经在工艺上给定，因此炉温升到控温时，开始计算保温时间。

8）保温后按 $10 \sim 30 ℃/h$ 冷却速度随炉冷到 $650 ℃$ 以下时出炉空冷。

（3）质量检验。

1）表面质量。目测零件表面有没有裂纹、脱碳等缺陷。

2）硬度检查。用砂轮打磨后测量硬度，按 GB 231.1—2002《金属布氏硬度试验方法》检测零件布氏硬度，符合技术要求为合格。

3）金相组织。用金相显微镜观察是否有欠热组织或过热组织。碳化物网小于或等于2.5 级为合格。

六、实训基本要求

（1）实训前认真阅读实验指导书。

（2）制定完热处理工艺规范后要经老师检查，合格后才能分组进行热处理操作。

（3）检验质量，达不到质量要求的要分析产生原因并提出防止措施。

（4）将检验数据及结果写入实训报告，根据显微镜中组织的特征，画出热处理后显微组织示意图。

七、实训注意事项

（1）工作中要注意安全，做到文明生产，工作场所不打闹嬉戏。

（2）工作场所要穿戴工作服，长发操作者要戴工作帽。

（3）工作时要防止烫伤。

（4）在工作中注意掌握工具、仪器仪表的使用方法，防止非正常损坏。

（5）检查设备、仪表是否正常，并先将炉膛清理干净。

（6）选择合适的夹具，并考虑好装炉出炉的方法。

（7）保温时要注意控温仪表是否正常，发现问题及时报告老师。

（8）完成全部热处理操作后，关闭电源。

（9）正确执行工艺，防止失控超温。

八、实训结果分析

（1）质量分析：若 45 钢退火后硬度过高，如何根据显微组织分析原因。

（2）若是加热温度不足或是加热时间不够如何补救？

（3）分析 T12 的钢退火后出现网状渗碳体的原因。

（4）热处理工艺规范应该包括哪些工艺参数？

（5）分析退火过程中常见的缺陷，产生原因和防止的措施有哪些？

九、思考练习题

零件如图 8-1 所示，锻造后球化退火，退火硬度为 170~207HBS，退火组织应为细小、均匀分布的球化组织，2~4 级合格，碳化物网小于或等于 2.5 级。

要求：制定轴承锻坯球化退火工艺，画出淬火工艺曲线，正确选择热处理设备，简述操作步骤、操作注意事项及安全注意事项。检查组织、硬度是否合格。

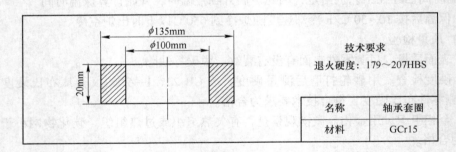

图 8-1　GCr15 钢滚动轴承套圈图样

十、考核评定标准

成绩构成如下表：

实训作品 85%						实训报告 15%
工艺制定	试样制作	仪器仪表的使用	金相组织观察	性能测定	缺陷分析	15 分
20 分	10 分	10 分	15 分	10 分	20 分	

教师通过检查学生的实训作品，考核学生在作品中对各工序的完成情况及检查实训报告中对实训结果分析、思考问题的论述等内容，评定出成绩。

第二节　正 火 训 练

一、实训项目

45 钢、40Cr 钢、T12 钢、T8 钢、GCr15 钢的正火处理。

二、实训目标

（1）熟悉过冷奥氏体在不同温度范围中恒温转变产物的特征。

（2）掌握对不同金属材料正火工艺的选择与运用。

（3）掌握金属材料的正火工艺规范制定。

（4）研究金属材料经正火后的硬度与力学性能的关系。

（5）了解钢经过正火处理后的显微组织。

（6）能根据工件的成分、形状、大小不同，正确选择不同的加热温度，保温时间。

三、实训内容

制定出表 8-2 所列材料的热处理工艺规范。然后分组进行热处理操作。磨制试样，测定经热处理后试样的硬度值。用金相显微镜观察正火后的金相组织，将测得的硬度值与相应得到的显微组织一起填入实训报告。

表 8-2　正火实训内容

材料	工艺要求	热处理工艺方案	硬度值			金相组织	冷却速度曲线
			HRC	HBS	HBW		
45 钢	正火						
40Cr 钢	正火						
T12 钢	正火						
T8 钢	正火						
GCr15 钢	正火						

四、实训设备和材料

（1）箱式电炉和控温仪表。

（2）布氏硬度计、洛氏硬度计、读数显微镜、金相显微镜、预磨机、抛光机。

（3）夹具、金相砂纸等。

（4）一组金相试样。

五、实训步骤和方法

（1）拿到试样后首先确定出加热温度、保温时间和冷却速度的处理方案。可以参考本教材，制定出本试验用钢的热处理工艺规范。

（2）检查设备、仪表是否正常，并先将炉膛清理干净。

（3）确认材料的钢号（火花鉴别）。

（4）选择合适的夹具，并考虑好装炉出炉的方法。

（5）选择加热电炉并送电升温，按工艺要求设定温度上限和下限。

（6）炉温达到要求后试件装炉，注意试件要放到有效加热区。

（7）关闭炉门，当温度达到设计温度后（可从控温仪表上读出），开始计算保温时间。保温时要注意控温仪表是否正常，发现问题及时报告老师。

（8）完成全部热处理操作后，关闭电源。磨制试样，测定硬度，观察热处理后的显微组织。检查质量。

六、实训基本要求

（1）实训前认真阅读实验指导书。

（2）制定完热处理工艺规范后要经老师检查，合格后才能分组进行热处理操作。

（3）对热处理后的试样要进行质量检验，达不到质量要求的要分析产生原因及提出防止措施。

（4）将检验数据及结果写入实训报告，根据显微镜中组织的特征，画出热处理后显微组织示意图。

七、实训注意事项

（1）工作中要注意安全，做到文明生产，工作场所不打闹嬉戏。

（2）工作场所要穿戴工作服，长发操作者要戴工作帽。

（3）工作时要防止烫伤。

（4）在工作中注意掌握工具、仪器仪表的使用方法，防止非正常损坏。

八、结果检验与分析

（1）分析：45 钢正火后硬度有什么不同，如何根据显微组织分析其原因。

（2）分析合金元素的作用，对正火温度、组织和性能的影响（GCr15 钢、T12 钢、T8 钢）。

（3）分析含碳量对正火温度的影响。

（4）分析 45 钢、40Cr 钢、GCr15 钢、T12 钢、T8 钢显微组织特征。

九、思考练习题

20CrMnTi 钢齿轮毛坯锻造成形后，需要正火处理，正火后硬度为 164~207HBS，如图 8-2 所示为工件的几何形状，要求：编制齿轮毛坯正火工艺，画出正火工艺曲线，标明工艺参数，正确选择生产热处理设备，简述操作步骤、操作注意事项及安全注意事项。

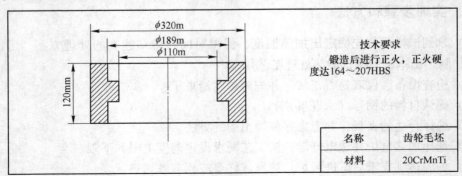

图 8-2　20CrMnTi 钢齿轮毛坯

十、考核评定标准

成绩构成如下表：

实训作品 85%						实训报告 15%
工艺制定	试样制作	仪器仪表的使用	金相组织观察	性能测定	缺陷分析	15 分
20 分	10 分	10 分	15 分	10 分	20 分	

　　教师通过检查学生的实训作品，考核学生在作品中对各工序的完成情况及检查实训报告中对实训结果分析、思考问题论述等内容，评定出成绩。

第三节　淬 火 训 练

一、实训项目

45 钢、40Cr 钢、T12 钢、T8 钢正火处理。

二、实训目标

（1）了解过冷奥氏体等温转变曲线在热处理生产中的运用。
（2）熟悉金属材料淬火后的金相显微组织及组织特征。
（3）掌握淬火工艺制定的原则。
（4）熟练掌握淬火操作技能。
（5）掌握设计、编制常用金属材料的各种淬火工艺方案。
（6）研究金属材料经淬火后的组织与力学性能的关系。
（7）能根据工件的成分、形状、大小不同，正确选择不同的加热温度，保温时间和冷却方式。

三、实训内容

　　制定出表 8-3 所列材料的热处理工艺规范。然后分组进行热处理操作。磨制试样，测定经淬火处理后试样的硬度值。用金相显微镜观察淬火前后的金相组织。

表 8-3　淬火实训内容

材料	工艺要求	热处理工艺方案	硬度值			金相组织	冷却速度曲线
			HRC	HBS	HBW		
45 钢	过热淬火（1000℃）						
45 钢	正常温度淬火						
45 钢	加热不足（770℃）						
40Cr 钢	正常温度淬火	油冷、水冷					
T12 钢	正常淬火						
T8 钢	正常淬火						

四、实训设备和材料

（1）箱式电炉和控温仪表。

（2）布氏硬度计、洛氏硬度计、金相显微镜、预磨机、抛光机。

（3）夹具、金相砂纸等。

（4）试样。

五、实训步骤和方法

（1）拿到试样后首先制定出热处理工艺方案。可以参考本教材，制定出本试验用钢的热处理工艺规范。

（2）检查设备、仪表是否正常，并先将炉膛清理干净。

（3）确认材料的钢号（火花鉴别）。

（4）选择合适的夹具，并考虑好装炉出炉的方法。

（5）选择加热电炉并送电升温，按工艺要求设定温度上限和下限。

（6）炉温达到要求后试件装炉，注意试件要放到有效加热区。

（7）关闭炉门，当温度达到设计温度后（可从控温仪表上读出），开始计算保温时间。保温时要注意控温仪表是否正常，发现问题及时报告老师。

（8）完成全部热处理操作后，关闭电源。磨制试样，测定硬度，观察热处理后的显微组织。

六、实训基本要求

（1）实训前认真阅读实验指导书。

（2）制定完热处理工艺规范后要经老师检查，合格后才能分组进行热处理操作。

（3）检验质量，达不到质量要求的要分析产生原因及提出防止措施。

（4）将检验数据及结果写入实训报告，根据显微镜中组织的特征，画出热处理后显微组织示意图。

七、实训注意事项

（1）工作中要注意安全，做到文明生产，工作场所不打闹嬉戏。

（2）工作场所要穿戴工作服，长发操作者要戴工作帽。

（3）工作时要防止烫伤。

（4）在工作中注意掌握工具、仪器仪表的使用方法，防止非正常损坏。

八、实训结果分析

（1）分析：若T12钢淬火后硬度不足，如何根据显微组织分析其原因。

（2）若是加热温度不足或是加热时间不够如何补救？

（3）分析淬火温度、淬火介质对组织和性能的影响。

（4）分析合金元素的作用，如对淬透性、加热温度等热处理工艺规范有哪些影响？

九、思考练习题

图 8-3 所示为 45 钢制造的转向摇臂，锻造成形后，需要调质处理，使硬度达 225~285HB，淬火硬度不应小于 HRC40。要求：制定转向摇臂的淬火工艺，画出淬火工艺曲线，正确选择热处理设备，简述操作步骤、操作注意事项及安全注意事项。

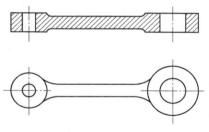

图 8-3 转向摇臂

十、考核评定标准

成绩构成如下表：

实训作品 85%						实训报告 15%
工艺制定	试样制作	仪器仪表的使用	金相组织观察	性能测定	缺陷分析	15 分
20 分	10 分	10 分	15 分	10 分	20 分	

教师通过检查学生的实训作品，考核学生在作品中对各工序的完成情况及检查实训报告中对实训结果分析、思考问题论述等内容，评定出成绩。

第四节　回 火 训 练

一、实训项目

45 钢、40Gr 钢、GGr15 钢、W18Gr4V 钢的回火处理。

二、实训目标

（1）了解过冷奥氏体等温转变曲线在热处理生产中的运用。
（2）熟悉金属材料回火后的金相显微组织及组织特征。
（3）掌握回火工艺制定的原则。
（4）熟练掌握回火操作技能。
（5）掌握设计、编制常用金属材料的各种回火工艺方案。
（6）研究金属材料经回火后的组织与力学性能的关系。
（7）能根据工件的成分、形状、大小不同，正确选择不同的加热温度，保温时间和冷却方式。

三、实训内容

制定出表 8-4 所列材料的热处理工艺规范。然后分组进行热处理操作。磨制试样，测定经热处理后试样的硬度值。用金相显微镜观察回火后的金相组织，将测得的硬度值与相应得到的显微组织一起填入实训报告。

表 8-4　回火实训内容

材料	工艺要求	热处理工艺方案	硬度值			金相组织	冷却速度曲线
			HRC	HBS	HBW		
45 钢	回火						
40Cr 钢	回火						
T12 钢	回火						
T8 钢	回火						

四、实训设备和材料

（1）箱式电炉和控温仪表。

（2）布氏硬度计、洛氏硬度计、金相显微镜、预磨机、抛光机。

（3）夹具、金相砂纸等。

（4）试样。

五、实训步骤和方法

（1）拿到试样后首先制定出热处理工艺方案。可以参考本教材，制定出本试验用钢的热处理工艺规范。

（2）检查设备、仪表是否正常，并先将炉膛清理干净。

（3）确认材料的钢号（火花鉴别）。

（4）选择合适的夹具，并考虑好装炉出炉的方法。

（5）选择加热电炉并送电升温，按工艺要求设定温度上限和下限。

（6）炉温达到要求后试件装炉，注意试件要放到有效加热区。

（7）关闭炉门，当温度达到设计温度后（可从控温仪表上读出），开始计算保温时间。保温时要注意控温仪表是否正常，发现问题及时报告老师。

（8）完成全部热处理操作后，关闭电源。磨制试样，测定硬度，观察热处理后的显微组织。检查质量。

六、实训基本要求

（1）实训前认真阅读实验指导书。

（2）制定完热处理工艺规范后要经老师检查，合格后才能分组进行热处理操作。

（3）检验质量，达不到质量要求的要分析产生原因及提出防止措施。

（4）将检验数据及结果写入实训报告，根据显微镜中组织的特征，画出热处理后显微组织示意图。

七、实训注意事项

（1）工作中要注意安全，做到文明生产，工作场所不打闹嬉戏。

（2）工作场所要穿戴工作服，长发操作者要戴工作帽。

（3）工作时要防止烫伤。

（4）在工作中注意掌握工具、仪器仪表的使用方法，防止非正常损坏。

八、实训结果分析

（1）将热处理结果填入表8-4内。
（2）分析：若T12钢回火后硬度不足，如何根据显微组织分析其原因。
（3）若是加热温度不足或是加热时间不够如何补救？
（4）分析回火温度对组织和性能的影响。
（5）分析合金元素的作用，对回火加热温度等热处理工艺规范有哪些影响？

九、思考练习题

将第三节思考练习题中的45钢制造的转向摇臂零件淬火后进行回火处理（调质处理）。

十、考核评定标准

成绩构成如下表：

实训作品85%						实训报告15%
工艺制定	试样制作	仪器仪表的使用	金相组织观察	性能测定	缺陷分析	15分
20分	10分	10分	15分	10分	20分	

第五节　表面热处理与化学热处理训练

一、实训项目

20CrMnTi钢、15Cr钢的渗碳处理。

二、实训目标

（1）掌握制定感应加热表面淬火工艺及化学热处理工艺的方法。
（2）掌握感应加热基本原理及感应加热表面淬火的特点，了解其操作方法。
（3）了解火焰加热表面淬火的火焰种类、火焰淬火的分类及其操作。
（4）了解化学热处理原理，掌握常用化学热处理基本方法与操作技能。
（5）熟习几种常用的化学热处理（渗碳、氮化、氰化、渗硼等）渗层组织的特征。
（6）会应用金相显微镜和测微目镜检验化学热处理的质量、测定渗层厚度。

三、实训内容

制定出表8-5所列材料的热处理工艺规范。然后分组进行热处理操作。磨制试样，测定经化学热处理后试样的表面硬度值。用金相显微镜和测微目镜检验经化学热处理后试件的质量、测定渗层厚度。观察前后的金相组织。

表 8-5　表面热处理实训内容

材料	工艺要求	热处理工艺方案	硬度值			金相组织	冷却速度曲线
			HRC	HBS	HBW		
20CrMnTi 钢	气体渗碳处理						
15Cr 钢	固体渗碳处理						

四、实训设备和材料

（1）井式气体渗碳炉、箱式电炉和控温仪表。

（2）布氏硬度计、洛氏硬度计、金相显微镜、预磨机、抛光机。

（3）夹具、金相砂纸等。

（4）试样。

五、实训步骤和方法

（1）检查热处理设备各部运行是否正常，仪表和控制系统工作是否准确。

（2）为了加速排气，开炉以后向炉内滴入甲醇，速度为 160~180 滴/min，同时向炉内通入适量的氨气（4~4.5L/min），氨在高温下分解为氮和氢。一方面增大炉压，使炉内空气尽快排除；另一方面也有冲洗炉内炭黑的作用。

（3）当温度升到 900℃以后，开始滴入丙酮（160~180 滴/min）。待 CO_2 含量（体积分数）为 0.8%~1.0%时，停止供氨。

（4）当 CO_2 含量（体积分数）小于 0.5%时接通露点仪。

（5）在渗碳期间甲醇滴量不变（120~130 滴/min），丙酮量根据露点仪测出平衡温度（平衡温度 37.5~39℃）来确定。

（6）渗碳结束后停电随炉冷至 850℃后出炉空冷。

六、实训注意事项

（1）工作中要注意安全，做到文明生产，工作场所不打闹嬉戏。

（2）工作场所要穿戴工作服，长发操作者要戴工作帽。

（3）工作时要防止烫伤。

（4）在工作中注意掌握工具、仪器仪表的使用方法，防止非正常损坏。

七、结果检验与分析

（1）检查试件表面有没有裂纹、腐蚀等缺陷。

（2）用随炉试块检查硬度、渗碳层深度、碳浓度、心部硬度、残余奥氏体等级、碳化物和马氏体等级、脱碳层深等显微组织。

（3）分析试件渗碳淬火后常见的缺陷及解决的方法。

八、实训要求

（1）实训前认真阅读实验指导书。

（2）制定完热处理工艺规范后要经老师检查，合格后才能分组进行热处理操作。

（3）检验质量，达不到质量要求的要分析产生原因并提出防止措施。

（4）将检验数据及结果写入实训报告，根据显微镜中组织的特征，画出热处理后显微组织示意图。

九、考核评定标准

成绩构成如下表：

实训作品 85%						实训报告 15%
工艺制定	试样制作	仪器仪表的使用	金相组织观察	性能测定	缺陷分析	15 分
20 分	10 分	10 分	15 分	10 分	20 分	

参 考 文 献

[1] 霍慧娟. 热处理技术的现状与发展 [J]. 机械管理开发, 2017, 32 (11): 132~133.

[2] 中国热处理协会. 中国热处理行业"十四五"发展规划纲要 [J]. 热处理技术与装备, 2020, 41 (5): 66~76.

[3] 侯旭明.《热处理工艺》课程改革探索 [J]. 包头职业技术学院学报, 2011, 12 (2): 73~74.

[4] 刘宗昌, 赵莉萍. 热处理工程师必备理论基础 [M]. 北京: 机械工业出版社, 2013.

[5] 国家标准化管理委员会. GB/T 16923—2008 钢件的正火与退火 [S]. 北京: 中国标准出版社, 2008.

[6] 杨满, 刘朝雷. 热处理工艺手册 [M]. 北京: 机械工业出版社, 2020.

[7] 乔恩 L. 多塞特, 乔治 E. 陶敦. 美国金属学会热处理手册. A 卷, 钢的热处理基础和工艺流程 [M]. 汪庆华等译. 北京: 机械工业出版社, 2019.

[8] 高明文. 环状摩擦片夹持回火实例 [Z/OL]. 每天学点热处理, 2018-08-29.

[9] 2021 年"临平工匠"｜李永兵: 干一行爱一行钻一行, 用匠心炼匠艺做匠人 [Z/OL]. 临平工会, 2021. 11. 15.

[10] 李炯辉. 金属材料金相图谱 [M]. 北京: 机械工业出版社, 2006.

[11] 马永杰. 热处理工必读 [M]. 北京: 化学工业出版社, 2009.

[12]《热处理手册》编委会. 热处理手册 [M]. 北京: 机械工业出版社, 1984.

[13] 丁建生. 金属学与热处理 [M]. 北京: 机械工业出版社, 2012.

[14] 李泉华. 材料热处理工程师资格考试指导书 [M]. 北京: 机械工业出版社, 2005.

[15] 中国机械工程学会热处理专业分会《热处理手册》编委会. 热处理手册第 2 卷, 典型零件热处理 [M]. 北京: 机械工业出版社, 2001.

[16]《有色金属及其热处理》编写组. 有色金属及其热处理 [M]. 北京: 国防大学出版社, 1981.

[17] 中国机械学会热处理分会. 热处理手册 (四卷) [M]. 北京: 机械工业出版社, 2001.

[18] 中国机械学会热处理分会. 热处理工程师手册 [M]. 北京: 机械工业出版社, 1996.

[19] 张结主. 金属热处理及检验 [M]. 北京: 化学工业出版社, 2005.

[20] 王忠诚. 真空热处理技术 [M]. 北京: 化学工业出版社, 2015.

[21] 齐宝森, 王忠诚. 化学热处理实用技术 [M]. 化学工业出版社, 2020.

[22] 吴广河, 沈景祥, 庄蕾. 金属材料与热处理 [M]. 北京: 北京理工大学出版社, 2018.

[23] 徐滨士, 刘世参. 中国材料工程大典: 材料表面工程 [M]. 北京: 化学工业出版社, 2006.

[24] 沈庆通, 梁文林. 现代感应热处理技术 [M]. 北京: 机械工业出版社, 2015.

冶金工业出版社部分图书推荐

书 名	作 者	定价(元)
物理化学(第 4 版)(国规教材)	王淑兰	45.00
钢铁冶金学(炼铁部分)(第 4 版)(本科教材)	吴胜利	65.00
现代冶金工艺学—钢铁冶金卷(第 2 版)(国规教材)	朱苗勇	75.00
冶金物理化学研究方法(第 4 版)(本科教材)	王常珍	69.00
冶金与材料热力学(本科教材)	李文超	65.00
热工测量仪表(第 2 版)(国规教材)	张 华	46.00
金属材料学(第 3 版)(国规教材)	强文江	66.00
钢铁冶金原理(第 4 版)(本科教材)	黄希祜	82.00
冶金物理化学(本科教材)	张家芸	39.00
金属学原理(第 3 版)(上册)(本科教材)	余永宁	78.00
金属学原理(第 3 版)(中册)(本科教材)	余永宁	64.00
金属学原理(第 3 版)(下册)(本科教材)	余永宁	55.00
冶金热力学(本科教材)	翟玉春	55.00
冶金设备基础(本科教材)	朱 云	55.00
冶金宏观动力学基础(本科教材)	孟繁明	36.00
金属热处理原理及工艺(本科教材)	刘宗昌	42.00
金属学及热处理(本科教材)	范培耕	38.00
相图分析及应用(本科教材)	陈树江	20.00
冶金传输原理(本科教材)	刘 坤	46.00
冶金传输原理习题集(本科教材)	刘忠锁	10.00
钢冶金学(本科教材)	高泽平	49.00
耐火材料(第 2 版)(本科教材)	薛群虎	35.00
钢铁冶金原燃料及辅助材料(本科教材)	储满生	59.00
炼铁工艺学(本科教材)	那树人	45.00
炼铁学(本科教材)	梁中渝	45.00
冶金与材料近代物理化学研究方法(上册)	李 钒	56.00
硬质合金生产原理和质量控制	周书助	39.00
金属压力加工概论(第 3 版)	李生智	32.00
物理化学(第 2 版)(高职高专国规教材)	邓基芹	36.00
特色冶金资源非焦冶炼技术	储满生	70.00
冶金原理(第 2 版)(高职高专国规教材)	卢宇飞	45.00
冶金技术概论(高职高专教材)	王庆义	28.00
炼铁技术(高职高专教材)	卢宇飞	29.00
高炉冶炼操作与控制(高职高专教材)	侯向东	49.00
转炉炼钢操作与控制(高职高专教材)	李 荣	39.00
连续铸钢操作与控制(高职高专教材)	冯 捷	39.00
铁合金生产工艺与设备(第 2 版)(高职高专国规教材)	刘 卫	45.00
矿热炉控制与操作(第 2 版)(高职高专国规教材)	石 富	39.00